污染防治攻坚战系列丛书

中小企业有机废气污染防治难点问题及解决方案

王宏亮　何连生　编著

U0294004

中国环境出版集团·北京

图书在版编目 (CIP) 数据

中小企业有机废气污染防治难点问题及解决方案 / 王宏亮，何连生编著．
—北京：中国环境出版集团，2020.5

ISBN 978-7-5111-4335-8

Ⅰ.①中 … Ⅱ.①王… ②何… Ⅲ.①中小企业—工业废气—废气治理
Ⅳ.① X701

中国版本图书馆 CIP 数据核字（2020）第 077620 号

出 版 人　武德凯
责任编辑　曲　婷
责任校对　任　丽
封面设计　彭　杉

出版发行　中国环境出版集团
　　　　　（100062　北京市东城区广渠门内大街 16 号）
　　　　　网　　址：http://www.cesp.com.cn
　　　　　电子邮箱：bjg1@cesp.com.cn
　　　　　联系电话：010-67112765（编辑管理部）
　　　　　　　　　　010-67112736（第五分社）
　　　　　发行热线：010-67125803，010-67113405（传真）
印　　刷　北京中科印刷有限公司
经　　销　各地新华书店
版　　次　2020 年 5 月第 1 版
印　　次　2020 年 5 月第 1 次印刷
开　　本　787×1092　1/16
印　　张　19.5
字　　数　359 千字
定　　价　70.00 元

本书编委会

主　编：王宏亮　　何连生

编　委：张亚辉　　陈丽红　　刘　媛　　刘　颖　　丁文文

　　　　杜士林　　丁婷婷　　都基峻　　孟　甜　　尚光旭

　　　　董淮晋　　李　楠　　冯学良　　司传海　　王啸羽

　　　　彭　溶　　魏占亮　　张　瑜　　闫　骏　　刘晓雪

　　　　韩宗秋　　黄国才　　吕　萌

前　言

党的十八大以来，我国生态环境质量持续好转，出现了稳中向好的趋势，但成效仍不稳固，环境形势依然严峻，大气、水、土壤等污染问题仍较突出。习近平总书记在党的十九大报告中提出"要坚决打好防范化解重大风险、精准脱贫、污染防治攻坚战。"打好污染防治攻坚战，解决人民群众反映强烈的突出环境问题，既是改善环境民生的迫切需要，也是加强生态文明建设的当务之急。

蓝天保卫战是污染防治攻坚战中七大标志性战役之一。近年来，随着城镇化和工业化进程的不断推进，细颗粒物（$PM_{2.5}$）和臭氧（O_3）引起的极端大气污染事件越来越受到社会各界的关注。$PM_{2.5}$ 及 O_3 的减排成为蓝天保卫战中需攻克的热点、难点问题。挥发性有机物（VOCs）是形成 $PM_{2.5}$ 和 O_3 的重要前体物。以京津冀及周边地区为例，源解析结果表明，当前阶段 $PM_{2.5}$ 的最主要组分为有机物（OM），占比达 20%~40%，其中，二次有机物占 OM 的比例为 30%~50%，主要来自 VOCs 的转化。同时，O_3 在夏秋季节已成为部分城市的首要污染物，研究结果表明，现阶段重点区域 O_3 生成的主控因子就是 VOCs。为打赢蓝天保卫战，进一步改善环境空气质量，迫切需要全面加强 VOCs 的污染防治工作。受生态环境部科技与财务司委托，中国环境科学研究院设置相关课题，从技术、管理、政策等多方面研究工业源 VOCs 的污染控制。

本书的服务对象之一为中小企业废气的 VOCs 污染控制者。众所周知，工业源是 VOCs 的重要贡献源，一般而言，规模以上工业企业对 VOCs 的污染控制较好，而中小企业由于相关技术信息缺失、设备运维人才匮乏等，在 VOCs 控制技术选择上存在着技术选择难、技术选择贵的问题，客观上对 VOCs 的污染控制较差。习近平总书记曾指出"中小企业能办大事。"其在我们国内经济发展中，起着不可替代的重要作用。给中小企业出谋划策，解决其发展过程中的 VOCs 控制问题，是落实习近平总书记重要指示、推动经济发展与环境保护和谐共生的必由之路。

本书的服务对象之二为地方环境监管工作者。VOCs 检/监测难，集中体现在监测标准不完备、监测设备缺评价、监测过程不完善、监测技术储备不足等方面；VOCs 监管难，集中体现在监管人员少、污染企业多，污染物来源复杂、监管人员经验不足等方面；检/监测及监管上需要进行顶层设计，起到"四两拨千斤"的作用，以较少的资源完成较多的任务。

本书的服务对象之三为生态环境部。生态环境部的政策制定既需要适度超前，又需要脚踏实地，尤其需要重视对地方成功经验的总结。本书调研了北京、天津、河北、河南、山西、江苏、上海、浙江、广东等地的 VOCs 治理情况，通过走访 14 个地级城市、48 家企业、4 家工业园区，获得了第一手的 VOCs 控制技术资料，总结其成功经验与失败教训后，给生态环境部提出相应的政策建议。

针对中小企业技术选择难的问题，本书提出了"1234"，即技术选择的一般要求、两项常用 VOCs 控制技术的设计要求、三个典型行业 VOCs 控制技术的选择路线、四个典型行业 VOCs 控制技术的使用要点。针对中小企业技术选择贵的问题，本书提出分散企业"产业集聚、治理集中"及入园企业"分散吸附、集中再生"两种低成本 VOCs 控制的模式。针对检 / 监测难的问题，本书提出了开展便携仪器适用性检测、构建网格化监测体系、加快地方标准制定三项方案。针对监管难的问题，本书提出了督查清单、应急督查、专项督查、督查要点"四位一体"的督查体系。

本书将以上成果应用到郑州市机械制造行业 VOCs 控制上，通过技术选择、治理模式、检 / 监测要点、督查要点四个方面，全面阐述行业 VOCs 治理技术及管理监管要点，以期对郑州市机械制造行业 VOCs 减排做出些许贡献。

本书以《国家先进污染防治技术目录（VOCs 防治领域）》（2016 版）、《国家先进污染防治技术目录（大气污染防治领域）》（2018 版）、《国家重点环境保护实用技术及示范工程》（2016、2017、2018 版）五本书为基础，综合部分企业提供的资料，以源头控制、过程控制、臭气治理、低浓度 VOCs 治理、中浓度 VOCs 治理、高浓度 VOCs 治理、VOCs 检 / 监测技术七项为分类原则，精选出 53 项 VOCs 控制技术案例，介绍了案例的适用情况、技术参数、工程概况、运营维护、投资参数等内容，以期消除 VOCs 控制技术选择的信息不对称，供有需求的单位参考。

本书的出版得到生态环境部科技与财务司的悉心指导，得到中国环境科学研究院、环保产业协会等兄弟单位同事们的热心帮助，得到 VOCs 控制产业链中的用户企业、施治企业、专项园区的鼎力支持，在此一并表示感谢。

本书的案例来源于公开发表的资料，限于编者时间、精力、能力有限，未能对技术案例的经济指标、性能指标和实际运行情况进行实验核实。生态环境部科技与财务司对本书的编制及本书编制单位，只负责提供案例信息，不做任何案例推荐。相关单位使用其中技术时需自行核验，责任自负。

本书涉及的行业较多、地域较广，尽管我们试图尽量详细准确分析行业排放特征，提出 VOCs 难点问题的解决方案，但作者深知由于自己专业水平有限，认知高度和深度不够，加之时间仓促，书中难免存在疏漏之处，尽请广大读者批评指正，不甚感谢。

目录

上篇 VOCs 污染防治解决方案

下篇　挥发性有机物（VOCs）工程技术案例

上篇

VOCs 污染防治解决方案

生态环境热点难点问题的确立

1.1　人民群众关注的生态环境问题是热点问题

改革开放 40 多年来，我国经济蓬勃发展，经济总量位居世界第二位，人均收入稳步提升，贫困人口急剧减少，人民的幸福感稳步增强。随着人民生活水平的提高，更高的环境质量需求被提上日程。环境治理问题以生态环境部管理工作的职责范围划分为大气污染防治、水体污染防治、土壤污染防治、固体废物处理与处置、生态环境治理。以上五类对应 5 个关键词。2011—2019 年 9 年的关键词搜索指数如图 1-1 所示。由图可知，大气污染是此段时间内公众最关心的环境治理问题。

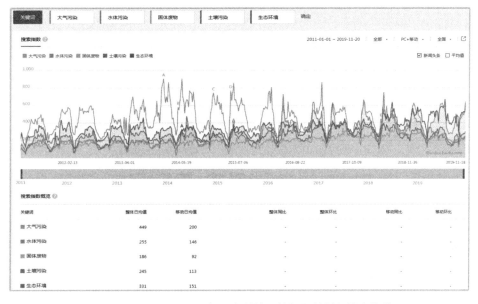

图 1-1　2011—2019 年公众关注环境问题关键词搜索指数

环境空气质量与人民群众生活息息相关，也是大气污染治理领域的关键。我们以环境质量指数（AQI）中的主要 5 项指数作为关键词，其百度搜索指数如图 1-2 所示。近 9 年公众最关心的空气质量问题主要是细颗粒物（$PM_{2.5}$），其搜索指数远高于其他 4 项指标。

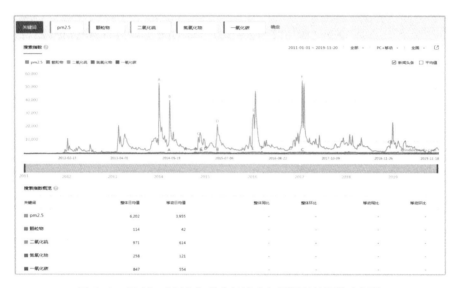

图 1-2 2011—2019 年公众关注空气质量关键词搜索指数

由图 1-2 可知，一是关注量，$PM_{2.5}$ 的公众搜索热度遥遥领先。$PM_{2.5}$ 搜索指数的整体日均值为其他 4 个关键词的 6.40 ~ 54.96 倍。二是关注时段，$PM_{2.5}$ 一般在一年内的两个时间段关注度最高：分别是 10 月份—翌年 1 月份的秋冬供暖季，以及 3 月份的"两会"期间。三是关注变化趋势上，可分为三个阶段：2011 年 1 月—2014 年 3 月，公众对 $PM_{2.5}$ 的搜索量呈现指数级的上升；2014 年 10 月—2017 年 1 月，公众对 $PM_{2.5}$ 的搜索量虽数量不增，但一直保持在一个较高的级别；2017 年 10 月—2019 年 11 月，公众对 $PM_{2.5}$ 的搜索量整体处于中低水平。时至今日，公众对 $PM_{2.5}$ 的关注度仍远高于其他 AQI 指数。

研究发现，$PM_{2.5}$ 的形成与挥发性有机物（VOCs）有直接关系。作为前体物的 VOCs 与 SO_2、NO_x 生成的硫酸盐、硝酸盐一起，在光的作用下，发生一系列的光化学反应，形成气溶胶，对 $PM_{2.5}$ 贡献极大。同时 VOCs 强化了大气氧化活性，加强了 $PM_{2.5}$ 的形成，在反应过程中还能形成臭氧，导致近地面层臭氧浓度攀升，加大了空气污染浓度。

近年来，公众对 VOCs 的关注度持续攀升，如图 1-3 所示，2011—2019 年，公众对 VOCs 的搜索量平均上涨了 8 倍。对 VOCs 的地域搜索量分析，如图 1-4 所示，可以发现排名前十的城市主要集中于长三角、珠三角和京津冀地区，均属于我国经济发展的第一梯队城市。

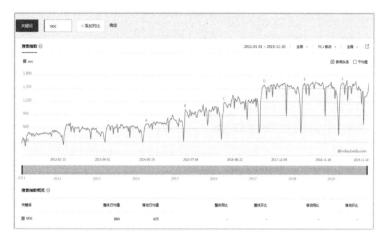

图 1-3　2011—2019 年公众关注 VOCs 搜索指数

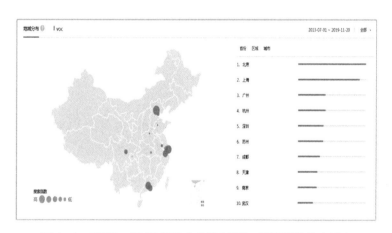

图 1-4　2013—2019 年公众关注 VOCs 搜索指数前十城市

1.2　政府部门关切的生态环境问题是热点问题

2019 年 6 月 26 日，生态环境部印发《重点行业挥发性有机物综合治理方案》指出，"京津冀及周边地区源解析结果表明，当前阶段有机物（OM）是 $PM_{2.5}$ 的最主要组分，占比达 20% ~ 40%，其中，二次有机物占 OM 的比例为 30% ~ 50%，主要来自 VOCs 转化生成。京津冀及周边地区、长三角地区、汾渭平原等区域 O_3 浓度呈上升趋势，尤其是在夏秋季节已成为部分城市的首要污染物。研究表明，VOCs 是现阶段重点区域 O_3 生成的主控因子。"文件得出结论"相对于颗粒物、二氧化硫、氮氧化物污染控制，VOCs 管理基础薄弱，已成为大气环境管理短板。"

根据生态环境部官网检索的数据，官方对 VOCs 的关注量呈现指数级别的增长。从 2015 年的 58 条到 2018 年的 788 条，4 年间增长了 13.59 倍，见图 1-5。

图 1-5　2015—2019 年生态环境部 VOCs 年度检索量

政府部门对 VOCs 的高关注度源自其对人类健康和生存环境的危害，主要体现在以下几个方面：

（1）恶臭是仅次于噪声的第二大环境投诉问题。大多数 VOCs 具有刺激性气味或臭味，可引起人们感官上的不愉快，严重降低人们的生活质量。

（2）VOCs 可直接危害人体健康。VOCs 成分复杂，有特殊气味且具有渗透、挥发及脂溶等特性，可导致人体出现诸多的不适症状。还具有毒性，刺激性，及致畸、致癌作用，尤其是苯、甲苯、二甲苯、甲醛对人体健康的危害最大，长期接触会使人出现贫血症与白血病。另外，VOCs 气体还可导致呼吸道、肾、肺、肝、神经系统、消化系统及造血系统的病变。随着 VOCs 浓度的增加，人体会出现恶心、头痛、抽搐、昏迷等症状。

（3）VOCs 反应性活泼，可转化为危害性更强的物质。VOCs 多半具有光化学反应性，在阳光照射下，VOCs 会与大气中的 NO_x 发生化学反应，形成二次污染物（如臭氧等）或强化学活性的中间产物（如自由基等），从而增加烟雾及臭氧的地表浓度，会对人的生命安全构成威胁，同时也会危害农作物的生长，甚至导致农作物的死亡。由光化学反应所造成的烟雾，除了降低能见度之外，所产生的臭氧、过氧乙酰硝酸酯（PAN）、过氧苯酰硝酸酯（PBN）、醛类等物质可刺激人的眼睛和呼吸系统，危害人的身体健康，伦敦、东京等城市都相继出现过光化学烟雾污染事件。

（4）部分 VOCs 易引起安全事故。某些 VOCs 易燃，如苯、甲苯、丙酮、二甲基胺及硫代烃等，这些物质的排放浓度较高时如果遇到静电火花或其他火源，容易引起火灾。近年来由 VOCs 造成的火灾及爆炸事故时有发生，尤其是在石油化工企业。

（5）部分 VOCs 可破坏臭氧层，如氟氯烃物质。当其受到来自太阳的紫外辐射时，可发生光化学反应，产生氯原子，从而对臭氧层中的臭氧进行催化破坏。臭氧量的减少以及臭氧层的破坏使到达地面的紫外线辐射量增加。紫外线对人类皮肤、眼睛及免疫系统有较大的危害。

公众、政府对 VOCs 的高关注度决定了 VOCs 污染控制是技术热点问题，现阶段大气环境治理的短板及其自身多重危害性决定了 VOCs 污染控制是技术难点问题。因此，本书研究的生态环境热点、难点问题为对 VOCs 治理技术、治理模式的探讨与研究。

VOCs 概述

2.1 VOCs 的定义

2.1.1 VOCs 定义的演变过程

VOCs 定义整体而言呈现多而混乱的局面，目前国际上的一些国家、国际组织和机构对 VOCs 的定义不尽相同。但综合归纳为基于物理特性、基于化学反应性和基于检测方法的三类定义。基于物理特性定义主要从反映有机物挥发性的"沸点"和"蒸气压"两个参数来确定，如从沸点定义，在 101.325 kPa 标准压力下，任何初沸点低于或等于 250℃的有机物；从蒸气压定义，在 293.15 K 条件下蒸气压大于或等于 10 Pa，或者特定适用条件下具有相应挥发性的全部有机化合物（不包括甲烷）。基于化学反应性定义主要基于有机物反应性，参与不同光化学反应而带来的臭氧和雾霾污染来确定，除 CO、CO_2、H_2CO_2、金属碳化物或碳酸盐、碳酸铵外，任何参与大气光化学氧化剂的全部有机化合物，甲烷除外（欧盟）。基于检测方法定义主要考虑到实际检测方法多能识别的目标污染物范围来确定。

长期以来，我国 VOCs 通常采用物理特性法或化学反应性法来定义，并无完全统一的定义方法。不同区域采用的 VOCs 的定义方法可能不同。如北京市《大气污染物综合排放标准》（DB 11/501—2007）及《锻造工业大区污染物排放标准》（DB 11/914—2012）采用物理特性法，规定 VOCs 为在 20℃条件下蒸气压大于或等于 0.01 kPa，或者特定适用条件下具有相应挥发性的全部有机化合物的统称；而上海市《汽车制造业（涂装）大气污染物排放标准》则采用化学反应法，规定 VOCs 为参与大气光化学反应的有机化合物，或者根据规定的方法测量或核算确定的有机物。而同一地区不同行业对 VOCs 的定义也可能不同，如广东省 2010 年发布的家具制造业、包装印刷业、制鞋业、表面涂装（汽车制造业）4 项挥发性有机物排放标准参考物理特性法，而《集装箱制造业挥发性有机物排放标准》（DB 44/1837—2016）则采用化学反应法进行定义。

2015 年之后，VOCs 的定义逐渐统一。国家新发布的相关标准将挥发性有机物定义的重心从"物理特性"或"检测方法"转移到基于有机物反应性的"健康环境效应"和"监测方法"相结合的方法。如《挥发性有机物无组织排放控制标准》（GB 37822—2019）中规定挥发性有机物（VOCs）："参与大气光化学反应的有机化合物，或者根据有关规定确定的有机化合物。在表征 VOCs 总体排放情况时，根据行业特征和环境管理要求，可采用总挥发性有机物（以 TVOC 表示）、非甲烷总烃（以 NMHC 表示）作为污染物控制项目。"

2.1.2 VOCs 的表征指标

VOCs 种类繁多，截至 2014 年，美国环保局（USEPA）已发现的 VOCs 物质共有 1 497 种（类）。在监测和监管时不可能把所有挥发性有机物囊括进去，所以国内用了一些指标来表征 VOC，如总挥发性有机物（TVOC）、非甲烷总烃（NMHC）和碳氢化合物（THC 和 NMHC）。

根据《室内空气质量标准》（GB/T 18883—2002），TVOC 是指利用 Tenax GC 或 Tenax TA 采样，非极性色谱柱（极性指数小于 10）进行分析，保留时间在正己烷和正十六烷之间的挥发性有机物，它不表征所有 VOC 加和的指标。

NMHC 是指除甲烷以外所有碳氢化合物的总称，包括烷烃、烯烃、芳香烃和含氧烃等组分。烃类物质在通常条件下，除甲烷为气体外多以液态和固态存在，并依据其分子量大小和结构形式的差别具有不同的蒸气压。因而作为大气污染物的非甲烷总烃，实际上具有 $C_2 \sim C_{12}$ 的烃类物质。

碳氢化合物主要用于汽车行业，包括总烃（THC）和 NMHC。

我国现行的排放标准在表征大气污染物的 VOCs 时常常采用 TVOC、NMHC 中的一种或两种，再增加一些特征污染物质如挥发性的醇、醛、酮、醚、酸、酯、苯及苯的同系物等物质，在实际运用中需根据具体标准规定监测指标。

重要控制的 VOCs 特征污染物如表 2-1 所示。

表 2-1　重点控制的 VOCs 物质

类别	重点控制的 VOCs 物质
O$_3$ 前体物	间 / 对二甲苯、乙烯、丙烯、甲醛、甲苯、乙醛、1,3- 丁二烯、三甲苯、邻二甲苯、苯乙烯等
PM$_{2.5}$ 前体物	甲苯、正十二烷、间 / 对二甲苯、苯乙烯、正十一烷、正癸烷、乙苯、邻二甲苯、1,3- 丁二烯、甲基环己烷、正壬烷等
恶臭物质	甲胺类、甲硫醇、甲硫醚、二甲二硫、二硫化碳、苯乙烯、异丙苯、苯酚、丙烯酸酯类等
高毒害物质	苯、甲醛、氯乙烯、三氯乙烯、丙烯腈、丙烯酰胺、环氧乙烷、1,2- 二氯乙烷、异氰酸酯类等

2.2　VOCs 政策法规的历史与现状

我国 VOCs 污染控制在摸索中前进。2010 年以前，仅有炼制和炼焦业、油品运输、合成革制造、室内装饰等少部分行业活动实施了一些与 VOCs 相关的排放标准和规定。2010 年后，我国近地面臭氧和有机气溶胶浓度明显上升，以 O$_3$ 为特征的光化学烟雾污染及 PM$_{2.5}$ 引起的雾霾等极端大气污染事件频繁发生在我国部分地区，环境空气质量显著恶化。大气污染从局地、单一城市转变为区域、复合型城市群的污染，如京津冀、长三角、珠三角等经济发达城市群深受其害，严重制约着社会经济的可持续发展。国家和地方对 VOCs 控制的重视程度达到一个前所未有的高度。

2010 年国务院办公厅印发《关于推进大气污染联防联控工作改善区域空气质量的指导意见》，首次将挥发性有机物列为我国大气污染防治的重点污染物。2011 年《国务院关于加强环境保护重点工作的意见》的提出，则十分有力地推动了 VOCs 污染防治工作的开展。同年发布的《国家环境保护"十二五"科技发展规划》则提出研发具有自主知识产权的 VOCs 典型污染源控制技术及相应工艺设备，并筛选出最佳可行的大气污染控制技术。2012 年国务院批复的《重点区域大气污染防治"十二五"规划》是我国第一部综合性大气污染防治的规划，从该规划提出到 2015 年，重点区域的挥发性有机物污染防治工作全面展开。2013 年国务院发布的《大气污染防治行动计划》确定了 10 项具体措施，其中明确提出推进挥发性有机物治理，并在有机化工、表面涂装、包装印刷等行业实施挥发性有机物综合整治。2013 年 5 月发布的《挥发性有机物（VOCs）污染防治技术政策》提出，到 2015 年基本建立起重点区域 VOCs 污染防治体系，到 2020 年基本实现 VOCs 从原料到产品、从生产到消费的全过程减排要求。2014 年 4 月新修订的《中华人民共和国环境保护法》在原有环境保护法的基础上，加大了处罚力度，突出了信息公开，并相继通过《环境保护主管部门实施按日连续处罚办法》和《企事业单位环境信息公开办法》等，为VOCs 等污染物的污染防治提供了更加有力的法律保障。

2016 年，国务院发布《"十三五"节能减排综合工作方案》，提出推进工业污染物减排，以削减挥发性有机物、持久性有机物、重金属等污染物为重点，实施重点行业、重点领域工业特征污染物削减计划；大力推进石化、化工、印刷、工业涂装、电子信息等行业挥发性有机物综合治理；全面推进现有企业达标排放，研究制（修）订农药、制药、汽车、家具、印刷、集装箱制造等行业排放标准，出台涂料、油墨、胶黏剂、清洗剂等有机溶剂产品 VOCs 含量限值强制性环保标准，控制集装箱、汽车、船舶制造等重点行业挥发性有机物排放，推动有关企业实施原料替代和清洁生产技术改造；实施石化、化工、工业涂装、包装印刷等重点行业挥发性有机物治理工程，到 2020 年石化企业基本完成挥发性有机物治理。2017 年 9 月，环境保护部、国家发展和改革委员会等六部门联合下发《"十三五"挥发性有机物污染防治工作方案》，该方案是实施挥发性有机物减排的指导性文件，方案指出以改善环境空气质量为核心，以重点地区为主要着力点，以重点行业和重点污染物为主要控制对象，推进 VOCs 与 NO_x 协同减排，明确提出到 2020 年，建立健全以改善环境空气质量为核心的 VOCs 污染防治管理体系，实施重点地区、重点行业 VOCs 污染减排，排放总量减少 10% 以上。2018 年 7 月，国务院发布了《打赢蓝天保卫战三年行动计划》（以下简称《三年行动计划》，国发〔2018〕22 号）。该计划确定以京津冀及周边地区、长三角地区、汾渭平原等区域（以下简称重点区域）为重点，持续开展大气污染防治行动，目标是经过 3 年努力，大幅减少主要大气污染排放总量，协同减少温室气体排放，进一步明显降低细颗粒物（$PM_{2.5}$）浓度，提出到 2020 年 $PM_{2.5}$ 未达标地级及以上城市比 2015 年下降 18% 以上。

2019 年 6 月 26 日，生态环境部发布《重点行业挥发性有机物综合治理方案》（环大气〔2019〕53 号），再次强调了到 2020 年，建立健全 VOCs 污染防治管理体系，重点区域、重点行业 VOCs 治理取得明显成效，完成"十三五"规划确定的 VOCs 排放量下降 10% 的目标任务，协同控制温室气体排放，推动环境空气质量持续改善。2019 年 10 月 30 日，国家发改委正式发布《产业结构调整指导目录（2019本）》，将 VOCs 吸附回收装置，VOCs 焚烧装置列为"鼓励类"项目，自 2020 年 1 月 1 日起施行。

2.3 VOCs 现行标准

《国家环境保护标准"十三五"发展规划》强调要积极推进挥发性有机物污染控制。制（修）订汽车涂装、集装箱制造、印刷包装、家具制造、人造板、储油库、汽油运输、农药、制药、油漆涂料、纺织印染、船舶制造、干洗等行业大气污染物排放标准，制订挥发性有机物无组织逸散控制标准。支撑面源污染治理，修订饮食业油烟污染物排放标准，加强餐饮油烟污染防治。大气环境监测分析方法标准方面，支撑石油化工、农药、纺织染整、制药等行业以及大气综合排放标准、恶臭污染物排放标准的制（修）订与实施，制（修）订有关挥发性有机物、恶臭污染物等大气污染物的环境监测分析方法标准。在此规划的基础上，国家和地方加强了相关标准制订工作的力度，特别是重点行业排放标准的制订与实施力度不断加强，VOCs 排放标准体系不断完善。

2.3.1 国家排放标准

2019 年，国家排放标准的制（修）订工作继续推进。2019 年 6 月新发布了三项挥发性有机物控制标准及排放标准，分别是《挥发性有机物无组织排放控制标准》（GB 37822—2019）、《制药工业大气污染物排放标准》（GB 37823—2019）、《涂料、油墨及胶粘剂工业大气污染物排放标准》（GB 37824—2019）。由于排放标准的制订工作非常复杂，涉及 VOCs 排放标准制订的基础科研工作支撑力度不够。虽然近年来已经立项的重点行业排放标准制订工作还有很多，但总体上进展缓慢。新标准的制订强调从源头、过程和末端进行全过程控制，严格了常规污染物的排放限值，大幅增加了涉及 VOCs 的控制项目，重视无组织排放控制，实行排放限值与管理性规定并重的原则，明确了无组织排放的管理要求。截至 2019 年 11 月，涉及 VOCs 的大气固定源污染物排放国家标准有 18 项，见表 2-2。

表 2-2　涉 VOCs 国家大气污染物排放标准（截至 2019 年 11 月）

序号	标准名称	标准编号
1	恶臭污染物排放标准	GB 14554—93
2	大气污染物综合排放标准	GB 16297—1996
3	饮食业油烟排放标准（试行）	GB 18483—2001
4	储油库大气污染物排放标准	GB 20950—2007
5	汽油运输大气污染物排放标准	GB 20951—2007

续表

序号	标准名称	标准编号
6	加油站大气污染物排放标准	GB 20952—2007
7	合成革与人造革工业污染物排放标准	GB 21902—2008
8	橡胶制品工业污染物排放标准	GB 27632—2011
9	炼焦化学工业污染物排放标准	GB 16171—2012
10	轧钢工业大气污染物排放标准	GB 28665—2012
11	电池工业污染物排放标准	GB 30484—2013
12	石油炼制工业污染物排放标准	GB 31570—2015
13	石油化学工业污染物排放标准	GB 31571—2015
14	合成树脂工业污染物排放标准	GB 31572—2015
15	烧碱、聚氯乙烯工业污染物排放标准	GB 15581—2016
16	挥发性有机物无组织排放控制标准	GB 37822—2019
17	制药工业大气污染物排放标准	GB 37823—2019
18	涂料、油墨及胶粘剂工业大气污染物排放标准	GB 37824—2019

2.3.2 地方排放标准

各省（区、市）根据各地产业结构和减排方向，也明显加大了与 VOCs 排放相关的地方排放标准制订的工作力度。截至 2018 年 12 月底已经发布的与 VOCs 有关的排放标准数量为：北京市 15 项（2019 年新增一项），上海市 11 项，重庆市、山东省各 6 项，广东省、浙江省各 5 项，天津市、江苏省、湖南省、福建省各 3 项，河北省 2 项，陕西省、四川省各 1 项，见表 2-3。

表 2-3 涉 VOCs 地方大气污染物排放标准（截至 2018 年 12 月底）

序号	标准名称	编号
	北京市	
1	储油库油气排放控制和限值	DB 11/206—2010
2	油罐车油气排放控制和限值	DB 11/207—2010
3	加油站油气排放控制和限值	DB 11/208—2010
4	炼油与石油化学工业大气污染物排放标准	DB 11/447—2015
5	大气污染物综合排放标准	DB 11/501—2017
6	铸锻工业大气污染物排放标准	DB 11/914—2012
7	防水卷材行业大气污染物排放标准	DB 11/1055—2013
8	印刷业挥发性有机物排放标准	DB 11/1201—2015

续表

序号	标准名称	编号
9	木质家具制造业大气污染物排放标准	DB 11/1202—2015
10	工业涂装工序大气污染物排放标准	DB 11/1226—2015
11	汽车整车制造业（涂装工序）大气污染物排放标准	DB 11/1227—2015
12	汽车维修业大气污染物排放标准	DB 11/1228—2015
13	有机化学品制造业大气污染物排放标准	DB 11/1385—2017
14	餐饮业大气污染物排放标准	DB 11/1488—2018
15	电子工业大气污染物排放标准	DB 11/1631—2019
上海市		
1	生物制药行业污染物排放标准	DB 31/373—2010
2	半导体行业污染物排放标准	DB 31/374—2006
3	餐饮业油烟排放标准	DB 31/844—2014
4	汽车制造业（涂装）大气污染物排放标准	DB 31/859—2014
5	印刷业大气污染物排放标准	DB 31/872—2015
6	涂料、油墨及其类似产品制造工业大气污染物排放标准	DB 31/881—2015
7	大气污染物综合排放标准	DB 31/933—2015
8	船舶工业大气污染物排放标准	DB 31/934—2015
9	恶臭（异味）污染物排放标准	DB 31/1025—2016
10	家具制造业大气污染物排放标准	DB 31/1059—2017
11	畜禽养殖业污染物排放标准	DB 31/1098—2018
重庆市		
1	大气污染物综合排放标准	DB 50/418—2016
2	汽车整车制造表面涂装大气污染物排放标准	DB 50/577—2015
3	摩托车及汽车配件制造表面涂装大气污染物排放标准	DB 50/660—2016
4	汽车维修业大气污染物排放标准	DB 50/661—2016
5	家具制造业大气污染物排放标准	DB 50/757—2017
6	包装印刷业大气污染物排放标准	DB 50/758—2017
山东省		
1	挥发性有机物排放标准　第1部分：汽车制造业	DB 37/2801.1—2016
2	挥发性有机物排放标准　第3部分：家具制造业	DB 37/2801.3—2017
3	挥发性有机物排放标准　第4部分：印刷业	DB 37/2801.4—2017
4	挥发性有机物排放标准　第5部分：表面涂装行业	DB 37/2801.5—2018
5	挥发性有机物排放标准　第6部分：有机化工行业	DB 37/2801.6—2017

序号	标准名称	编号
6	有机化工企业污水处理厂（站）挥发性有机物及恶臭污染物排放标准	DB 37/3161—2018
广东省		
1	家具制造行业挥发性有机化合物排放标准	DB 44/814—2010
2	包装印刷行业挥发性有机化合物排放标准	DB 44/815—2010
3	表面涂装（汽车制造业）挥发性有机化合物排放标准	DB 44/816—2010
4	制鞋行业挥发性有机化合物排放标准	DB 44/817—2010
5	集装箱制造业挥发性有机物排放标准	DB 44/1837—2016
浙江省		
1	生物制药工业污染物排放标准	DB 33/923—2014
2	纺织染整工业大气污染物排放标准	DB 33/962—2015
3	化学合成类制药工业大气污染物排放标准	DB 33/2015—2016
4	制鞋工业大气污染物排放标准	DB 33/2046—2017
5	工业涂装工序大气污染物排放标准	DB 33/2146—2018
天津市		
1	恶臭污染物排放标准	DB 12/059—1995
2	工业企业挥发性有机物排放控制标准	DB 12/524—2014
3	餐饮业油烟排放标准	DB 12/644—2016
江苏省		
1	表面涂装（汽车制造业）挥发性有机物排放标准	DB 32/2862—2016
2	化学工业挥发性有机物排放标准	DB 32/3151—2016
3	表面涂装（家具制造业）挥发性有机物排放标准	DB 32/3152—2016
湖南省		
1	家具制造行业挥发性有机物排放标准	DB 43/1355—2017
2	表面涂装（汽车制造及维修）挥发性有机物、镍排放标准	DB 43/1356—2017
3	印刷业挥发性有机物排放标准	DB 43/1357—2017
福建省		
1	工业挥发性有机物排放标准	DB 35/1782—2018
2	工业涂装工序挥发性有机物排放标准	DB 35/1783—2018
3	印刷行业挥发性有机物排放标准	DB 35/1784—2018
河北省		
1	青霉素类制药挥发性有机物和恶臭特征污染物排放标准	DB 13/2208—2015

续表

序号	标准名称	编号
2	工业企业挥发性有机物排放控制标准	DB 13/2322—2016
四川省		
1	固定污染源大气挥发性有机物排放标准	DB 51/2377—2017
陕西省		
1	挥发性有机物排放控制标准	DB 61/T 1061—2017

2.3.3 国家监测标准

生态环境部印发《2019 年地级及以上城市环境空气挥发性有机物监测方案》，要求 2019 年全国 337 个地级及以上城市均要开展环境空气非甲烷总烃（NMHC）和 VOCs 组分指标监测工作。2018 年开展监测工作的 78 个城市需要增加非甲烷总烃监测指标；2018 年臭氧超标的 54 个城市，监测项目为 57 种非甲烷烃（PAMS 物质）、13 种醛酮类 VOCs 组分和非甲烷总烃；2018 年臭氧达标的 205 个城市，监测项目为非甲烷总烃。采用手工监测或自动监测的方式，鼓励有条件的城市开展自动监测。截至 2019 年 10 月底，涉 VOCs 的检测方法共计 18 种，见表 2-4。

表 2-4 涉 VOCs 检测方法标准汇总

序号	标准名称及编号
1	硬质聚氨酯泡沫和组合聚醚中 CFC-12、HCFC-22、CFC-11 和 HCFC-141b 等消耗臭氧层物质的测定 便携式顶空/气相色谱-质谱法（HJ 1058—2019）
2	固定污染源废气 非甲烷总烃 连续监测系统技术要求及检测方法（HJ 1013—2018）
3	环境空气和废气 总烃、甲烷和非甲烷总烃 便携式监测仪技术要求及检测方法（HJ 1012—2018）
4	环境空气和废气 挥发性有机物组分 便携式傅里叶红外监测仪技术要求及检测方法（HJ 1011—2018）
5	环境空气 挥发性有机物 气相色谱连续监测系统技术要求及检测方法（HJ 1010—2018）
6	固定污染源废气 挥发性卤代烃的测定 气袋采样-气相色谱法（HJ 1006—2018）
7	固定污染源废气 总烃、甲烷和非甲烷总烃的测定 气相色谱法（HJ 38—2017 代替 HJ/T 38—1999）
8	环境空气 挥发性有机物的测定 便携式傅里叶红外仪法（HJ 919—2017）
9	环境空气 总烃、甲烷和非甲烷总烃的测定 直接进样-气相色谱法（HJ 604—2017 代替 HJ 604—2011）

续表

序号	标准名称及编号
10	固定污染源废气　酞酸酯类的测定　气相色谱法（HJ 869—2017）
11	环境空气和废气　酰胺类化合物的测定　液相色谱法（HJ 801—2016）
12	环境空气　挥发性有机物的测定　罐采样 / 气相色谱 - 质谱法（HJ 759—2015）
13	固定污染源废气　挥发性有机物的测定　固相吸附 - 热脱附 / 气相色谱 - 质谱法（HJ 734—2014）
14	固定污染源废气　挥发性有机物的采样　气袋法（HJ 732—2014）
15	空气中醛、酮类化合物的测定　高效液相色谱法（HJ 683—2014）
16	环境空气　挥发性有机物的测定　吸附管采样 - 热脱附 / 气相色谱 - 质谱法（HJ 644—2013）
17	环境空气　苯系物的测定　活性炭吸附 / 二硫化碳解吸 - 气相色谱法（HJ 584—2010）
18	环境空气　苯系物的测定　固体吸附 / 热脱附 - 气相色谱法（HJ 583—2010）

VOCs 控制的技术概况

VOCs 控制技术可分为三大类，包括源头控制技术、过程控制技术、末端控制技术，如图 3-1 所示。

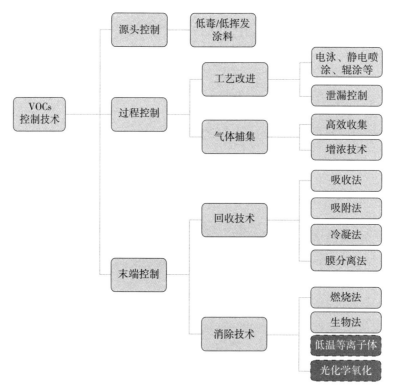

注：低温等离子体及光化学氧化技术目前仅适用于臭气治理领域。

图 3-1　VOCs 控制技术

源头控制是从源头上减少 VOCs 生成的技术，包括溶剂替代和工艺改进等方式。溶剂替代是指采用挥发性较差的、毒性较低的溶剂，如用粉末涂料、水性涂料替代油性涂料。辐射固化技术是从原料及工艺两方面用紫外线或可见光对涂料进行固化的技术；这种方式因不使用热力固化，涂料不会大量挥发，极大地减少 VOCs 的产生。

过程控制主要包括工艺改进和气体捕集。工艺改进主要是改变企业生产工艺或设备，如采用电泳涂装、静电喷涂、辊涂等提高涂料涂装效率方式，减少 VOCs 的产生。工艺改进还包括石油 / 石化等行业的泄漏控制，相应企业应将所有的装置尽可能密闭化，包括并不限于储罐、运输车辆等的装卸、投料、配料、灌装的废气散发的控制。气体捕集是 VOCs 过程控制中一个非常重要的环节，包括高效收集和增浓技术。

末端控制是对已排放的 VOCs 气体进行净化处理。此技术主要分为回收技术和消除技术。回收技术是通过物理化学方法，在一定温度和压力下，用选择性吸附剂、吸收剂或选择性渗透膜等方法来分离挥发性有机物，主要包括吸附法、吸收法、冷凝法和膜分离法等。消除技术是通过化学或生物反应等，在光、热、催化剂和微生物等的作用下将有机物转化为水和二氧化碳或无害、少害的产物，主要包括燃烧法、催化氧化法、生物法等。低温等离子体、光化学氧化两项技术目前仅能应用于臭气治理领域。

VOCs 的过程控制技术主要由行业内企业自行整改完成，在此不多做讨论。本书主要讨论 VOCs 的源头控制、过程控制及末端控制技术。

3.1　源头控制技术

在喷涂、印刷、印染、黏结等工艺中采用低（无）毒、低（无）挥发性的溶剂，以实现 VOCs 的源头减排。

喷涂工艺，可以选择水性、粉末、高固体分、无溶剂、辐射固化等低 VOCs 含量的涂料。印刷工艺，可以选择水性、辐射固化、植物基等低 VOCs 含量的油墨。黏结工艺，可以选择水基、热熔、无溶剂、辐射固化、改性、生物降解等低 VOCs 含量的胶黏剂，以及低 VOCs 含量、低反应活性的清洗剂等，替代溶剂型涂料、油墨、胶黏剂、清洗剂等，从源头减少 VOCs 产生。

紫外光固化是在高能量 UV 光（波长为 200 ~ 450 nm）照射下，光引发剂吸收 UV 光产生活性自由基，引发 UV 低聚物和活性稀释分子发生连锁聚合反应，使液相体系聚合、交联而固化。与热固化技术相比，UV 固化是一种高效、节能环保型的新技术，具有以下优点：固化速度非常快，大都是几秒钟之内即可固化成膜，大大提高生产效率；能耗为热固化技术的 10%～20%，节省能源；无废水废液排放，安全环保；固化温度低，可用于木材、塑料、纺织品及皮革等热敏材料；紫外固化设备体积小；涂层性能优异，具有高硬度、高光泽度和良好的力学性能。紫外光激发引发剂引发单体聚合详细过程大致可分为光激发光引发剂、链引发、链增长、链终止 4 个步骤。紫外光固化引发聚合过程如图 3-2 所示。

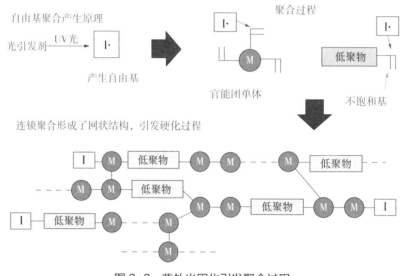

图 3-2　紫外光固化引发聚合过程

3.2　过程控制技术

工艺改进和气体捕集中的高效收集，一般由生产企业自行整改完成。本书所讨论的过程控制技术特指减风增浓技术。

3.2.1　减风增浓的意义

（1）"减风"可以大幅降低能耗。以包装印刷行业为例，传统印刷机对外排风带走的热量是其加热能耗的 80% 左右，将排风量减少一半，就可以降低 40% 的加热能耗；同时，排风量减少一半，在风路管网系统不变的情况下，选配的排风机功率大幅降低，风机消耗的电能随之降低。

（2）"减风"可以大幅减少末端治理设备的投入。常见的末端治理设备如 RTO、RCO、CO 等，若处理风量减少一半，末端治理设备的投入一般可以降低 30% 以上。

（3）"减风"可以降低末端治理设备的运行费用。在 VOCs 总量不变的情况下，降低风量相当于实现了 VOCs "增浓"的效果，风量减少一半，浓度增加一倍。"增浓"对于采用焚烧类的末端治理方案，可以大幅降低末端治理设备的运行费用，以 RTO 为例，一般情况下废气浓度达到 $1 \sim 2 \ \text{g/m}^3$ 时，RTO 的运行就可以不用补充燃料，当废气浓度达到 $4 \ \text{g/m}^3$ 时，回收的余热基本就可以满足印刷过程中加热工艺的需求了。

（4）"减风"可以大幅减少风路管网系统的投入。风量减少，相同尺寸风路中的风速会更低，所以在相同风速情况下，可以减少风路管网的设计尺寸，从而减少风路管网系统的投入。

3.2.2　减风增浓的方式

目前，出现的减风增浓技术有很多，包含在线（生产线上）及离线（生产线后端）减风增浓技术。其中，在线减风增浓技术可以归为 3 种基本模式，即串联式减风、并联式减风和平衡式减风，其他模式都是这 3 种模式的变种或组合。另外转轮浓缩技术属于离线减风技术，本书不做具体介绍。

以包装印刷行业为例，3 种减风方式如下：

（1）串联式减风

串联式减风原理如图 3-3 所示。从左至右，新风加热后被送入第一段烘箱，干燥后带着挥发出的溶剂进入第二段烘箱，然后又依次进入第三段、第四段烘箱，直至通过排风风机排出，此过程中干燥气体的溶剂浓度从第一段烘箱到第四段烘箱依次增高。

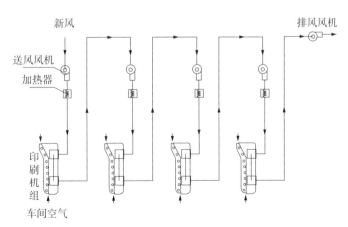

图 3-3　串联式减风原理

串联式减风的技术特点如下：

1）采用串联式减风，干燥气体的溶剂浓度依次递增，最后一段烘箱内干燥气体的溶剂浓度最高，因此可通过控制新风的进入量和在最后一段烘箱内安装 VOCs 浓度监测装置来保证生产安全。串联式减风对烘箱的密闭性要求较高，且在实际应用中串联的烘箱数量不宜过多，主要目的就是减少烘箱内的气体漏出，一般烘箱需要调节成微负压状态，这样烘箱周边的一些气体就会被吸进烘箱，最终导致整个串联管路上的风量依次增大。烘箱的密闭性越差，串联的数量越多，过程中增加的风量就越大，而干燥风量过大可能会影响套印精度。同时，为了匹配风量的差异性，每个烘箱所配的干燥风机功率也需要依次增大。

2）采用串联式减风，无法根据印刷版面的特点为每段烘箱选择不同的干燥风量。因为串联后风逐级流动（此时不考虑烘箱的吸风），小版面印刷工序和满版面印刷工序的干燥风量相同。

3）采用串联式减风，当某几个色组不工作时（如 8 色印刷机生产 5 色产品时），不工作色组的烘箱仍然需要有气流通过，这无疑会增加不必要的气体泄漏，导致热量损失。

（2）并联式减风

并联式减风原理如图 3-4 所示。每个烘箱的送排风管路相对独立，都设置有新风补入装置，干燥后的气体有一部分（这部分称为回风）与新风混合后进入本段烘箱用于干燥，这样在保证干燥风量的同时减少了排风量。很多印刷机的干燥系统都设有并联式减风机构，但一般都是手动机构，由于缺乏有效的调节手段和安全保证措施，绝大部分形同虚设。目前并联式减风中相对实用可靠的一种调节手段就是"LEL（爆炸下限）自动调节控制"，其原理是在每个烘箱的排风管路上配置一套 VOCs 浓度检测装置，根据检测装置反馈回的 LEL 值调节烘箱新风和回风的比例，在保证生产安全的前提下，尽可能减少新风量。

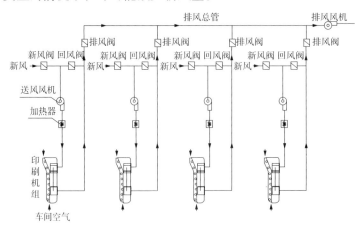

图 3-4 并联式减风原理

并联式减风的技术特点（以 LEL 自动调节控制为例）如下：

1）采用并联式减风，各烘箱相互独立，相互干扰小，可以根据印刷版面特点选择不同的干燥风量和干燥温度。

2）采用并联式减风，每个烘箱的溶剂浓度相同，在减风效果相同的情况下，每个烘箱的溶剂浓度都能达到串联式减风的最高浓度，相对应地在烘箱泄漏状况相同时，对外泄漏的溶剂量要显著大于串联式减风。

3）采用 LEL 自动调节控制，必须在每个烘箱的排风管路上配置 1 个 VOCs 浓度检测装置。VOCs 浓度检测装置价格不菲，进口品牌价格大概在 1.5 万元 / 套（中等价格），一台 8 色印刷机仅这项就需要投入 10 多万元，且使用寿命为 3~5 年，同时在使用过程中为了保证检测精度，需要经常维护，维护费用也不低。目前市场上采用并联式减风方案（包括并联式的变种方案）的产品很多，在选择时要重点关注减风的基本原理和安全保障措施，尤其是安全方面，很多产品为了降低成本，并没有给每个烘箱都配置 VOCs 浓度检测装置或者配置一些低廉的 VOCs 浓度检测装置，这些产品都存在着非常大的安全隐患。

（3）平衡式减风

平衡式减风原理如图 3-5 所示。平衡式减风也称串并联减风，其技术特征是将各个烘箱的进排风管路都连接到同一个排风总管上，每个烘箱可以保持相对独立，可以有不同的干燥风量、干燥温度，同时烘箱的排风可以全部或者部分进入相邻的下一个烘箱内，各烘箱内干燥气体的溶剂浓度依次递增。

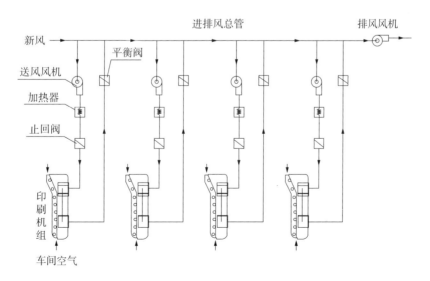

图 3-5 平衡式减风原理

平衡式减风的技术特点如下：

1）安全容易保证。从左至右各烘箱内干燥气体的溶剂浓度依次递增，最后一段烘箱内干燥气体的溶剂浓度最高，因此可通过控制新风的进入量和在最后一段烘箱安装 VOCs 浓度监测装置，控制不超过 25% LEL 来保证生产安全。

2）相对串联式减风，各烘箱相互独立，相互干扰小，可以根据印刷版面特点选择不同的干燥风量和干燥温度。

3）相对于采用"LEL 自动调节控制"的并联式减风，一台平衡式减风设备只需要一套 VOCs 浓度检测装置，成本大幅度降低。

4）采用平衡式减风，新风是从排风管新风口集中进入烘箱，且新风量由溶剂挥发总量决定，因此溶剂挥发总量可以通过经验、数据统计等确定一个较为准确的值，可有效避免因 VOCs 浓度检测装置故障导致的安全风险，这是平衡式减风的本质安全。

5）平衡式减风设备对系统的设计要求较高，尤其是在其内部的风压平衡装置及控制精度方面。

综合对比以上三种减风增浓技术，平衡式减风综合了串联式减风和并联式减风的优点，同时又在一定程度上避免了这两种减风方式的缺点，优势非常明显。

3.3　回收技术

3.3.1　吸收法

吸收法是采用低挥发或不挥发性溶剂对气相污染物进行吸收，再利用有机分子和吸收剂物理性质的差异进行分离的气相污染物控制技术。现阶段，VOCs 末端控制技术中，吸收法总体应用不多。因物理吸收主要是气体溶解 + 解吸的浓缩过程，系统必须配备解吸装置才有意义，由于大多数的有机物水溶性差，而有机物类吸收剂本身一定具有挥发性，对于现在的排放标准限值，吸收液的选择很困难，很难稳定达标，目前只是油气回收中有些应用。化学吸收存在废液的处理处置问题、药剂消耗问题，只适合一些恶臭气体的净化，见图 3-6。

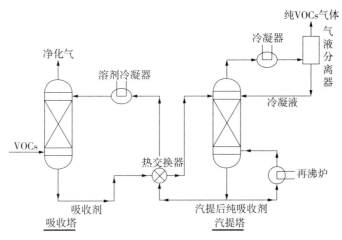

图 3-6　VOCs 治理技术——吸收法

3.3.2　吸附法

吸附法原理是利用多孔性固体吸附剂处理流体混合物，使其中所含的一种或数种组分浓缩于固体表面上，以达到分离的目的。目前的常规吸附工艺大多是变温吸附工艺，操作时，在常压下将有机气体经吸附剂吸附浓缩后，采用一定手段（如升温，有时也采用减压方式）进行解吸，从而得到高浓度的有机气体，这些高浓度的有机气体可通过冷凝或吸收工艺直接进行回收或经催化燃烧工艺完全分解。目前常用的吸附剂有颗粒活性炭、活性炭纤维、沸石分子筛、活性氧化铝等。

吸附法适用于低浓度混合物的高效分离与回收，如碳氢化合物废气的处理，目前已广泛应用于有机化工、石油化工、制药、包装印刷、涂料、喷涂、涂布等行业，成为一种必不可少的治理 VOCs 的手段，见图 3-7。

3.3.3　冷凝法

利用物质在不同温度下具有不同饱和蒸气压这一性质，采用降温、加压的方法，使气态的有机物冷凝而与废气分离。该法特别适用于处理 VOCs 浓度在 10 g/m³ 以上的有机蒸气。但当体积分数低于 10^{-4} 时采取冷冻措施，会使运行成本大大提高。在工业生产中，一般要求 VOCs 浓度在 5 g/m³ 以上时采用冷凝法回收，其回收率一般在 50% ~ 85%。

冷凝法一般只作为净化高浓度有机废气的前处理方法，与吸附法、燃烧法或其他净化手段联合使用，以降低有机负荷，并回收有价值的产品，见图 3-8。

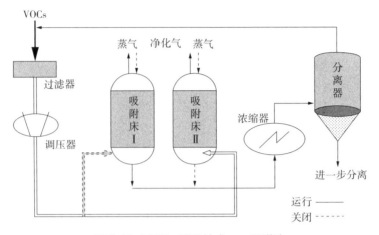

图 3-7　VOCs 治理技术——吸附法

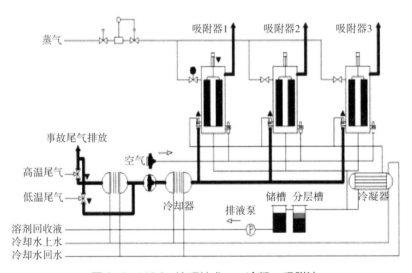

图 3-8　VOCs 治理技术——冷凝－吸附法

3.3.4　膜分离法

气体膜分离法的基本原理是利用膜中混合气体各组分在压力的推动下透过膜的传递速率不同，从而使不同气体选择性透过，进而达到分离的目的。膜材料的化学性质和膜的结构对膜分离性能有着决定性的影响。气体分离膜材料应该同时具有高透气性和较高的机械强度、化学稳定性及良好的成膜加工性能。

膜分离法应用于高浓度挥发性有机物气体的分离与回收，标准状态下一般要求 VOCs 的浓度在 10 g/m³ 以上。国内已有公司采用膜分离技术回收氯乙烯精馏尾气中的氯乙烯单体，最高回收率可达 99% 以上，见图 3-9。

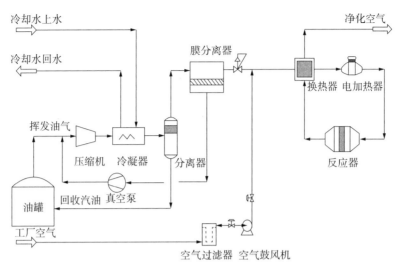

图 3-9　VOCs 治理技术——膜分离法

3.4　消除技术

3.4.1　燃烧法

燃烧法去除挥发性有机物使其变为无害物质的过程，称为燃烧净化。该法只适用于处理可燃或在高温下可分解的有害气体。对化工、喷涂、包装印刷、绝缘材料等行业的生产装置所排出的有机废气已广泛采用了燃烧净化的手段。挥发性有机物燃烧氧化的结果是生产 CO_2 和 H_2O，有用物质不能被回收，因此，只有对一些在目前技术条件下还不能回收的挥发性有机物才采用该法。

目前使用的燃烧法有直接燃烧、热力燃烧/蓄热燃烧、蓄热催化燃烧/催化燃烧。

（1）直接燃烧。是把废气中可燃的有害组分当作燃料燃烧，只适用于高浓度或热值较高的有机气体。

（2）热力燃烧/蓄热燃烧（RTO）。蓄热燃烧采用蓄热式烟气余热回收装置，交替切换燃烧后的高温烟气流经蓄热体，使原烟气温度降到 180℃以下后排放；然后切换使烟气进入蓄热体，能够在最大程度上回收高温烟气的显热，使有机废气直接加热到 760℃以上的高温，在氧化室分解成 CO_2 和 H_2O，见图 3-10。

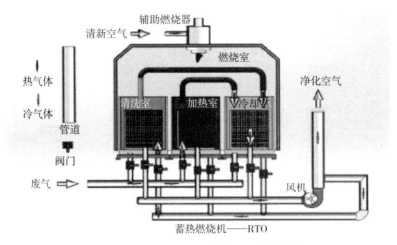

图 3-10 VOCs 治理技术——蓄热燃烧

（3）蓄热催化燃烧（RCO）/ 催化燃烧（CO）。流程同 RTO，只是在燃烧室装填上催化剂，使废气在催化燃烧室内低温催化燃烧（无火焰燃烧），安全性好；反应温度低，辅助能耗少；对可燃组分的浓度和热值的限值少，因此应用非常广泛。对于特低浓度的挥发性有机物可先采用吸附浓缩的方法，将脱附出的气体再进行催化燃烧。

催化燃烧通常采用间壁式换热装置，热回收效率（50% ~ 80%）不及属于直接换热的蓄热换热装置（热回收效率可达 90% ~ 95%），因此通常情况下排气温度高，能耗较高，适合于质量浓度 6 g/m^3 以上的气体净化。相对于蓄热设备，占地小、重量轻、启动相对快，见图 3-11。

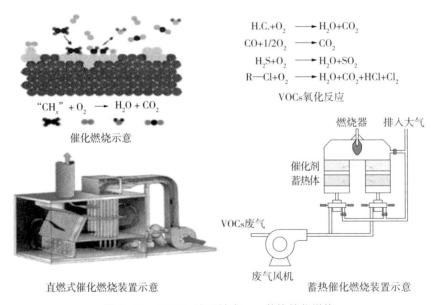

图 3-11 VOCs 治理技术——蓄热催化燃烧

燃烧法的缺点是在燃烧过程中产生的燃烧产物及反应后的催化剂往往需要二次处理，并且该法不适于处理含硫、氮及卤化物的废气。在废气浓度较低时，需加入辅助燃料。此法一般和吸附浓缩一起使用。

3.4.2 生物净化技术

生物净化法是利用驯化后的微生物在新陈代谢过程中以污染物作为碳源和氮源，将多种有机物和某些无机物进行生物降解，分解成 H_2O 和 CO_2，从而有效去除工业废气中的污染物质。生物净化法的基础是微生物在生长过程中产生的生物酶。这种酶有一种极强的生物催化活性，它比一般的催化剂具有更强的催化活性。常见的生物处理工艺包括生物过滤法、生物滴滤法、生物洗涤法、膜生物反应器法等。生物净化法适用于大风量、低浓度、生物降解性好的有机废气，见图 3-12。

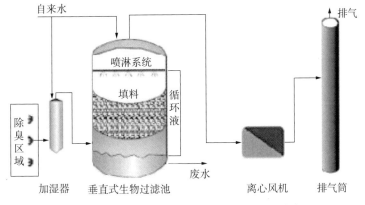

图 3-12　VOCs 治理技术——生物净化技术

3.4.3 低温等离子体技术

低温等离子体技术，从去除单位质量的 VOCs 角度来看能耗很高，实现较高净化效率时按文献报道值换算需要 150 kW·h/kg 以上，且有大量的 NO_x、O_3 等二次污染物，主要适合于某些特定场合的除臭技术。

低温等离子体技术又称非平衡等离子体技术，其净化作用机理包含两个方面：一是在产生等离子体的过程中，高频放电所产生的瞬间高能足够打开一些有害气体分子内的化学键，使之分解为单质原子或无害分子；二是等离子体中包含大量的高能电子、正负离子、激发态粒子和具有强氧化性的自由基，这些活性粒子和部分臭气分子碰撞结合，在电场作用下，使臭气分子处于激发态。当臭气分子获得的能量大于其分子键能的结合能时，臭气分子的化学键断裂，直接分解成单质原子或由单一原子构成的无害气体分子。同时产生的大量·OH、·O等活性自由基和氧化性极强的O_3，与有害气体分子发生化学反应，最终生成无害产物，见图3-13。

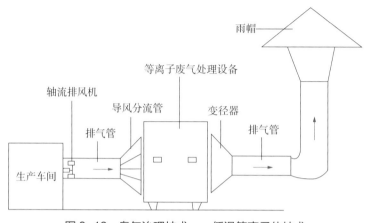

图3-13　臭气治理技术——低温等离子体技术

3.4.4　光催化氧化技术

（1）光解技术

光解是利用UV紫外光的能量使空气中的分子变成游离氧，游离氧再与氧分子结合生成氧化能力更强的臭氧，进而破坏VOCs中有机或无机高分子化合物的分子链，使之变成低分子化合物。由于UV紫外光的能量远远高于一般有机化合物的结合能，因此采用紫外光照射有机物，可将它们降解为小分子物质。

（2）光催化技术

光催化技术是在设备中添加纳米级活性材料，在紫外光的作用下，产生更为强烈的催化降解功能。纳米活性材料光生空穴的氧化电位以标准氢电位为3.0 V，比臭氧的2.07 V和氯气的1.35 V高许多，具有很强的氧化性。在光的照射下，活性材料能吸收相当于带隙能量以下的光能，使其表面发生激励而产生电子和空穴。这些电子和空穴具有极强的还原和氧化能力，能与水或容存的氧反应，迅速产生氧化能力极强的氢氧根自由基（·OH）。·OH具有很高的氧化电位，是一种强氧化基团，它能够氧化大多数有机污染物。

（3）光催化氧化技术

光解主要利用波长为185 nm的光波，使O_2结合产生的O_3对挥发性有机物进行分解。而光催化是利用一定波长的光波照射催化剂，产生自由基·OH等，由自由基降解挥发性有机物。二者联合应用被称为光催化氧化技术，见图 3-14。

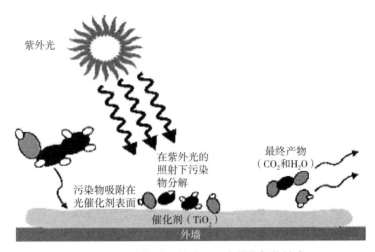

图 3-14　臭气治理技术——光催化氧化技术

VOCs 控制的难点问题

4.1 技术选择难点问题

4.1.1 中小企业选择 VOCs 治理技术装备的能力不够

VOCs 治理技术体系非常复杂。不同于脱硫、脱硝、除尘,只有单一的或有限几个污染因子,VOCs 的污染因子呈现数量多(1 497 种,USEPA,2014 年统计数据)、种类多(烃、醇、醚、酸、酯、酮、苯及苯的同系物等)、安全系数迥异(闪点、燃点、爆炸极限等)等,使一套设施或治理工艺需考量的技术问题较多、专业性较强。由于 VOCs 治理起步较晚,行业的技术、人才、设备生产企业储备不多,导致生产企业在选择污染源治理技术及工艺时往往无从下手。不能因地制宜地选择相关技术,则难以实现达标排放。

4.1.2 部分 VOCs 治理企业的制造能力不足

从环保督查的反馈结果来看,面向中小企业如汽车 4S 店喷涂及烘干车间、部分家具制造企业,大多数采用低温等离子体、光催化氧化及一次性活性炭吸附技术,在京津冀地区约占治理企业的 80% 以上。这类设备无行业制造标准,无人监管,很多设备名不副实,如用不锈钢外壳加几根医用紫外消毒管冒充低温等离子体设备等。

基层环保监管部门因人数不足、技术储备力量不够等原因,对企业 VOCs 的治理,重仪器设备购置而轻设施运营管理。中小企业抓住这一特点,只求有设备应付,将大量精力用于逃避监管,如和第三方检测机构串通,在检测之时使用新活性炭等,而在采样完成后继续闲置设备设施。在购置设备时,往往只将价格作为唯一的考量因素,大量有名无实的"治理设备"被制造出来,既不能治理企业的 VOCs,

又造成社会资源的占用以及浪费。从后续抽样检测结果来看，使用单一设施的往往不能做到达标排放。

对于 RCO 设备而言，催化剂的费用占据设备制造比较大的比重。由于现场执法的仪器设备不足，执法人员只能检查其设备是否正常运转，而无法判断运转效果如何。而后续的检测机构采样检测过程中，由于检测机构经费的来源是被检查企业，使检测机构往往被迫帮助相关企业规避监管而使检测结果达标排放。在这样的条件下，治理企业往往依据设备价格而选择相应的 RCO 设备提供商，使得 RCO 中催化剂以次充好（如贵金属催化剂的缺斤少两）等现象比较严重。

4.1.3　部分 VOCs 治理企业的运维经验不足

作为具有挥发特征的有机污染物，含 VOCs 的废气易燃、易爆，近年来 VOCs 治理设施爆炸、着火等安全事故频发，已经引起了管理部门和业主单位的高度重视。2017 年 6 月，天津市发生了一起低温等离子体治理设施爆炸事故，造成两人死亡，在社会上造成了重大影响。为此天津市安全生产委员会发布了《关于吸取事故教训开展环保治理设施专项安全检查的通知》（津安办〔2017〕32 号），引起以上安全事故的原因是现场操作人员经验不足，瞬时浓度过高，在电火花的作用下引发了爆炸。

不仅仅在低温等离子体设备爆炸上，根据调研，目前 VOCs 治理设施发生的安全事故还有 RTO 设备的爆炸，CO、活性炭吸附设备、低温等离子体设备的着火等方面。

造成这些事故的原因主要是工艺设计经验不足、设备选型不当、运维经验欠缺等。具体来说，一是不清楚废气的排放特征（废气成分、浓度及其变化情况等），盲目进行设计。如以上提到的天津低温等离子体治理设备爆炸事故，是由废气排放的瞬时浓度过高造成的。二是治理设施的安全性设计不到位或者未按照设计规范进行设计。三是对于治理设施的净化原理认识不足。如活性炭吸附、高温热空气再生时发生的着火事故，主要是一些有机物在活性炭高温下发生反应放热造成的。四是在使用低温等离子体设备时，废气中漆雾等颗粒物预处理不彻底，在电极和器壁上聚集，清理不及时会发生着火事故。

4.2　技术使用难点问题

4.2.1　部分地区管理部门强制使用高成本的燃烧法

因 RTO、RCO 等具有很高的净化效率，有些地区管理部门一味要求企业采用燃烧法进行治理。这些设施在 VOCs 浓度较低时，即使采用沸石转轮、减风增浓、立式旋转设施进行 VOCs 的预浓缩后，运行费用也极高，这使得企业在盈利难以保障的情况下，很难完全让治理设施正常运行，而更愿意采取非常手段逃避监管。而某些安装了在线监测的规模以上企业，在废气浓度较低时，不敢停 RTO 设备，在某些时段燃烧的 90% 以上是天然气，而 VOCs 只有不到 10%。企业治理费用极高，能源浪费也极其严重。

目前有些地区已经发布了相关的治理技术指导，但由于 VOCs 治理技术的复杂性，缺乏针对不同技术的选择原则，实际上很难起到具体的指导作用。如部分地区的 VOCs 治理指南要求采用沸石转轮蓄热式催化燃烧设备时，蓄热材料效率不低于 90%，热氧化效率不低于 99%。在同一行业内，某些工段排放高浓度 VOCs（大于 1 g/m^3），能够实现指南中 99% 的去除目标；但在某些工段由于采用水性替代等技术，排放的主要是低浓度 VOCs（$0.1 \sim 0.2 \text{ g/m}^3$），其结果是指南中要求的 99% 去除率很难实现。

4.2.2 危险废物处置企业少，吸附剂处理成本高

我国的市场长期以来存在一种"一管就死、一放就乱"的现象，因此，国家对危险废物资质的取得有着极其严格的把控。由于吸附了 VOCs 的活性炭属于危险废物，需要有资质的单位进行收储运、处理处置或再生处置，而市场上拥有这类处置能力的企业极少，造成了处置价格很高。市场的充分竞争会促使生产者采用技术进步、工艺改进、模式创新等手段，降低吸附再生成本，提高全行业的生产效率。在现行的制度下，企业存在瞒报、漏报实际使用吸附剂的动机，如何处理好监管和市场的平衡问题，是今后精细化管理的一道难题。

4.3 检/监测难点问题

4.3.1 监测标准体系不完备

VOCs 的检测方法，按照监测对象主要分为环境空气、环境空气和废气、固定污染源废气；按照检测手段主要分为便携式检测、在线式检测、实验室检测。目前 VOCs 的检测方法有 18 种，其中便携式检测方法 4 种，在线式检测方法 2 种，实验室检测方法 12 种。而便携式和在线式检测偏少，无法满足现有环境检测的

需求。

4.3.2 监测设备未通过适用性检测

检测仪器设备尚未有统一标准，目前市场使用的检测仪器五花八门。如便携式非甲烷总烃仪器种类较多，缺乏统一标准。采用未经适用性检测的仪器设备时，会出现便携式设备的数据、手工检测出的数据、在线监测的数据，其数值出现较大偏差，作为执法依据时，各方法的数据混乱，给执法带来很大的困扰。

4.3.3 监测过程程序不完善

环保监管部门所需的监测数据目前主要是由第三方检测机构提供。从实际情况来看，第三方检测机构的水平参差不齐，存在的问题较多。

一是采样过程不透明。由于检测机构的费用来源于排污企业，其检测结果受制于被检测企业。有的检测机构通过在检测前打招呼的方式来规避 VOCs 设备平时不开或开不足的问题。如 RTO、RCO 等燃烧设备在检测开始前将燃气烧足，检测完成后反应温度不足；吸附脱附设备，在检测前临时更换新的活性炭等吸附材料，检测完成后，继续使用旧的吸附材料等问题。

二是检测过程程序简化。应采取的质量控制标准不执行或选择性执行。采用便携式方法而非国标方法进行测样，将检测结果写成使用国标方法测试。

三是检测数据造假。个别第三方检测机构采取编造数据、混乱检测方法等手段，得到的数据不能如实反映企业 VOCs 的排放情况。

4.3.4 监测技术储备不足

由于涉及的物质种类繁多，与其他大气污染物（SO_2、NO_x 等）相比，VOCs 的检测技术非常复杂，工作量大，专业性强。

在线监测数据质量控制技术方面。随着非甲烷总烃等在线监测标准的发布实施，亟需完善检/监测数据质量监督管理体系，包括第三方检测机构的资质和水平、监测仪器和监测程序的规范化、污染物检测数据的质量保证等方面。

在线监测指标数量方面。不同行业 VOCs 的特征污染物不尽相同，有时甚至相差很大；单一指标或某几项指标不能客观反映行业 VOCs 的控制水平。如某些行业 NMHC 能达标排放，甚至远低于行业排放标准，但因行业特征污染物检测不到位，臭气或异味问题仍常常被投诉。

4.4 监管难点问题

4.4.1 监管人员少，污染企业多

由于 VOCs 的污染量大面广，对污染源的监管工作非常困难。虽然相关的法律法规和管理制度在不断完善，很多污染企业被动地进行了污染源的治理，但由于监管工作不能同步跟进，部分排污企业抱着应付检查的思想进行治理。一是压低治理费用，低价中标的情况普遍，治理设施很难实现达标排放和稳定运行；二是治理设施不按照规范运行，控制材料（吸附材料、催化剂、蓄热体等）不能按期进行更换，实际上达不到治理效果；三是即使安装了治理设备，为了节省治理费用在验收以后就搁置起来。监管人员少，污染企业多，有些问题虽然知道，但难以抓住证据。

4.4.2 污染物来源复杂，监管人员经验不足

根据调查，一些大型污染源（如石化行业、汽车制造行业等）的治理设施设计上比较完善，管理上比较到位。但对于大量的中小型污染源，如 4S 店、加油站、小型包装印刷企业、餐饮油烟、精细化工等行业的治理设施普遍运营状态不佳。而监管人员由于经验不足，有时很难判断正在运营的设备真实的治理效果。

VOCs 控制的技术选择

针对技术选择难的问题，本章参考了《吸附法工业有机废气治理工程技术规范》(HJ 2026—2013)、《催化燃烧法工业有机废气治理工程技术规范》(HJ 2027—2013)、行业专家意见及建议来指导 VOCs 治理的技术选择，避免发生技术选择失误、安全预防不到位等问题。以家具、涂料油墨、印刷 3 个行业为例，分析了其生产工艺及产排污环节，给出了不同行业不同工艺下 VOCs 产生量、VOCs 的特征污染物，推荐了不同行业不同 VOCs 浓度的预处理技术、末端治理技术、适用条件及实用工程案例。希望从理论、数据、技术、案例等方面指导企业进行 VOCs 治理技术选择的实践，使企业能够从技术、经济上受益，社会和公众能够从环境效益受益。

5.1　技术选择的一般要求

一般而言，臭气推荐使用低温等离子体技术、光催化氧化技术、生物净化技术及其组合技术。对于标准状态下低浓度的 VOCs (1 g/m³ 以下)，推荐使用生物净化技术、吸附法 + 脱附再生、吸附法 / 减风增浓 + 燃烧法等技术，在使用生物净化技术时，水溶性高的一般处理 VOCs 浓度大于水溶性低的。对于标准状态下中浓度的 VOCs (1 ~ 10 g/m³)，宜采取高温氧化法 / 燃烧法。对于标准状态下高浓度的 VOCs (10 g/m³)，有回收价值的宜先采用吸收法、膜分离法等进行回收，无回收价值则可以直接燃烧。技术选择如图 5-1 所示。

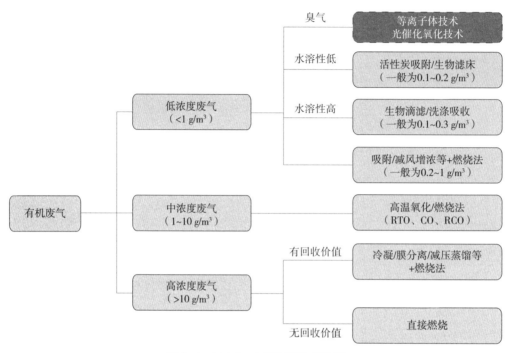

图 5-1　VOCs 末端治理技术选择

5.2　常用 VOCs 末端控制技术的设计要求

5.2.1　吸附法工业有机废气治理设计要求

5.2.1.1　基本要求

（1）除溶剂和油气储运销装置的有机废气吸附回收外，进入吸附装置的有机废气中有机物的浓度应低于其爆炸极限下限的 25%。当废气中有机物的浓度高于其爆炸极限下限的 25% 时，应使其降低到其爆炸极限下限的 25% 后方可进行吸附净化。

（2）进入吸附装置的颗粒物含量宜低于 1 mg/m³。

（3）进入吸附装置的废气温度宜低于 40℃。

（4）吸附装置的净化效率不得低于 90%。

5.2.1.2　工艺设计要求

（1）吸附剂的选择

1）当采用降压解吸再生时，煤质颗粒活性炭的性能应满足 GB/T 7701.2 的要求，且丁烷工作容量（测试方法参见 GB/T 20449）应不小于 12.5 g/dl，BET 比表面积应不小于 1 400 m^2/g，采用非煤质颗粒活性炭做吸附剂时可参照执行。

2）当采用水蒸气再生时，煤质颗粒活性炭的性能应满足 GB/T 7701.2 的要求，且丁烷工作容量（测试方法参见 GB/T 20449）应不小于 8.5 g/dl，BET 比表面积应不小于 1 200 m^2/g，采用非煤质颗粒活性炭做吸附剂时可参照执行。

3）当采用热气流吹扫方式再生时，煤质颗粒活性炭的性能应满足 GB/T 7701.5 的要求，采用非煤质颗粒活性炭做吸附剂时可参照执行。颗粒分子筛的 BET 比表面积应不低于 350 m^2/g。

4）蜂窝活性炭和蜂窝分子筛的横向强度应不低于 0.3 MPa，纵向强度应不低于 0.8 MPa，蜂窝活性炭的 BET 比表面积应不低于 750 m^2/g，蜂窝分子筛的 BET 比表面积应不低于 350 m^2/g。

5）活性炭纤维毡的断裂强度应不小于 5N（测试方法参照 GB/T 3923.1 进行），BET 比表面积应不低于 1 100 m^2/g。

（2）吸附工艺

1）固定床吸附装置吸附层的气体流速应根据吸附剂的形态确定。采用颗粒状吸附剂时，气体流速宜低于 0.6 m/s；采用纤维状吸附剂（活性炭纤维毡）时，气体流速宜低于 0.15 m/s；采用蜂窝状吸附剂时，气体流速宜低于 1.20 m/s。

2）对于采用蜂窝状吸附剂的移动式吸附装置，气体流速宜低于 1.20 m/s；对于采用颗粒状吸附剂的移动床和流化床吸附装置，吸附层的气体流速应根据吸附剂的用量、粒度和气体密度等确定。

3）对于一次性吸附工艺，当排气浓度不能满足设计或排放要求时应更换吸附剂；对于可再生工艺，应定期对吸附剂动态吸附量进行检测，当动态吸附量降低至设计值的 80% 时宜更换吸附剂。

4）采用纤维状吸附剂时，吸附单元的压力损失宜低于 4 kPa；采用其他形状吸附剂时，吸附单元的压力损失宜低于 2.5 kPa。

（3）吸附剂再生要求

1）当使用水蒸气再生时，水蒸气的温度宜低于 140℃。

2）当使用热空气再生时，对于活性炭和活性炭纤维吸附剂，热气流温度应低于 120℃；对于分子筛吸附剂，热气流温度宜低于 200℃。含有酮类等易燃气体时，不得采用热空气再生。脱附后气流中有机物的浓度应严格控制在其爆炸极限下限的 25% 以下。

3）高温再生后的吸附剂应降温后使用。

5.2.1.3　安全要求

在吸附操作周期内，吸附了有机气体后吸附床内的温度应低于83℃。当吸附装置内的温度超过83℃时，应能自动报警，并立即启动降温装置。

5.2.2　催化燃烧法工业有机废气治理设计要求

5.2.2.1　基本要求

（1）进入催化燃烧装置的废气中有机物的浓度应低于其爆炸极限下限的25%。当废气中有机物的浓度高于其爆炸极限下限的25%时，应通过补气稀释等预处理工艺使其降低到其爆炸极限下限的25%后方可进行催化燃烧处理。

（2）进入催化燃烧装置的废气浓度、流量和温度应稳定，不宜出现较大波动。

（3）进入催化燃烧装置的废气中颗粒物浓度应低于10 mg/m³。

（4）进入催化燃烧装置的废气中不得含有引起催化剂中毒的物质。

（5）进入催化燃烧装置的废气温度宜低于400℃。

5.2.2.2　工艺设计要求

（1）废气收集

1）废气收集系统设计应遵循 GB 50019 的规定。

2）废气应与生产工艺协调一致，不影响工艺操作。在保证收集能力的前提下，应力求结构简单，便于安装和维护管理。

3）确定集气罩的吸气口位置、结构和气体流速时，应使罩口呈微负压状态，且罩内负压均匀。

4）集气罩的吸气方向应尽可能与污染气流运动方向一致，防止吸气罩周围气流紊乱，避免或减弱干扰气流和送风气流等对吸气气流的影响。

（2）预处理

1）进入催化燃烧装置前废气中的颗粒物含量高于10 mg/m³时，应采用过滤等方式进行预处理。

2）过滤装置两端应装设压差计，当过滤器的阻力超过规定值时应及时清理或更换过滤材料。

（3）催化燃烧

1）催化剂的工作温度应低于700℃，并能承受900℃短时间高温冲击。设计工况下催化剂使用寿命应大于 8 500 h。

2）设计工况下蓄热式催化燃烧装置中蓄热体的使用寿命应大于 24 000 h。

3）催化燃烧装置的设计空速宜大于 10 000 h^{-1}，但不应高于 40 000 h^{-1}。

4）进入燃烧室的气体温度应达到气体组分在催化剂上的起燃温度，混合气体按照起燃温度最高的组分确定。

5）催化燃烧装置的压力损失应低于 2 kPa。

5.2.2.3　安全要求

（1）排风机之前应设置浓度冲稀设施。当反应器出口温度达到 600℃时，控制系统应能报警，并自动开启冲稀设施对废气进行稀释处理。

（2）催化燃烧或高温燃烧装置应具有过热保护功能。

（3）催化燃烧或高温燃烧装置应进行整体保温，外表面温度应低于 60℃。

5.3　典型行业 VOCs 控制技术选择路线

5.3.1　家具制造业 VOCs 控制技术选择路线

家具制造工业产生的 VOCs 主要在调漆、喷涂、施胶、干燥及注塑/挤出/模压/吹塑/压延/滚塑等工序产生。

5.3.1.1　生产工艺及产排污节点

（1）木质家具

木质家具生产使用的原辅材料主要包括木材（实木或板材）、涂料、胶黏剂、五金配件、木皮等贴面材料、封边材料等。木质家具包括实木家具和板式家具，常见的板式家具包括贴饰面板式家具和三聚氰胺板家具。实木家具生产工艺过程主要包括备料、开料/拼板、机加工、组装、涂饰处理（喷涂、打磨、干燥等）、包装入库等工序。贴饰面板式家具生产工艺过程主要包括备料、开毛料、饰面材料裁切/拼接、贴饰面、开精料、封边、机加工、组装、涂饰处理（喷涂、打磨、干燥等）、包装入库等工序。三聚氰胺板家具生产工艺过程主要包括备料、开料、封边、打孔、试装/组装、清洁、包装入库等工序，见图 5-2~图 5-4。

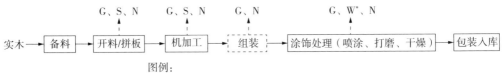

图例：
G—废气，W—废水，S—固体废物，N—噪声

注1：图中虚线框表示在生产过程中可能存在该工序。

注2：图中"*"表示涂饰处理工序若采用湿式除尘技术则会有废水产生。

图 5-2 典型实木家具生产工艺流程及污染物产生节点

图例：
G—废气，W—废水，S—固体废物，N—噪声

注：图中"*"表示涂饰处理工序若采用湿式除尘技术则会有废水产生。

图 5-3 典型贴饰面板式家具生产工艺流程及污染物产生节点

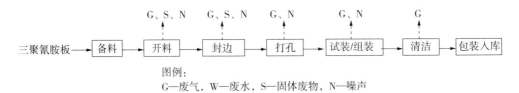

图例：
G—废气，W—废水，S—固体废物，N—噪声

图 5-4 典型三聚氰胺板家具生产工艺流程及污染物产生节点

（2）竹藤家具

竹藤家具生产使用的原辅材料主要包括竹材、藤材、涂料、胶黏剂等。竹藤家具分为圆竹家具、竹集成材家具和藤制家具。圆竹家具生产工艺过程主要包括开料、机加工、涂饰处理（喷涂、打磨、干燥等）、包装入库等工序。竹集成材家具生产工艺过程主要包括备料、开料、机加工、组装、涂饰处理（喷涂、打磨、干燥等）、包装入库等工序。藤制家具生产工艺过程主要包括编织、涂饰处理（喷涂、打磨、干燥等）、包装入库等工序，见图 5-5 ~ 图 5-7。

图例：
G—废气，W—废水，S—固体废物，N—噪声

注：图中"*"表示涂饰处理工序若采用湿式除尘技术则会有废水产生。

图 5-5 典型圆竹家具生产工艺流程及污染物产生节点

图例:
G—废气,W—废水,S—固体废物,N—噪声

注:图中"*"表示涂饰处理工序若采用湿式除尘技术则会有废水产生。

图 5-6 典型竹集成材家具生产工艺流程及污染物产生节点

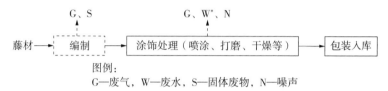

图例:
G—废气,W—废水,S—固体废物,N—噪声

注1:图中虚线框表示在生产过程中可能存在该工序。

注2:图中"*"表示涂饰处理工序若采用湿式除尘技术则会有废水产生。

图 5-7 典型藤制家具生产工艺流程及污染物产生节点

(3)金属家具

金属家具生产使用的原辅材料主要包括管材、板材、各种五金材料、涂料等,其生产工艺过程主要包括备料、开料、冲、铣、折弯、焊接打磨、前处理、涂饰处理(喷涂、干燥等)、组装、包装入库等工序,见图5-8。

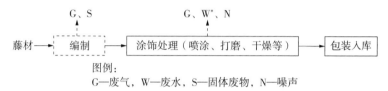

图例:
G—废气,W—废水,S—固体废物,N—噪声

注:图中"*"表示涂饰处理工序若采用湿式除尘技术则会有废水产生。

图 5-8 典型金属家具生产工艺流程及污染物产生节点

(4)塑料家具

塑料家具生产使用的原辅材料主要包括树脂颗粒、涂料、胶黏剂、发泡原料等,其生产工艺过程主要包括备料、注塑/挤出/模压/吹塑/压延/滚塑、发泡、成型冷却、打磨/修边、包装入库等工序,见图5-9。

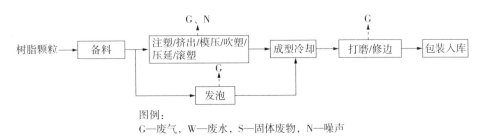

图例：
G—废气，W—废水，S—固体废物，N—噪声

图 5-9 典型塑料家具生产工艺流程及污染物产生节点

（5）其他家具

其他家具包括软体家具、玻璃家具等。软体家具生产使用的原辅材料主要包括木材、板材、弹性材料（如弹簧、蛇簧、拉簧等）、软质材料（如棕丝、棉花、乳胶海绵、泡沫塑料等）、绷结材料（如绷绳、绷带、麻布等）、装饰面料及饰物（如棉、毛、化纤织物及牛皮、羊皮、人造革等）、涂料、胶黏剂等，其生产工艺过程主要包括木材和板材的开料、内/外架加工、外架涂饰处理、打底布、贴海绵、皮和布的备料、裁切、缝接、扪皮、包装入库等工序，见图 5-10。玻璃家具生产使用的原辅材料主要包括玻璃、木材或金属材料、涂料、胶黏剂等，其生产工艺过程主要包括熔化、成型、退火、切裁等工序。

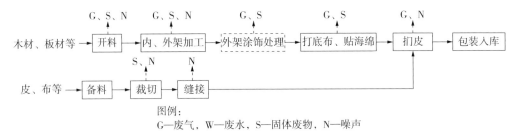

图例：
G—废气，W—废水，S—固体废物，N—噪声

注：图中"*"表示涂饰处理工序若采用湿式除尘技术则会有废水产生。

图 5-10 典型软体家具生产工艺流程及污染物产生节点

5.3.1.2 各工序 VOCs 产生浓度水平

家具行业 VOCs 的产生主要来源于涂饰、干燥、施胶车间。其原辅材料、产污环节、VOCs 产生浓度水平如表 5-1 所示。

表 5-1 家具主要生产工序含 VOCs 原辅材料的 VOCs 产生浓度水平

生产单元	原辅材料	产污环节	VOCs 产生浓度水平 /（mg/m³）
涂饰车间	溶剂型涂料	涂饰	100 ~ 700
	水性涂料		10 ~ 100
	UV 固化涂料		10 ~ 50

续表

生产单元	原辅材料	产污环节	VOCs 产生浓度水平 /（mg/m³）
干燥车间	溶剂型涂料	干燥	50 ~ 200
	水性涂料		≤ 100
	UV 固化涂料		≤ 50
施胶车间	溶剂型胶黏剂	拼接、封边、贴饰面等	30 ~ 100
	水性胶黏剂		≤ 20
	固体热熔胶		≤ 5

5.3.1.3　各工序 VOCs 排放特征污染物

不同工序不同涂料产生的 VOCs 含量及特征污染物均不同，其中溶剂型涂料 VOCs 产生量占比最大，特征污染物最多。各工序采用的原辅材料类型、含量占比及特征污染物如表 5-2 所示。

表 5-2　家具主要生产工序 VOCs 含量分布及特征污染物

生产工序	含 VOCs 原辅材料类型	VOCs 含量 /%	特征污染物
涂饰工序	溶剂型涂料	20 ~ 70	间二甲苯、乙酸甲酯、乙酸丁酯、甲缩醛、乙苯、邻二甲苯、对二甲苯、乙酸仲丁酯、甲苯、二氯甲烷、乙酸乙酯、2,3- 二甲基戊烷、异丁醇等
	水性涂料	< 10（不扣水）	甲苯、甲缩醛、二氯甲烷、间二甲苯、邻二甲苯、乙苯、对二甲苯、异丁烷、丁烷、乙酸乙酯、乙酸丁酯、乙酸仲丁酯等
	UV 固化涂料	10 ~ 30	间二甲苯、邻二甲苯、对二甲苯、乙酸乙酯、乙酸丁酯、乙苯、异丁醇、正丁醇、二氯甲烷、甲缩醛等
	粉末涂料	—	—
施胶工序	溶剂型胶黏剂	30 ~ 70	乙酸仲丁酯、间二甲苯、甲苯、异己烷、环己烷、3- 甲基戊烷、邻二甲苯、乙苯、对二甲苯、己烷、甲基环戊烷等
	水性胶黏剂	5 ~ 10	甲缩醛、乙酸仲丁酯、甲苯、间二甲苯、对二甲苯、邻二甲苯、二氯甲烷、乙苯、环己酮等
	固体热熔胶	—	—
清洗工序	清洗剂	97.0 ~ 99.8	甲醇、乙醇、石油醚、乙醚、丙酮、苯类、乙酸乙酯等

5.3.1.4　VOCs 控制技术

家具行业 VOCs 的控制主要通过水性替代、UV 光固、辊涂 / 淋涂、自动喷涂、吸附 / 脱附＋燃烧法等技术工艺来实现。其污染物排放水平、技术适用条件、参考案例如表 5-3 所示。

表 5-3 家具行业 VOCs 控制技术

序号	工序类型	预防技术	治理技术	污染物排放水平/（mg/m³）				技术适用条件	工程案例
				苯	甲苯	二甲苯	非甲烷总烃		
1	涂饰处理工序	—	①湿式除尘技术+②干式过滤技术+③吸附/脱附技术+燃烧技术	<1	<10	<20	30~50	适用于使用溶剂型涂料的大、中型模家具制造企业或集中式喷漆工厂的漆雾、VOCs治理。典型治理技术路线为：①湿式除尘+干式过滤+活性炭吸附+RCO；②湿式除尘+干式过滤+转轮吸附/脱附/脱附+RCO。该技术投资成本高，运行成本不高	见附件案例1.1~2.1，4.1~4.14
2		①水性涂料替代技术	①干式过滤技术+②吸附/脱附技术	<1	<2	<2	10~20	适用于木质家具和竹藤家具等的漆雾、VOCs治理。典型治理技术路线为干式过滤+活性炭吸附或脱附/脱附。后期维护需定期清理、更换过滤材料，定期更换或再生活性炭	
3		①水性涂料替代技术+②自动喷涂技术	①干式过滤技术+②吸附/脱附技术	<1	<5	<5	20~40	适用于木质家具和竹藤家具等的漆雾、VOCs治理。自动喷涂替代人工喷涂后VOCs产生浓度会增加，但涂料利用率可提高，VOCs排放总量可减少。典型治理技术路线为干式过滤+活性炭吸附+脱附，更换过滤材料，更换需定期清理、更换或再生活性炭	
4		①粉末涂料替代技术+②静电喷涂技术	①旋风除尘技术+②袋式除尘技术/滤筒除尘技术	<1	<1	<1	<10	适用于金属家具，适宜的板式家具制造企业的颗粒物治理。其中旋风除尘可作为颗粒物排放浓度较高企业的颗粒物预处理；袋式除尘技术需定期清理除尘袋；滤筒除尘技术需定期更换滤筒	
5		①UV固化涂料替代技术+②辊涂技术/淋涂技术	①吸附/脱附技术	<1	<2	<2	10~20	适用于规则平整的板式家具的漆雾、VOCs治理。其中，水性UV固化涂料需采用吸附/脱附技术，典型治理技术路线为活性炭吸附/脱附技术，后期维护需定期更换或再生活性炭；无溶剂UV固化涂料可不采用末端治理技术	

5.3.2　涂料油墨工业 VOCs 控制技术选择路线

5.3.2.1　生产工艺及产排污节点

（1）涂料工业

涂料的生产是颜料、树脂、溶剂、助剂等原辅材料的研磨混合过程。根据涂料产品形态和使用的分散介质分为溶剂型涂料（包括辐射固化涂料）、水性涂料和粉末涂料。其中溶剂型涂料和水性涂料的生产过程主要包括原辅材料储存、计量、输送、预混合、研磨、调配、过滤、储存、包装等工序。粉末涂料的生产过程主要包括原辅材料压碎、预混合、加热、研磨等工序。

涂料生产过程中主要原料和辅料包括颜料、树脂、溶剂、助剂等，其中含 VOCs 的原辅材料主要为各类树脂、有机溶剂和助剂，其中有机溶剂包括以烷烃为主的脂肪烃混合物、芳香烃、醇类、醚醇类、酮类、酯类、萜烯类及氯代烷烃和硝基烷烃等；树脂包括醇酸树脂、氨基树脂、丙烯酸树脂、酚醛树脂、环氧树脂、聚氨酯树脂等。

涂料工业企业产生的大气污染物包括 VOCs 及颗粒物。其中 VOCs 主要产生于含 VOCs 原辅材料（溶剂、助剂和树脂等）的预混合、研磨、加热、调配、过滤、包装、移动缸和固定釜清洗过程、原辅料和危险废物贮存。

（2）油墨工业

油墨的生产是由色料、连结料（植物油、矿物油、树脂、溶剂）和填充料等原辅材料的研磨混合过程。根据油墨产品形态不同可分为浆状油墨、液状油墨和固体油墨；根据使用的连结料不同可分为溶剂型油墨、水性油墨、辐射固化油墨。油墨的生产过程主要包括色料、连结料、助剂的预混合、搅拌、研磨、调配、包装等工序。

油墨生产过程中主要原料和辅料包括色料、连结料（植物油、矿物油、树脂、溶剂）、助剂等，其中含 VOCs 的原辅料主要是各类助剂（流平剂、消泡剂、阻聚剂等）和树脂，其中树脂包括聚酰胺树脂、氯化聚丙烯树脂、聚酯聚氨酯树脂、丙烯酸共聚树脂、醇 / 水型丙烯酸树脂等。

油墨工业企业 VOCs 主要产生于含 VOCs 原辅料（助剂和树脂等）预混合、搅拌、分散工序，油墨产品的包装过程以及危险废物贮存。

涂料油墨工业工艺流程及产排污节点见图 5-11。

5.3.2.2　各工序 VOCs 产生浓度

涂料油墨工业 VOCs 产生工艺包括溶剂型涂料、水性工业涂料、粉末涂料、水性建筑涂料，溶剂型油墨、水性油墨，原辅材料及工艺类型、产污环节、单位产品 VOCs 基准产生量、VOCs 产生浓度水平，如表 5-4 所示。

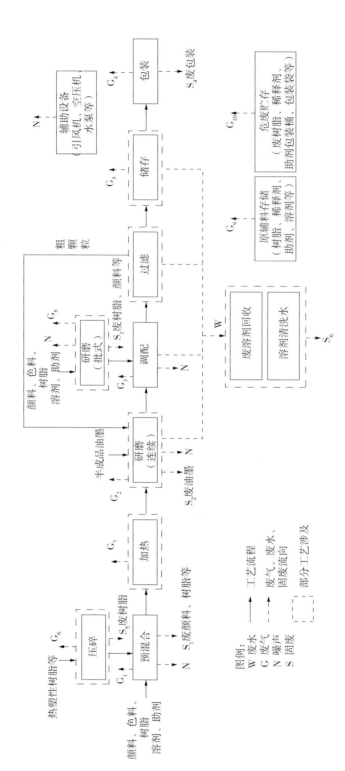

图 5-11　涂料油墨工艺流程及主要污染物产生节点

表 5-4　涂料油墨行业 VOCs 产生量及产生浓度水平

生产工艺	原辅材料及工艺类型	产污环节	单位产品 VOCs 基准产生量 /（kgVOCs/t 产品）	VOCs 产生浓度水平 /（mg/m^3）
溶剂型涂料	树脂 / 溶剂 / 颜料 / 助剂	投料混合、研磨、调配、包装等	10	200～800
水性工业涂料	水性树脂 / 溶剂 / 颜料 / 助剂	投料、包装	5	50～300
粉末涂料	树脂 / 溶剂 / 颜料 / 助剂	压碎	0.5	5～50
水性建筑涂料	水性树脂 / 溶剂 / 颜料 / 助剂	投料、包装	0.5	5～50
溶剂型油墨	除胶版油墨的溶剂型油墨：树脂 / 溶剂 / 颜料 / 助剂	搅拌、研磨、包装等	10	200～800
	胶版油墨：矿物油 / 植物油 / 颜料 / 助剂	搅拌、研磨、包装等	0.5	5～50
水性油墨	水性树脂 / 溶剂 / 颜料 / 助剂	搅拌、调配、包装	5	50～300

5.3.2.3　各工序 VOCs 特征污染物

涂料油墨生产企业优先控制大气有机污染物（HAPs）如表 5-5 所示。

5.3.2.4　VOCs 控制技术

涂料油墨工业 VOCs 预防技术、治理技术、污染物排放浓度水平、技术适用条件、工程案例等如表 5-6 所示。

表 5-5 涂料油墨生产企业优先控制大气有机污染物（HAPs）

序号	CAS 编号	英文名称	中文名称	HAPs	MIR	沸点 /℃	蒸气压 /kPa（℃）	LD_{50}/（mg/kg）	备注
1	71-43-2	Benzene	苯	是	0.81	80.1	13.33（26）	3 306	
2	108-88-3	Toluene	甲苯	是	3.97	110.6	4.89（30）	5 000	
3	100-41-4	Ethyl benzene	乙苯	是	2.79	136.2	1.33（25.9）	3 500	类似甲苯臭味
4	95-47-6	o-Xylenes	邻二甲苯	是	7.49	144.4	1.33（28.4）	5 000	
5	108-38-3	m-Xylenes	间二甲苯	是	10.61	139	1.33（28.4）	5 000	
6	106-42-3	p-Xylenes	对二甲苯	是	4.25	138	1.16（25）	4 000	
7	1330-20-7	Xylenes（isomers and mixture）	二甲苯混合物	是					
8	108-67-8	1,3,5-trimethylbenzene（mesitylene）	1,3,5-三甲苯（均三）甲苯	否	11.22	164.7	1.33（48.2）	2 000	
9	526-73-8	1,2,3-Trimethyl Benzene	1,2,3-三甲苯（连三）甲苯	否	11.26	176.1	—	—	
10	95-63-6	1,2,4-Trimethyl Benzene	1,2,4-三甲苯（偏三）甲苯	否	7.18	169	1.33（51.6）	5 000	
11	67-56-1	Methanol	甲醇	是	0.71	64.7	12.88（20）	5 628（中等毒性）	
12	107-21-1	Ethylene glycol	乙二醇	是	3.36	197.3	0.008（20）	8 000	
13	78-93-3	Methyl ethyl ketone（2-Butanone）	甲乙酮（丁酮）	是	1.49	79.6	9.49（20）	3 400	
14	108-10-1	Methyl isobutyl ketone（hexone）	甲基异丁基酮（4-甲基-2-戊酮）	是	4.31	115.8	2.13（20）	2 080	有酮样香味
15	78-59-1	Isophorone	异佛尔酮	是	—	215.2	0.02（25）	2 330	有薄荷或樟脑味
16	141-78-6	Ethyl acetate	乙酸乙酯	否	0.64	77	13.33（27）	5 620	有水果香，有刺激性
17	123-86-4	n-butyl acetate	乙酸正丁酯	否	0.89	126.1	1.33（20）	13 100	有果香

表 5-6 涂料油墨行业 VOCs 控制技术

序号	产品类型	预防技术	治理技术	污染物排放浓度水平/（mg/m³）					技术适用条件	参考案例
				颗粒物	NMHC	TVOC	苯系物	苯		
1	溶剂型涂料	①桶泵技术+②密闭式卧式研磨机研磨技术+③自动或半自动包装技术+④固定缸/移动缸气体收集技术	①除尘技术+②燃烧技术	≤20	1~40	1~50	≤10	≤0.5	适用于溶剂型工业涂料，如卷钢、船舶、机械、汽车、家具、包装印刷、电子等行业。典型治理技术路线为除尘技术+RTO。非连续生产或废气浓度水平波动较大时，应用该技术处理废气的能耗会增加	见附件案例 1.1~2.1、4.1~4.14、5.1~5.13
2	溶剂型涂料	①涂料水性树脂（连结料）替代技术+②桶泵技术+③密闭式卧式研磨机研磨技术+④自动或半自动包装技术+⑤固定缸/移动缸气体收集技术	①除尘技术+②吸附技术+③燃烧技术	≤20	1~50	1~60	≤15	≤0.5	适用于溶剂型工业涂料，如卷钢、船舶、机械、汽车、家具、包装印刷、电子等行业。除尘技术路线为沸石转轮吸附+RTO、除尘技术+活性炭吸附技术+CO。对于中大型企业适合采用RTO燃烧技术，余热回用后运行费用较低	
3	水性工业涂料	①涂料水性树脂（连结料）替代技术+②桶泵技术+③密闭式卧式研磨机研磨技术+④自动或半自动包装技术+⑤固定缸/移动缸气体收集技术	①除尘技术+②吸附技术	≤20	1~20	1~15	≤10	≤0.5	适用于水性工业涂料生产废气，如水性家具漆、水性汽车漆等。典型治理技术路线为除尘技术+活性炭吸附技术	
4	水性工业涂料	①涂料水性树脂（连结料）替代技术+②桶泵技术+③密闭式卧式研磨机研磨技术+④自动或半自动包装技术+⑤固定缸/移动缸气体收集技术	①除尘技术+②吸附技术+③燃烧技术	≤20	1~50	1~60	≤15	≤0.5	适用于水性家具漆、水性汽车漆等水性工业涂料生产废气，同溶剂型工业涂料生产废气混合处理	
5	粉末涂料	①自动或半自动包装技术+②固定缸/移动缸气体收集技术	①除尘技术	≤30	1~10	1~15	≤5	≤0.2	适用于粉末涂料生产废气，如粉末船舶涂料等	

续表

序号	产品类型	预防技术	治理技术	污染物排放浓度水平/（mg/m³）					技术适用条件	参考案例
				颗粒物	NMHC	TVOC	苯系物	苯		
6	水性建筑涂料	①涂料水性树脂（连结料）替代技术 + ②桶泵投料技术 + ③自动或半自动包装技术	①除尘技术	≤20	1~10	1~15	≤5	≤0.2	适用于水性建筑涂料生产废气，如内墙涂料等	
7	溶剂型油墨	①桶泵投料技术 + ②密闭式卧式研磨机研磨技术 + ③自动或半自动包装技术 + ④固定缸/移动缸气体收集技术	①除尘技术 + ②燃烧技术	≤20	1~40	1~50	≤10	≤0.5	适用于溶剂型凹版油墨、溶剂型柔版油墨等溶剂型油墨及光油等生产。典型治理技术路线为除尘技术+RTO。非连续生产或废气浓度水波动较大时应用该技术应用处理废气的能耗会增加	见附件 1.1~2.1、4.1~4.14、5.1~5.13
8	溶剂型油墨	①桶泵投料技术 + ②自动或半自动包装技术	①除尘技术 + ②吸附技术 + ③燃烧技术	≤20	1~50	1~60	≤15	≤0.5	适用于溶剂型凹版油墨、溶剂型柔版油墨及光油等生产。典型治理技术路线为除尘技术+沸石转轮吸附+RTO燃烧技术。对于中大型企业适合采用RTO燃热回用后运行费用较低	
9	溶剂型油墨	①桶泵投料技术 + ②自动或半自动包装技术	①除尘技术 + ②吸附技术	≤20	1~10	1~15	≤10	≤0.5	适用于除连结料生产料之外的胶印版印刷油墨生产工序。典型治理技术路线为活性炭吸附技术	
10	水性油墨	①油墨水性树脂（连结料）替代技术 + ②桶泵投料技术	①除尘技术 + ②吸附技术	≤20	1~20	1~15	≤10	≤0.5	典型治理技术路线为除尘技术+活性炭吸附技术	
11	水性油墨	③密闭式卧式研磨机研磨技术 + ④自动或半自动包装技术 + ⑤固定缸/移动缸定气体收集技术	①除尘技术 + ②吸附技术 + ③燃烧技术	≤20	1~50	1~60	≤15	≤0.5	同溶剂型工业油墨废气混合处理	

5.3.3 印刷工业 VOCs 控制技术选择路线

5.3.3.1 生产工艺及产排污节点

印刷生产一般包括印前、印刷、印后加工 3 个工艺过程。根据印刷所用版式类型可将印刷分为平版印刷、凹版印刷、凸版印刷（包括树脂版印刷和柔性版印刷）和孔版印刷（主要为丝网印刷）。印前过程主要包括制版及印前处理（洗罐、涂布等）等工序。印刷过程主要包括油墨调配和输送、印刷、在机上光、烘干等工序，以及橡皮布清洗和墨路清洗等配套工序。印后过程主要包括精装、胶装、骑马订装等装订工序；覆膜、上光、烫箔、模切等表面整饰工序；胶黏剂及光油调配和输送、复合、烘干、糊盒、制袋、装裱、裁切等包装成型工序。

印刷工业企业使用的主要原料和辅料包括纸张、纸板、塑料薄膜、铝箔、纺织物、金属板材、各类容器、油墨、胶黏剂、稀释剂、清洗剂、润湿液、显影液、定影液、光油、涂料等。其中，含 VOCs 的原辅材料包括油墨、胶黏剂、稀释剂、清洗剂、润湿液、光油、涂料等。

印刷工业企业产生的 VOCs 主要产生于含 VOCs 原辅材料（油墨、胶黏剂、光油等）的调配和输送，印刷、润版、烘干、清洗等工序及原辅材料贮存、危险废物贮存。其中，出版物、纸包装等的平版印刷工艺 VOCs 主要来自润版和清洗工序。塑料包装的凹版印刷工艺 VOCs 主要来自印刷和复合工序。工艺流程及产排污节点见图 5-12。

5.3.3.2 各工序 VOCs 产生浓度

不同印刷工艺类型单位油墨 VOCs 基准产生量及产生浓度水平如表 5-7 所示。

5.3.3.3 各工序 VOCs 特征污染物

印刷工业主要生产工序含 VOCs 原辅材料的 VOCs 含量及特征污染物如表 5-8 所示。

5.3.3.4 各工序 VOCs 的排放占比

印刷工业生产过程大气污染物产污节点及 VOCs 排放占比如表 5-9 所示。

5.3.3.5 VOCs 控制技术

印刷工业 VOCs 预防技术、治理技术、污染物排放浓度水平、技术适用条件、工程案例等如表 5-10 所示。

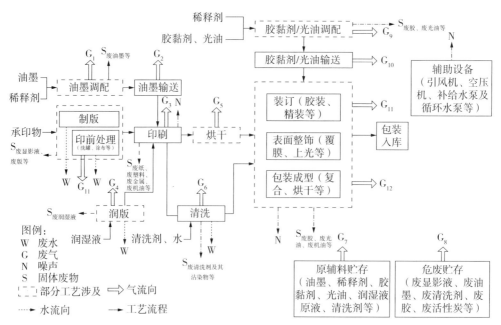

图 5-12　印刷工业工艺流程及主要污染物产生节点

表 5-7　不同印刷工艺类型单位油墨 VOCs 基准产生量及产生浓度水平

生产工艺	原辅材料及工艺类型		产污环节	单位油墨 VOCs 基准产生量 / (t VOCs/t 油墨)	VOCs 产生浓度水平 / (mg/m³)
平版印刷	单张纸胶印	辐射固化油墨 / 植物油基胶印油墨	印刷、清洗、润版等	无 / 低醇润湿液 0.05 ~ 0.30	20 ~ 50
				传统润湿液 0.50 ~ 0.80	50 ~ 150
	热固轮转胶印 (有二次燃烧)	植物油基胶印油墨	烘干、印刷、清洗、润版等	0.03 ~ 0.07	10 ~ 30
	冷固轮转胶印	植物油基胶印油墨	印刷、清洗、润版等	0.05 ~ 0.12	15 ~ 30
凹版印刷	溶剂型油墨		烘干	1.50 ~ 2.00	800 ~ 5 000
			印刷、清洗等		300 ~ 800
	水性油墨		烘干	0.10 ~ 0.30	100 ~ 500
			印刷、清洗等		50 ~ 200
凸版印刷	溶剂型油墨		烘干	1.00 ~ 1.20	400 ~ 800
			印刷、清洗等		100 ~ 200
	水性油墨		烘干	0.05 ~ 0.30	30 ~ 40
			印刷、清洗等		30 ~ 40

生产工艺	原辅材料及工艺类型		产污环节	单位油墨 VOCs 基准产生量 /（t VOCs/t 油墨）	VOCs 产生浓度水平 /（mg/m³）
丝网印刷	溶剂型油墨		烘干	0.60~1.00	400~600
			印刷、清洗等		100~300
	UV 油墨		印刷、烘干、清洗等	0.05~0.10	20~50
复合/覆膜	干式复合	溶剂型胶黏剂	涂胶、烘干等	1.00~1.20ᵃ	300~1 000
	湿法复合	水性胶黏剂	涂胶、烘干等	0.03~0.05ᵃ	20~30
	无溶剂复合、共挤出复合	无溶剂聚氨酯复合胶树脂	复合、覆膜等	≤0.01ᵃ	≤20
上光	溶剂型光油		烘干	0.80~1.50ᵇ	500~1 000
			上光、调配、清洗等		200~500
	水性光油、UV 光油		烘干、上光、清洗等	0.10~0.30ᵇ	20~30

注：a 单位胶黏剂 VOCs 基准产生量，单位为 t VOCs/t 胶黏剂；
  b 单位光油 VOCs 基准产生量，单位为 t VOCs/t 光油。

表 5-8　印刷主要生产工序含 VOCs 原辅材料的 VOCs 含量及特征污染物

生产工序		含 VOCs 原辅材料类型	VOCs 含量 /%	特征污染物
印刷	平版	热固轮转胶印油墨	≤5	高沸点石油类
		单张纸胶印油墨、冷固轮转胶印油墨、UV 油墨	≤2	少量烷烃类、酮类、酯类
	凹版	溶剂型凹印油墨	65~85	醇类、酯类和芳烃类
		水性凹印油墨	≤30	醇类、醚类
	凸版	溶剂型凸印油墨	50~70	醇类
		水性凸印油墨	≤10	少量醇类
	丝网	溶剂型丝印油墨	40~60	酮类、醇类、醚类、酯类和芳烃类
		UV 丝印油墨	≤2	少量排出

续表

生产工序	含VOCs原辅材料类型	VOCs含量/%	特征污染物
复合	溶剂型胶黏剂	40~70	乙酸乙酯、乙醇
	水性胶黏剂	≤5	少量醇类
	无溶剂胶黏剂	≤0.5	基本不排出
润版	传统润湿液	10~15	异丙醇、乙醇
	无/低醇润湿液	5~10	异丙醇、乙醇
清洗	清洗剂	90~100	苯类、烃类、酯类
上光	溶剂型光油	40~60	醇类、酮类、苯类、酯类
	水性光油、UV光油	≤3	少量排出

表5-9 印刷生产过程大气污染物产污节点及VOCs排放占比

产污位置	产污环节		污染物来源	各产污环节VOCs排放占比（约值）/%				
				平版印刷	凹版印刷	凸版印刷	丝网印刷	复合/涂布/上光等
调墨间或印刷车间	G1	调墨	油墨、稀释剂	—	≤5	≤3	—	—
	G2	油墨输送						
印刷机台	G3	印刷	油墨、稀释剂	≤5	20~30	10~20	10~20	
	G4	润版	润湿液、润湿液添加剂	30~60	—	—	—	
烘箱	G5	印刷烘干	油墨、稀释剂	≤5	50~60	70~80	—	
生产设备、车间	G6	清洗	清洗剂	30~60	5~10	5~10	80~90	≤5
库房、车间、危废间	G7	原辅材料贮存	废油墨、废清洗剂、废胶等	≤5	≤3	≤3	≤5	≤5
	G8	危废贮存						
胶黏剂、光油调配间或机器旁	G9	胶黏剂/光油调配	复合胶、覆膜胶、光油、稀释剂等	—	—	—	—	≤5
	G10	胶黏剂/光油输送						
复合机、覆膜机、上光机、涂布机等	G11	覆膜、复合、上光、涂布等	复合胶、覆膜胶、光油、涂料、稀释剂等	—	—	—	—	10~20
烘箱	G12	烘干	复合胶、覆膜胶、光油、涂料、稀释剂等	—	—	—	—	80~90

表5-10　VOCs控制技术

序号	工艺类型	预防技术	治理技术	污染物浓度水平/（mg/m³)				技术适用条件	参考案例
				苯	甲苯	二甲苯	非甲烷总烃		
1	平版印刷	①植物油基胶印油墨替代技术+②无/低醇润湿液替代技术+③自动橡皮布清洗技术	—	<0.2	<1	<1	20~30	适用于书刊、报刊、本册等的平版印刷工艺，可采用无醇润湿液替代技术	见案例1.1~2.1、4.4~5.3
2		①植物油基胶印油墨替代技术+②零醇润版胶印技术+③自动橡皮布清洗技术	—	<0.2	<1	<1	15~30	适用于报刊的平版印刷工艺。采用该技术需投入印刷机水辊机系统的一次性改造费用及定期更换水辊的耗材费用	
3		①植物油基胶印油墨替代技术+②无水胶印技术+③自动橡皮布清洗技术	—	<0.2	<1	<1	15~30	适用于书刊、本册、标签的平版印刷工艺。该技术对环境的温湿度要求较高，油墨传输过程需要冷却处理。采用该技术需使用专门的制版机、版材及油墨，成本较有水印刷高约20%~30%	
4		①辐射固化油墨替代技术+②零醇润版胶印技术+③自动橡皮布清洗技术	—	<0.2	<1	<1	40~50	适用于烟包、纸盒等产品的印刷，不适用于直接接触食品的产品的印刷。采用该技术需投入印刷机水辊系统的一次性改造费用及定期更换水辊的耗材费用	
5		①辐射固化油墨替代技术+②无/低醇润湿液替代技术+③自动橡皮布清洗技术	—	<0.2	<1	<1	20~30	适用于烟包、标签、票证的平版印刷工艺，不适用于直接接触食品的产品的印刷	
6		①植物油基胶印油墨替代技术+②无/低醇润湿液替代技术+③自动橡皮布清洗技术	①燃烧技术	<0.5	<1	<1	10~30	适用于书刊、本册的热固轮转胶印工艺，可采用无醇润湿液替代技术。烘箱一般自带二次燃烧装置	

续表

序号	工艺类型	预防技术	治理技术	污染物浓度水平/（mg/m³）				技术适用条件	参考案例
				苯	甲苯	二甲苯	非甲烷总烃		
7		①水性凹印油墨替代技术	①吸附技术+②燃烧技术	<0.5	<1	<1	15～40	适用于塑料表印、塑料轻包装及纸张凹版印刷工艺废气处理，典型治理技术路线为旋转式分子筛吸附浓缩+RTO、活性炭流转再生+热氮气再生+CO	
8		—	①吸附技术+②冷凝回收技术	<0.5	<1	<1	20～40	适用于采用单一溶剂型油墨的凹版印刷工艺废气处理，典型治理技术路线为活性炭吸附+水蒸气再生/热氮气再生+冷凝回收，一般用于年溶剂使用量1 500 t以上的大型企业	
9	凹版印刷	—	①燃烧技术	<0.5	<1	<1	10～40	适用于溶剂型凹版印刷工艺烘箱有组织废气的处理。对于中大型企业适合采用RTO燃烧技术，余热回用后运行费用较低，典型治理技术路线为减风增浓+RTO/CO。	见案例 1.1～2.1、4.4～5.3
10		—	①吸附技术+②燃烧技术	<0.5	<1	<1	15～40	适用于溶剂型凹版印刷工艺烘箱有组织废气与其他无组织废气混合后处理，或无组织废气单独处理，典型治理技术路线为旋转式分子筛吸附浓缩+RTO/CO	
11		—	①吸附技术+②燃烧技术	<0.5	<1	<1	30～40	适用于溶剂型凸版印刷工艺废气的处理，典型治理技术路线为活性炭吸附浓缩+RTO/CO、活性炭吸附+热气流再生+CO	
12	凸版印刷	①水性凸印油墨替代技术	—	<0.5	<1	<1	20～40	适用于纸品包装、标签、票证等的凸版印刷，凸版印刷工艺油墨耗用量少，适合采用水性油墨	
13		①辐射固化油墨替代技术	—	<0.5	<1	<1	<30	适用于标签、票证等产品的凸版印刷。LED-UV固化是目前较为进步的UV固化方式，可以减少臭氧的产生。不适用于直接接触食品的产品的印刷	

注：表中治理技术"+"代表废气处理技术的组合。

5.4　典型行业 VOCs 控制技术使用要点

5.4.1　涂装行业 VOCs 控制技术使用要点

5.4.1.1　源头控制

①优先使用环境友好型原辅材料。使用水性、高固体分、粉末、紫外光固化（UV）涂料等，水性涂料需符合《环境标志产品技术要求　水性涂料》（HJ 2537—2014）的规定。木质家具制造行业，推广使用水性、紫外光固化涂料，到 2020 年年底前，替代比例达到 60% 以上；全面使用水性胶黏剂，到 2020 年年底前，替代比例达到 100%。

②采用先进涂装工艺。推广使用静电喷涂、高压无气喷涂、自动辊涂等涂装工艺，鼓励企业采用自动化、智能化喷涂设备替代人工喷涂；平面板式木质家具制造领域，推广使用自动喷涂或辊涂等先进工艺技术。

5.4.1.2　废气收集

①采用密闭罩、外部罩等方式收集废气的，吸风罩设计应符合《排风罩的分类及技术条件》（GB/T 16758—2008），外部罩控制风速符合《局部排风设施控制风速检测与评估技术规范》（AQ/T 4274）的相关规定，其最小控制风速不低于 0.3 m/s。

②生产线采用整体密闭的，密闭区域内换风次数原则上不少于 20 次 /h，车间采用整体密闭的（如烘干、晾干车间、流平车间等），车间换风次数原则上不少于 8 次 /h。

③喷漆室采用密闭、半密闭设计，除满足安全通风外，喷漆室的控制风速（在操作人员呼吸带高度上与主气流垂直的端面平均风速）应满足《涂装作业安全规程　喷漆室安全技术规定》（GB 14444—2006）的要求，在排除干扰气流的情况下，密闭喷漆室控制风速为 0.38 ~ 0.67 m/s，半密闭喷漆室（如轨道行车喷漆）控制风速为 0.67 ~ 0.89 m/s。静电、UV 涂料喷等可采用半密闭喷漆室收集废气，控制风速参照密闭喷漆室风速要求。

④喷涂工序应配套设置纤维过滤、水帘柜（或水幕）等除漆雾预处理装置，预处理后达不到后续处理设施或堵塞输送管道的需进一步处理。

⑤溶剂型涂料、稀释剂等的调配、存放等应采用密闭或半密闭收集废气，防止挥发性有机物无组织排放。

⑥所有产生 VOCs 的密闭、半密闭空间应保持微负压，并设置负压标识（如飘带）。

5.4.1.3　废气输送

①收集的污染气体应通过管道输送至净化装置，管道布置应结合生产工艺，力求简单、紧凑、管线短、占地空间少。

②净化系统的位置应靠近污染源集中的地方，废气采用负压输送，管道布置宜明装。

③原则上采用圆管收集废气，若采用方管设计的，长宽比例控制在 1：1.2 ~ 1：1.6 为宜；主管道截面风速应控制在 15 m/s 以下；支管接入主管时，宜与气流方向成 45° 角倾斜接入以减少阻力损耗。

④半密闭、密闭集气罩与收集管道连接处视工况设置精密通气阀门。

5.4.1.4　废气治理

VOCs 治理技术的选择需要综合考虑废气浓度、排放总量、风量等因素。使用粉末等无溶剂涂料的企业，无须配套建设 VOCs 处理设施；使用水性涂料、浓度低、排放总量小的企业，可采用活性炭吸附等处理技术；年使用溶剂型涂料（含稀释剂、固化剂等）20 t 以下的企业，废气处理可采用活性炭吸附技术；年使用溶剂型涂料（含稀释剂、固化剂等）20 t 及以上的企业，非甲烷总烃处理效率应满足《工业涂装工序大气污染物排放标准》（DB 33/2146—2018）的要求，可采用吸附浓缩 + 燃烧等高效处理技术。

①漆雾预处理。采用纤维过滤、水帘柜（或水幕）等预处理措施去除漆雾的，去除效率要达到 95% 以上，若预处理后废气中颗粒物含量超过 1 mg/m³ 时，可采用过滤或洗涤等方式再次处理。采用水帘、水幕或洗涤方式处理废气的，需要配套设置水雾去除装置。

②活性炭吸附。适用于低浓度 VOCs 处理，吸附设施的风量按照最大废气排放量的 120% 进行设计，处理效率不低于 90%。采用颗粒状吸附剂时，气体流速宜低于 0.60 m/s；采用纤维状吸附剂时，气体流速宜低于 0.15 m/s；采用蜂窝状吸附剂时，气体流速宜低于 1.20 m/s。进入吸附系统的废气温度应控制在 40℃ 以内。

③催化燃烧（CO）。包括蓄热式催化燃烧（RCO），适用 VOCs 排放量较大的企业，高浓度废气可直接进入催化燃烧；低浓度废气可采用吸附浓缩燃烧。进入催化燃烧前有机物浓度应低于其爆炸极限下限的 25%，当废气中的颗粒物含量高于 10 mg/m³ 时，可采用过滤等方式进行预处理，燃烧装置处理效率不低于 97%，蓄热催化燃烧室温度应控制在 300 ~ 500℃，气体停留时间不小于 0.75 s，炉体外表面温

度须小于 60℃。

5.4.1.5　废气排放

①VOCs 气体通过净化设备处理达标后由排气筒排入大气，排气筒高度不低于 15 m。

②排气筒的出口直径应根据出口流速确定，流速宜取 15 m/s 左右，当采用钢管烟囱且高度较高时或废气量较大时，可适当提高出口流速至 20～25 m/s。

③排气筒出口宜朝上，排气筒出口设防雨帽的，防雨帽下方应有倒圆锥形设计，圆锥底端距排放口 30 cm 以上，以减少排气阻力。

④废气处理设施前后设置永久性采样口，采样口的设置应符合《气体参数测量和采样的固定位装置》（HJ/T 1—1992）的要求，并在排放口周边悬挂对应的标识牌。

5.4.1.6　设施运行维护

①企业应将治理设施纳入生产管理中，配备专业人员并对其进行培训。

②企业应将污染治理设施的工艺流程、操作规程和维护制度在设施现场和操作场所明示公布，建立相关的管理规章制度，明确耗材的更换周期和设施的检查周期，建立治理设施运行、维护等记录台账，记录内容包括：治理设施的启动、停止时间；吸附剂、过滤材料、催化剂等的采购量、使用量及更换时间；治理装置运行工艺控制参数，包括治理设施进、出口浓度和吸附装置内温度；水帘柜（或水幕）除漆雾设施，应做好换水台账记录（包括换水水量、时间等），并确保换水产生的废水处理达标后排放；主要设备维修、运行事故等情况；危险废物处置情况。

5.4.1.7　原辅材料记录

企业应按日记录涂料、稀释剂、固化剂等含挥发性有机物原料、辅料的使用量、废弃量、去向及挥发性有机物含量。台账保存期限不得少于 3 年。

5.4.2　包装印刷行业 VOCs 技术使用要点

5.4.2.1　源头控制

①推广使用低 VOCs 原辅材料。使用水性、大豆基、能量固化等低（无）VOCs 含量的油墨和低（无）VOCs 含量的胶黏剂、清洗剂、润版液、洗车水、涂布液，到 2019 年年底前，低（无）VOCs 含量绿色原辅材料替代比例不低于 60%。

②采用先进印刷工艺。推广使用低（无）VOCs 含量的绿色原辅材料和低（无）VOCs 排放的生产工艺、设备。在塑料软包装领域，推广应用无溶剂、水性胶等环境友好型复合技术；在纸制品包装等领域，推广使用柔印等低（无）VOCs 排放的印刷工艺。

5.4.2.2　废气收集

①采用密闭罩、外部罩等方式收集废气的，吸风罩设计应符合《排风罩的分类及技术条件》（GB/T 16758—2008）的规定，外部罩控制风速符合《局部排放设施控制风速检测与评估技术规范》（AQ/T 4274）的相关规定，不低于 0.5 m/s。

②印刷墨槽（上墨区）、涂机头及其他产生高浓度 VOCs 的工序采用局部密闭收集废气，确定吸气口位置、大小、风速时，防止有害气体外逸，并避免物料被抽走，应使密闭空间保持微负压状态，密闭空间补风口（缝隙）风速 >0.5 m/s，不能将工人封闭在内。

③生产工序的加料桶应密闭收集废气、密闭存放。

④印刷色组烘箱及其他具备改造条件的烘箱，要实施减风增浓改造，保持烘箱内微负压，确保 VOCs 有效收集。

⑤产生高浓度 VOCs 印刷（如凹版印刷）生产线顶部应采用半密闭收集废气，合理设置多个吸风口，风速大小以半密闭区域内废气不外逸为宜；产生低浓度 VOCs 印刷（如平版印刷）生产设施采用顶部集气罩收集废气。

⑥调墨、配料等应在密闭、半密闭小空间，密闭区域换风次数不少于 40 次 /h；半密闭区域开口处风速不低于 0.5 m/s。

⑦对油墨、溶剂等转运、储存环节，采取密闭措施，减少无组织排放，使用后的油墨桶（罐）及稀释剂、洗车水、润版液桶（罐）应及时密封，擦车布也应保存在密闭桶内。

⑧车间整体密闭的，应首先对产生高浓度 VOCs 的生产工序、设备等主要环节采取局部密闭收集废气等措施，车间内换风次数不少于 40 次 /h。

⑨所有产生 VOCs 的密闭、半密闭空间应保持微负压，并设置负压标识（如飘带）。

5.4.2.3　废气输送

①收集的污染气体应通过管道输送至净化装置，管道布置应结合生产工艺，力求简单、紧凑、管线短、占地空间少。

②净化系统的位置应靠近污染源集中的地方，废气采用负压输送，管道布置宜

明装。

③原则上采用圆管收集废气，若采用方管设计的，长宽比例控制在 $1:1.2 \sim$ $1:1.6$ 为宜；主管道截面风速应控制在 15 m/s 以下；支管接入主管时，宜与气流方向成 45° 角倾斜接入，以减少阻力损耗。

④半密闭、密闭集气罩与收集管道连接处视工况设置精密通气阀门。

5.4.2.4　废气治理

VOCs 治理技术的选择需要综合考虑废气浓度、排放总量、风量等因素。浓度低、排放总量小的平版印刷（纸张印刷）等企业，可采用活性炭吸附、光氧化催化、低温等离子等处理技术；年使用溶剂型油墨（含稀释剂等）20 t 以下的企业，可采用分散吸附浓缩 + 燃烧等组合技术；凹版印刷及年使用溶剂型油墨（含稀释剂等）20 t 及以上的企业，可采用吸附 + 回收、吸附 + 燃烧等高效处理技术。

①活性炭吸附。适用于低浓度 VOCs 处理，吸附设施的风量按照最大废气排放量的 120% 进行设计，处理效率不低于 90%。采用颗粒状吸附剂时，气体流速宜低于 0.60 m/s；采用纤维状吸附剂时，气体流速宜低于 0.15 m/s；采用蜂窝状吸附剂时，气体流速宜低于 1.20 m/s。进入吸附系统的废气温度应控制在 40℃ 以内。

②催化燃烧（CO）。包括蓄热式催化燃烧（RCO），适用 VOCs 排放量较大的企业，高浓度废气可直接进入催化燃烧；低浓度废气可采用吸附浓缩燃烧。进入催化燃烧前有机物浓度应低于其爆炸极限下限的 25%，当废气中的颗粒物含量高于 10 mg/m³ 时，可采用过滤等方式进行预处理，燃烧装置处理效率不低于 97%，蓄热催化燃烧室温度应控制在 300~500℃，气体停留时间不小于 0.75 s，炉体外表面温度须小于 60℃。

③直接燃烧（TO）。包括蓄热式燃烧（RTO），适用 VOCs 排放量大的企业，一次性投资成本高，不适宜处理含有机硅成分较多的废气，否则容易造成蓄热体堵塞。高浓度废气可直接进入催化燃烧；低浓度废气可采用吸附浓缩后燃烧，进入催化燃烧前有机物浓度应低于其爆炸极限下限的 25%，燃烧装置处理效率不低于 97%，气体燃烧室温度应控制在 800℃ 以上，停留时间不宜小于 0.75 s，炉体外表面温度须小于 60℃。

5.4.2.5　废气排放

①挥发性有机废气排放可参照《印刷业大气污染物排放标准》（征求意见稿），若国家、省印发印刷行业废气排放标准，则执行印发的标准。

② VOCs 气体通过净化设备处理达标后由排气筒排入大气，排气筒高度不低于

15 m。

③排气筒的出口直径应根据出口流速确定，流速宜取 15 m/s 左右，当采用钢管烟囱且高度较高时或废气量较大时，可适当提高出口流速至 20 ~ 25 m/s。

④排气筒出口宜朝上，排气筒出口设防雨帽的，防雨帽下方应有倒圆锥形设计，圆锥底端距排放口 30 cm 以上，以减少排气阻力。

⑤废气处理设施前后设置永久性采样口，采样口的设置应符合《气体参数测量和采样的固定位装置》(HJ/T 1—1992) 的要求，并在排放口周边悬挂对应的标识牌。

5.4.2.6　设施运行维护

①企业应将治理设施纳入生产管理中，配备专业人员并对其进行培训。

②企业应将污染治理设施的工艺流程、操作规程和维护制度在设施现场和操作场所明示公布，建立相关的管理规章制度，明确耗材的更换周期和设施的检查周期，建立治理设施运行、维护等记录台账，记录内容包括：治理设施的启动、停止时间；吸附剂、催化剂等的采购量、使用量及更换时间；治理装置运行工艺控制参数，包括治理设施进口、出口浓度和吸附装置内温度；主要设备维修、运行事故等情况；危险废物处置情况。

5.4.2.7　原辅材料记录

企业应按日记录油墨、稀释剂、洗车水、润版液等含挥发性有机物原料、辅料的使用量、废弃量、去向及挥发性有机物含量。台账保存期限不得少于 3 年。

5.4.3　制鞋行业 VOCs 技术使用要点

5.4.3.1　源头控制

①推广使用低 VOCs 原辅材料。使用水性胶黏剂等低（无）VOCs 含量的原辅材料，推动使用低毒、低挥发性溶剂，使用的胶黏剂应符合《鞋和箱包用胶黏剂》(GB 19340—2014) 和《环境标志产品技术要求　胶黏剂》(HJ 2541—2016) 的相关要求。

②采用先进制鞋工艺。鼓励使用自动化、数字化柔性多工位制鞋生产工艺，使用密闭性高的生产设备。

5.4.3.2　废气收集

①采用密闭罩、外部罩等方式收集废气的，吸风罩设计应符合《排风罩的分

类及技术条件》(GB/T 16758—2008),外部罩收集时,在距离排风罩开口面最远的 VOCs 有组织排放位置,平均风速不低于 0.6 m/s。

②刷胶、贴合、清洗、烘干、注塑、发泡、喷漆等 VOCs 重点生产工艺和装置需设局部或整体气体收集系统以减少废气无组织排放。

③烘干废气采用密闭收集废气,密闭区域内换气次数原则上不少于 8 次 /h。

④制鞋流水线采用外部罩收集废气,在不影响生产的情况下,要尽量放低罩口,合理布置罩内吸风口,使两侧废气均匀吸取。

⑤涂胶工序安装可伸缩的吸气臂,吸收胶桶废气,吸气臂上要安装通气阀门。

⑥喷光(漆)台应配有半包围式的吸风罩,罩口风速不低于 0.5 m/s,并配套喷淋塔和除雾器装置去除漆雾。

⑦处理剂、清洗剂用密封罐盛放,使用后要及时密封,防止废气逸出。

⑧所有产生 VOCs 的密闭、半密闭空间应保持微负压,并设置负压标识(如飘带)。

5.4.3.3　废气输送

①收集的污染气体应通过管道输送至净化装置,管道布置应结合生产工艺,力求简单、紧凑、管线短、占地空间少。

②净化系统的位置应靠近污染源集中的地方,废气采用负压输送,管道布置宜明装。

③原则上采用圆管收集废气,若采用方管设计的,长宽比例控制在 1∶1.2 ~ 1∶1.6 为宜;主管道截面风速应控制在 15 m/s 以下;支管接入主管时,宜与气流方向成 45° 角倾斜接入,以减少阻力损耗。

④半密闭、密闭集气罩与收集管道连接处视工况设置精密通气阀门。

5.4.3.4　废气治理

VOCs 治理技术的选择需要综合考虑废气浓度、排放总量、风量等因素。浓度低、排放总量小、使用环境友好型原辅材料的企业,可采用活性炭吸附、光氧化催化、低温等离子等处理技术;年使用非环境友好型原辅材料 30 t 以下的企业,可采用分散吸附浓缩 + 燃烧等组合技术;年使用非环境友好型原辅材料 30 t 及以上的企业,其挥发性有机物最低处理效率应满足相应标准要求,可采用吸附浓缩 + 燃烧等高效处理技术。非环境友好型原辅材料,是指 VOCs 含量高于 100 g/kg(或 100 g/L)的原辅材料。

①活性炭吸附。适用于低浓度 VOCs 处理，吸附设施的风量按照最大废气排放量的 120% 进行设计，处理效率不低于 90%。采用颗粒状吸附剂时，气体流速宜低于 0.60 m/s；采用纤维状吸附剂时，气体流速宜低于 0.15 m/s；采用蜂窝状吸附剂时，气体流速宜低于 1.20 m/s。进入吸附系统的废气温度应控制在 40℃ 以内。

②催化燃烧（CO）。包括蓄热式催化燃烧（RCO），适用 VOCs 排放量较大的企业，高浓度废气可直接进入催化燃烧；低浓度废气可采用吸附浓缩燃烧。进入催化燃烧前有机物浓度应低于其爆炸极限下限的 25%，当废气中的颗粒物含量高于 10 mg/m^3 时，可采用过滤等方式进行预处理，燃烧装置处理效率不低于 97%，蓄热催化燃烧室温度应控制在 300~500℃，气体停留时间不少于 0.75 s，炉体外表面温度须小于 60℃。

5.4.3.5　废气排放

① VOCs 气体通过净化设备处理达标后由排气筒排入大气，排气筒高度不低于 15 m。

②排气筒的出口直径应根据出口流速确定，流速宜取 15 m/s 左右，当采用钢管烟囱且高度较高时或废气量较大时，可适当提高出口流速至 20~25 m/s。

③排气筒出口宜朝上，排气筒出口设防雨帽的，防雨帽下方应有倒圆锥形设计，圆锥底端距排放口 30 cm 以上，以减少排气阻力。

④废气处理设施前后设置永久性采样口，采样口的设置应符合《气体参数测量和采样的固定位装置》（HJ/T 1—1992）的要求，并在排放口周边悬挂对应的标识牌。

5.4.3.6　设施运行维护

①企业应将治理设施纳入生产管理中，配备专业人员并对其进行培训。

②企业应将污染治理设施的工艺流程、操作规程和维护制度在设施现场和操作场所明示公布，建立相关的管理规章制度，明确耗材的更换周期和设施的检查周期，建立治理设施运行、维护等记录台账，记录内容包括：治理设施的启动、停止时间；吸附剂、催化剂等的采购量、使用量及更换时间；治理装置运行工艺控制参数，包括治理设施进口、出口浓度和吸附装置内温度；主要设备维修、运行事故等情况；危险废物处置情况。

5.4.3.7　原辅材料记录

企业应按日记录胶黏剂、稀释剂、固化剂、处理剂、清洗剂等含挥发性有机物原料、辅料的使用量、废弃量、去向及挥发性有机物含量。台账保存期限不得少于3年。

5.4.4　塑料制品行业 VOCs 技术使用要点

5.4.4.1　源头控制

①优先采用环保型原辅料，禁止使用附带生物污染、有毒有害的废物料作为生产原料。进口废塑料作为生产原料的企业应具有固体废物进口许可证，进口的废塑料应符合《进口可用作原料的固体废物环境保护控制标准　废塑料》（GB 16487.12—2005）的要求。

②抗氧剂、增塑剂、发泡剂等有机助剂应密封储存，热熔、注塑、烘干等涉 VOCs 排放的各生产工序环节应在封闭车间进行。

③塑料加工工艺应当遵循先进、稳定、无二次污染的原则，优先选用自动化程度高、密闭性强、废气产生量少的生产工艺和装备，鼓励企业选用密闭自动配套装置和生产线。

④鼓励企业通过各种添加剂的调节和装备的提升，降低各工序操作温度，降低生产过程中 VOCs 的产生；优先采用水冷工艺。

⑤控制热熔温度，为防止热熔过程发生分解，在热熔过程中应对造粒机控制面板加热温度进行监控，防止加热温度过高。此外，为控制含氯塑料热熔过程释放含氯气体，其加热温度应低于 185℃。

5.4.4.2　废气收集

①企业应考虑生产工艺、操作方式、废气性质、处理方法等因素，对 VOCs 进行分类收集、分类处理或预处理，严禁经污染控制设施处理后的废气与锅炉烟气及其他未经处理的废气混合后直接排放，严禁经污染控制设施处理后的废气与空气混合后稀释排放。

②环保设施应先于其对应的生产设施运转，后于对应设施关闭，保证在生产设施运行波动情况下仍能正常运转，实现达标排放。产生大气污染物的生产工艺和装置需设局部或整体气体收集系统和净化处理装置，及其方向与污染气流方向一致。

③破碎、配料、干燥、塑化挤出（包括注塑、挤塑、吸塑、吹塑、滚塑、发泡等）生产环节中工艺温度高、易产生恶臭废气的岗位应设置相应的废气收集系统。

配料、干燥、塑化挤出等工序鼓励采用密闭化措施，减少废气无组织排放；无法做到密闭部分可灵活选择集气罩局部抽风、车间整体换风等多种方式进行。

④废气收集系统排风罩（集气罩）的设置应符合 GB/T 16758 的规定。采用外部排风罩的，应按 GB/T 16758、AQ/T 4274 规定的方法测量控制风速，测量点应选取在距离排风罩开口面最远处的 VOCs 无组织排放位置，控制风速不应低于0.3 m/s（行业相关规范有具体规定的，按相关规定执行）。

5.4.4.3 废气输送

①收集的污染气体应通过管道输送至净化装置，管道布置应结合生产工艺，力求简单、紧凑、管线短、占地空间少。

②净化系统的位置应靠近污染源集中的地方，废气采用负压输送，管道布置宜明装。

③原则上采用圆管收集废气，若采用方管设计的，长宽比例控制在 1∶1.2～1∶1.6 为宜；主管道截面风速应控制在 15 m/s 以下；支管接入主管时，宜与气流方向成 45° 角倾斜接入，以减少阻力损耗。

④半密闭、密闭集气罩与收集管道连接处视工况设置精密通气阀门。

5.4.4.4 废气治理

①根据聚乙烯、聚丙烯、聚氯乙烯、聚苯乙烯、酚醛、氨基塑料等各类型产品生产过程的有机溶剂挥发与高分子化合物热解所排放的 VOCs 特征，选择适当的回收、净化处理技术。

②塑化挤出（包括注塑、挤塑、吸塑、吹塑、滚塑、发泡等）工序废气需采用合理、有效的处理设施，保证废气达标排放。破碎、配料等工序应具备粉尘污染防治措施，优先选用布袋除尘工艺。过滤、压延、黏合等尾气可采用静电除雾器对有机物进行回收处理，发泡废气优先采用高温焚烧技术处理。采用活性炭吸附技术处理废气时，应在前段设置降温、除湿、除尘等预处理措施。鼓励使用组合工艺，如多级喷淋吸收＋蒸馏回收、冷凝回收＋活性炭吸附、活性炭吸附＋水喷淋、吸附浓缩＋蓄热式热力燃烧、吸附浓缩＋热力燃烧等组合工艺。

③应严格控制 VOCs 处理过程中产生的二次污染。

5.4.4.5 废气排放

① VOCs 气体通过净化设备处理达标后由排气筒排入大气，排气筒高度不低于15 m。

②排气筒的出口直径应根据出口流速确定，流速宜取 15 m/s 左右，当采用钢管烟囱且高度较高时或废气量较大时，可适当提高出口流速至 20～25 m/s。

③排气筒出口宜朝上，排气筒出口设防雨帽的，防雨帽下方应有倒圆锥形设计，圆锥底端距排放口 30 cm 以上，以减少排气阻力。

④废气处理设施前后设置永久性采样口，采样口的设置应符合《气体参数测量和采样的固定位装置》（HJ/T 1—1992）的要求，并在排放口周边悬挂对应的标识牌。

⑤聚氯乙烯塑料制品有组织废气和物质在厂界监控点执行 GB 16297 的相关要求，无组织废气厂区内执行 GB 37822 的相关要求；其他塑料制品排污单位有组织废气执行 GB 31572 的相关要求，无组织废气厂界监控点执行 GB 31572 的相关要求，无组织废气厂区内执行 GB 37822 的相关要求，恶臭污染物执行 GB 14554 的相关要求。

5.4.4.6 设施运行维护

①企业应将治理设施纳入生产管理中，配备专业人员并对其进行培训。

②企业应将污染治理设施的工艺流程、操作规程和维护制度在设施现场和操作场所明示公布，建立相关的管理规章制度，明确耗材的更换周期和设施的检查周期，建立治理设施运行、维护等记录台账，记录内容包括：治理设施的启动、停止时间；吸附剂、催化剂等的采购量、使用量及更换时间；治理装置运行工艺控制参数，包括治理设施进、出口浓度和吸附装置内温度；主要设备维修、运行事故等情况；危险废物处置情况。

5.4.4.7 原辅材料记录

企业应按日记录含挥发性有机物原料、辅料的使用量、废弃量、去向及挥发性有机物含量。台账保存期限不得少于 3 年。

低成本 VOCs 控制的模式

6.1 VOCs 控制的模式

针对技术使用贵的问题，本书分析了分散企业和入园企业进行 VOCs 集中治理的典型案例，提出了两种模式，以降低中小企业的 VOCs 治理成本。

6.1.1 "产业集聚、治理集中"模式

6.1.1.1 适用范围

生产企业相对分散，中小企业多、与居住区交错的区域。

6.1.1.2 痛点

改革开放初期，国家对市场经济的发展处于较长时间的探索期。作为改革开放的排头兵，东南沿海地区乘着政策的东风发展出了特色的乡镇经济模式。这种乡镇经济的特点是：

（1）"村村点火、户户冒烟"，企业与居住混居，环境投诉问题较多；

（2）企业规模小，单个企业 VOCs 治理的投资运营费用高；

（3）企业较分散，无法实现规模化收集、集中化处理。

6.1.1.3 解决方式

针对上述特征，采用"产业集聚、治理集中"的模式，将生产企业喷涂、抛丸、磷化、酸洗等表面处理工艺集中到工业集聚区中。通过分区分质，将同一污染物排放类型的企业置于同一区域，减少不同废气相互反应干扰的风险；通过集中收集，有力地减轻监管力量"小马拉大车"的不足，动用较少的资源实现 VOCs 最大

化的收集；通过集中处理，保障收集的废气 VOCs 能稳定达标。通过精细化管理，能够为区域内企业提供源头减排、过程控制等相关技术，实现第三方运营企业、排污企业、环境效应的多赢。

6.1.1.4　治理技术

沸石转轮 RTO 或 CO 技术。

6.1.1.5　相关案例

（1）案例名称

广东佛山市顺德区伦教街道金属表面处理集中区。

（2）案例背景

机械装备制造业作为伦教的传统支柱产业，具有较长的发展历史。据统计，伦教现有机械装备制造企业约 860 家，涵盖木工机械、玻璃机械、金属制品等多个行业。金属表面处理技术作为机械装备制造业的前期配套工艺，可以显著提高机械零部件的耐磨性、抗腐蚀性、抗疲劳性，从而达到延长使用寿命的目的。

伦教金属表面处理行业有着多年的发展历史和产业基础。据统计，伦教现有金属表面处理企业约 72 家，见图 6-1，主要服务于下游的木工机械、玻璃机械及其他五金零配件企业。通过调查了解，伦教目前的金属表面处理企业普遍存在规模较小、生产环境较差、工艺及自动化水平不高、污染治理能力不强、对水资源的消耗大等问题。

图 6-1　伦教表面处理企业分布区域

为促进伦教机械装备制造产业链的健康发展，提升金属表面处理行业整体水平，在顺德区大力开展村级工业园区环境保护、安全生产"双达标"整治工作及产业发展保护区建设的趋势下，伦教街道采用市场化模式，建设了金属表面处理集中区。

（3）定点方案

根据伦教产业发展空间布局以及金属表面处理产业发展实际，结合伦教街道城市更新（"三旧"改造）以及产业发展保护区建设，拟选伦教集约工业区工业大道以南 D01 号地块作为伦教金属表面处理产业核心定点发展基地。

该地块属于伦教集约工业区荔村片区，占地面积 10.086 8 万 m²。地块原为华南机械城所在地，目前已认定为顺德区"三旧"改造项目。地块北面为伦教工业大道，南面为振华中路，东面为兴荔南路，西面为兴华南路，向西可接洽 105 国道（广珠公路），路网发达，交通便利。此外，周边给排水、电力、电信等城市基础设施配套完善，见图 6-2。

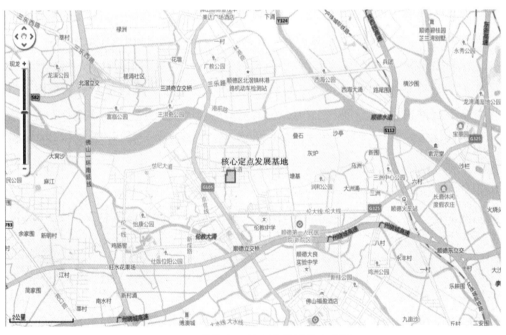

图 6-2　伦教表面处理企业拟集中区域

（4）发展定位

规划核心定点基地建成后，主要用于接纳伦教范围内的现有金属表面处理企业，同时在符合总量控制要求的前提下，可适当地引进顺德区内符合入驻要求的金属表面处理企业。基地主要从事金属表面处理（不含电镀），涉及的主要工艺有表面机械前处理（喷砂、磨光、抛光等）、化学前处理（除油、除锈、酸洗、磷化、无铬钝化等）及表面喷涂（喷粉、喷漆、电泳、浸塑等）。同时，根据需要可配套简单的机械加工和热处理工序。基地设计产能为年处理金属表面积 4 500 万 m²，致力于发展成为配套完善、管理成熟的环保示范基地。

（5）功能布局方案

本次规划核心定点基地占地面积 10.086 8 万 m²（约 151.3 亩），根据建设用地规划条件，该地块规划的计容总建筑面积不得超过 27.23 万 m²。根据初步设计方案，规划基地总体上分为三个功能区：产业发展区、实验及研发区、员工生活区。其中产业发展区主要用于建设工业厂房，实验及研发区主要用于金属表面处理产业孵化和技术研发，员工生活区主要用于基地内员工的食宿。产业核心定点基地功能分区情况见图 6-3。

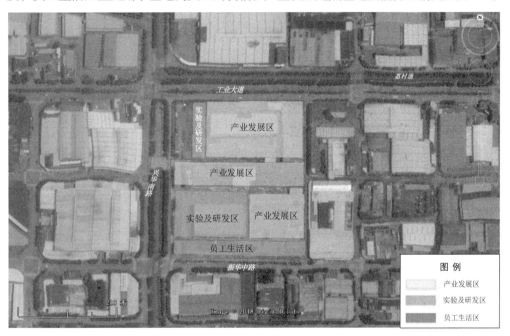

图 6-3　产业核心定点基地功能分区情况

（6）建设方案

本次规划核心定点基地选址区域地原为华南机械城所在地。本次规划拟在保留现有部分建筑的基础上，进一步开发建设。规划核心定点基地占地面积 10.086 8 万 m²（约 151.3 亩），规划总建筑面积约 23.26 万 m²。其中保留部分占地面积 27 653 m²，建筑面积 68 315 m²，具体包括南面的员工生活楼、亿海自动化设备有限公司厂房，中部的两层工业厂房；进一步开发建设部分占地面积约 36 041 m²，建筑面积 164 331 m²。

基地分三期建设，规划到 2018 年，完成一期厂房及配套设施建设并正式投入使用，规划到 2020 年，完成二期厂房及配套设施建设并正式投入使用；规划到 2025 年，完成三期厂房建设，并实现入驻基地企业达到最大化，基地配套完善，运营成熟。

基地建设主要经济技术指标见表 6-1，各阶段的具体建设内容见表 6-2，建成效果见图 6-4。

表 6-1 主要技术经济指标

项目		计量单位	数值	备注
规划总用地面积		m²	100 868.24	
规划净用地面积		m²	100 868.24	
总建筑面积		m²	232 646.29	
配套设施用房总建筑面积		m²		
不计容总建筑面积		m²	14 395.11	
计容总建筑面积		m²	272 344.25	
容积率		m²	2.70	
建筑基地总面积		m²	50 434.12	
建筑密度		%	50.0	
总绿地面积		m²	10 087.0	
绿地率		%	10.00	
最大层数		层	6	
最高建筑总高度		m	50.0	
机动车停车位数		辆	1 090.0	0.4 个车位 /100 m² 建筑面积
其中	地上停车位数	辆	366.0	
	地下停车位数	辆	724.0	
非机动车停车面积		m²	2 724	1 个车位 /100 m² 建筑面积

表 6-2 基地具体建设内容及建设时序

项目名称		建设性质	占地面积 /m²	建筑面积 /m²	建设时间
基地一期			20 635	63 426.06	
其中	生产车间一	加建	13 260	13 099.84	2017—2018 年
	生产车间五	新建	4 550	31 231.15	
	生产车间六	新建	2 825	19 095.07	
基地二期			9 200	56 350	
其中	生产车间三	新建	4 600	28 175	2018—2020 年
	生产车间四	新建	4 600	28 175	

续表

项目名称		建设性质	占地面积 /m²	建筑面积 /m²	建设时间
基地三期			6 206.12	44 555.25	2021—2025 年
其中	生产车间七	新建	3 083.12	31 672.87	
	实验车间二	新建	923	3 807.38	
	科技研发车间一	新建	2 200	9 075	
保留建筑部分			27 653	68 315	
其中	生产车间一（严选 100 项目）	保留	13 260	26 520	
	实验车间一	保留	7 446	15 463	
	员工生活楼	保留	6 550	25 667	
	电房一	保留	129	129	
	电房二	保留	268	536	
总计			100 868.24	232 646.31	

图 6-4　表面处理集中区效果图

6.1.2 "分散吸附、集中再生"模式

6.1.2.1 适用范围

生产企业相对集中，但企业 VOCs 排放呈现气量大、浓度低、间歇性排气的特点。

6.1.2.2 痛点

①间歇性排气使得碳源不稳定，生物法不能稳定运行；

②废气量大、VOCs 浓度低、间歇性排气使得"浓缩＋氧化法"不经济；

③低温等离子体主要应用于臭气领域；

④吸附再生法存在单个用户再生投资大、再生费用高的难题。

6.1.2.3 解决方式

针对有机废气治理问题的痛点，采用"分散吸附、集中再生"的治理模式，采用分子筛吸附技术＋冷凝回收＋焚烧技术，该技术具有如下特点：

① "分散吸附，集中治理"的模式解决单个用户再生投资大、费用高的问题，节约能耗，提高资源利用率；

②选择分子筛的优点：

A. 吸附能力：分子筛具有均匀的孔道，选择性吸附能力很强；

B. 吸附容量：分子筛比表面积大，容量更大；

C. 安全高：分子筛无机材质，不易起燃，杜绝装置安全隐患；

D. 再生性：分子筛热稳定性好，在 700℃以下热处理，以及高温水热处理，沸石分子筛的多孔结构都不会被破坏。冷凝回收把分子筛吸附浓缩的溶剂再生解析出来，回收循环利用。

6.1.2.4 治理技术

自 VOCs 排放厂家收集废气后的饱和分子筛（即待生分子筛）经运输运至再生装置，进入待生仓，经待生阀进入待生料斗。待生料斗中的待生分子筛通过待生提升机提升进入待生储料仓，经密封阀进入解析转筒进行分子筛再生。解析转筒分子筛气相区域析出解析气，经下部产出的再生分子筛进出中间料斗，通过中间提升机送至振动筛分离出再生过程中的破损分子筛。再生后的完整分子筛经振动筛进入再生料斗，通过再生提升机送至成品料仓。成品料仓产出的再生分子筛通过产品仓库包装，运输到区域内的各个 VOCs 排放厂家。

经解析转筒分子筛气相区域及析出解析气经一级水冷器冷凝分液至一级冷凝回

收罐，不凝气进入二级冷凝器冷凝分液至二级冷凝回收罐，经二级冷凝的不凝气进入三级冷凝器冷凝分液至三级冷凝回收罐，经三级冷凝的不凝气送至平衡器，再通过平衡器送至解析转筒加热炉的废气焚烧喷嘴进行燃烧，经喷淋塔喷淋水洗后放空。

经多次再生后的分子筛，吸收效果会变差，这样需要经过再生炉进行再生，再生炉的温度为 600℃，经再生炉再生 24 h 后，分子筛恢复活性，冷却后通过产品仓库包装，运输到区域内的各个 VOCs 排放厂家，见图 6-5 ~ 图6-7。

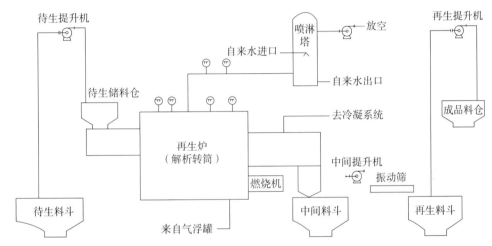

图 6-5　VOCs 气体分子筛再生解析系统流程

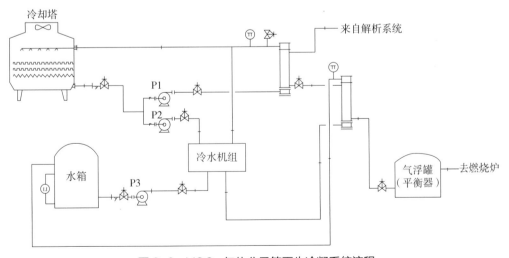

图 6-6　VOCs 气体分子筛再生冷凝系统流程

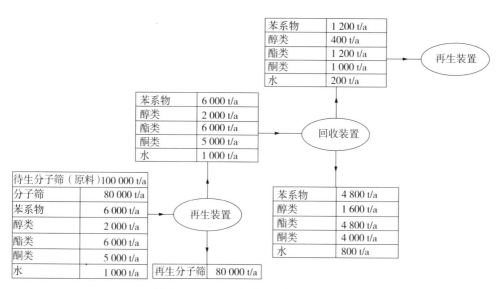

图 6-7　VOCs 气体分子筛物料平衡

6.1.2.5　相关案例

（1）案例概况

在浙江宁波某工业园区内，建设 10 万 t/a 吸附 VOCs 气体分子筛再生项目。建设规模：按再生吸附 VOCs 气体分子筛量计算，新建再生装置规模为 10 万 t/a。项目建成后，可得再生分子筛 8 万 t/a，回收有机溶剂 1.6 万 t，不凝气 0.4 万 t/a。生产规模和产品方案见表 6-3。

表 6-3　生产规模和产品方案

装置名称	生产规模 /（t/a）	
10 万 t/a 吸附 VOCs 气体分子筛再生装置	生产能力	100 000
	年操作小时	8 000
	再生分子筛	80 000
	溶剂	16 000
	不凝气	4 000

（2）设备

本项目共需新增设备约 124 台，其中静设备 83 台，转动机械及其他设备 30 台（套），工业炉 11 台。所有静设备就近制造，在制造厂制造完毕后整体运到现场安装。本项目主要设备见表 6-4。

表 6-4 主要设备分类汇总

序号	类型			材质	金属重 /t	合计		备注
						台数	金属重 /t	
1	静设备	非定型设备	换热器	304	6	24	144	
			容器	CS	8	3	24	
			料仓	CS	4	16	96	
			料斗	CS	4	24	96	
			平衡器	CS	10	8	80	
			水封罐	CS	4	8	30	
		工业炉	反应炉	CS	10	8	80	
			加热炉	CS	8	3	24	
2	动设备	泵	离心式		0.5	6	3	
		提升机		CS	0.3	24	7.2	
合计						124		

（3）工艺装置"三废"排放与预处理

A. 废水。本装置的废水主要来自再生分子筛解析出来冷凝的水分，排放来自一级冷凝罐和二级冷凝罐的水分，详见表 6-5。

表 6-5 废水排放表

排放水名称	有害物		排放量 /（m³/h）	排放点	排放方式	排放去向	备注
	名称	含量 /%					
含油废水	醇类、酮类	0.01	0.1	冷凝罐	间歇	污水处理	

B. 废气。本装置的废气来自经三级冷凝器冷却后不能冷凝的废气，详见表 6-6。

表 6-6 废气排放表

排放气名称	有害物		排放量 /（m³/h）	排放点	排放方式	排放去向	备注
	名称	含量 /%					
不凝气	苯系物	30	0.21	平衡器	密闭排放	燃烧器	
	醇类	10	0.07				
	酯类	30	0.21				
	酮类	30	0.21				

C. 固体废物。本装置的固体废物来自再生后的经振动筛分离出的破损分子筛，详见表 6-7。

表 6-7 固废排放表

排放物名称	有害物		排放量 /（t/h）	排放点	排放方式	排放去向	备注
	名称	含量 /%					
分子筛		0	1 000			填埋	

（4）再生中心占地与建（构）筑物面积

再生中心装置构筑物及公辅设施构筑物面积详见表6-8和表6-9。

表6-8 装置构筑物一览表

构筑物名称	火灾危险等级	耐火极限	层数	占地面积/m²	构筑物特征		
					结构形式	基础	地基类型
分子筛再生单元	甲类	≥1.5h	4	6 000	钢结构框架	桩承台	桩基
原料仓库	甲类	≥1.5h	2	288	门式刚架	桩承台	桩基
产品仓库	甲类	≥1.5h	1	288	门式刚架	桩承台	桩基
溶剂罐区		≥1.5h		2 200		独立基础或桩承台	桩基或天然地基
装车台		≥1.5h		120	钢结构框架	桩承台	桩基
循环水场		≥1.5h		1 200	钢筋混凝土水池	桩基础	桩基
初期污染雨水池		≥1.5h		72	钢筋混凝土水池	桩基础	桩基
事故水池		≥1.5h		800	钢筋混凝土水池	桩基础	桩基
污水处理系统		≥1.5h		2 400	钢筋混凝土水池	桩基础	桩基

表6-9 公辅构筑物一览表

建筑物名称	火灾危险类别	耐火等级	层数	占地面积/m²	备注
配电室	丙类	二级	1	360	新建
空氮站	戊类	二级	1	360	新建
办公楼	丁类	二级	3	540	新建
控制室	丁类	二级	1	360	新建
车间办公室	丁类	二级	1	360	新建
消防泵房	丁类	二级	1	324	新建
锅炉房	丁类	二级	1	1 200	新建
分析化验室	丙类	二级	1	420	新建
冷冻水系统	丁类	二级	1	1 100	新建

（5）分子筛再生中心现场

分子筛再生中心现场见图6-8。

图6-8 分子筛再生中心现场

6.2 存在的问题

6.2.1 "产业集聚、治理集中"存在的问题

目前的分散企业部分污染工艺的园区化治理处于初期阶段，面临着诸多待解决的难题。

①园区建设时缺少相关规范与准则，容易产生规划不科学、建设不全面等问题。如将大、小排风量的企业混建在一个区域，容易出现管道内气体分压出现混乱，大排量企业排不出、小排量企业过量吸的问题。同一时间段，大量企业集中喷涂使引风机容量不够；而另一时间段，企业喷涂工艺集中闲置，而被迫燃烧大量燃料。各家预处理工艺不同，预处理不到位，导致管道堵塞的问题。

②管理政策滞后于经济发展模式的转变。入园区的企业，并未整体搬迁入园区，而是仅将其中的磷化、喷涂等表面处理工艺带入园区，且公用污染治理设施而未单独建设污染设施。根据我国相关要求，对于这种部分工艺带入园区的企业，未有相关的政策如环评政策加以规范。对其的环境管理，部分领域处于灰色地带。

③企业主动入园的积极性不高。由于一个区域仅有一个相关VOCs减排园区，这种治理园区处于事实上的寡头或垄断地位，企业一旦入园后，其谈判地位处于绝对的弱势。可能面临的问题包括并不限于：园区对水、电、气等生产性物资入口的绝对把控；园区废气治理成本的不透明等。

6.2.2 "分散吸附、集中再生"存在的问题

目前的吸附再生主要的问题是：危险废物处置资质取得比较难，处置规模不够、处置费用较高。吸附 VOCs 后的吸附剂属于危险废物，而我国目前对危险废物处理处置资质的审批非常严格，很多地级市仅有 1 家能够进行活性炭、沸石等危险废物吸附剂再生的企业。对于规模比较大的企业，面临着排放量大、吸附剂再生不及时的问题；对于广大中小企业，面临着再生工厂处置费用过高的问题。

VOCs 控制的检 / 监测管理

7.1 开展便携式检测设备适用性检测

当前检测设备适用性检测存在的矛盾是需评估的设备与评估能力不匹配的矛盾。环境便携式检测设备，不同于一般的生产性设备，检测数据带有一定的法律效应。这类设备不能直接提升产品的性能，也不能作用于产品的质控，无法由市场机制如设备外观设计、灵敏度、精确度、耐用性等性能进行优胜劣汰。这些产品目前有推荐性而无强制性的适用性检测，造成便携式检测仪器设备市场的混乱。而进行环境仪器设备适用性检测的第三方单位少、任务量大，不能满足日益增长的检测需求，如中国环境监测总站对这类仪器的评估工作已排队至 3 个月以后。

7.2 构建重点城市 VOCs 网格化监测系统

重点城市（京津冀及周边、汾渭平原共 39 个地级城市）建设 VOCs 在线监测、走航监测来监测重点区域的 VOCs 排放情况。重点区域指人口密集区、交通流量较大的主干道路、工业园区等重点关注区、排放密集区等，初步形成重点城市 VOCs 污染排放网格化监测的基础。

VOCs 在线监测。监测指标要求尽可能覆盖生态环境部办公厅《2018 年重点地区环境空气挥发性有机物监测方案》要求的 117 种 VOCs 物种，监测设备采用该方案提出的 GC-FID/MS 分析方法，并要求设备的最低检测限值、监测数据有效性等技术指标符合要求。

VOCs 走航监测。VOCs 气质联用走航监测系统具有单质谱分析与气相色谱—

质谱联用分析（GC-MS）共两种应用模式。使用单质谱分析模式时，样品不通过色谱，直接进入质谱检测器进行检测，以达到快速筛查的目的。使用 GC-MS 分析模式时，通过色谱柱对样品进行分析，最终利用质谱对分离后的物质进行检测，实现准确的定性和定量分析。通过车载的质谱走航监测系统，对环境空气中的 VOCs 进行快速检测；根据检测出的污染物总浓度，描绘污染地图；通过对重点污染区域、重点企业、重点工艺 VOCs 开展定点分析，准确掌握 VOCs 特征因子排放状况，快速锁定疑似污染排放源头企业，有利于开展精准执法和整治行动。

7.3　加快重点行业 VOCs 排放标准地标的制定

从国家标准来看，VOCs 相关的排放标准有 18 项，但部分重点行业未制定相关排放标准，如汽车制造业、集装箱制造业、船舶制造业、半导体（电子材料）制造业等，部分行业减排面临着只能用较低的综合排放标准，使未制定 VOCs 排放地方标准的部分省（区、市）减排效果大打折扣。

从地方标准来看，目前制定行业 VOCs 排放标准的省（区、市）有 14 个，其中制定地方标准较多的地区有 15 项，而制定较少的地区仅有 1 项。各地区的主导产业、先导产业等不尽相同，对 VOCs 减排的需求不一，宜因地制宜，针对排放量较大、群众投诉较多、国家排放标准空白的行业，尽快制定相关行业的 VOCs 地方排放标准。

VOCs 控制的管理要求

8.1 督查清单

8.1.1 建立涉 VOCs 企业清单并编制"一厂一策"报告

重点城市应明确本地区涉 VOCs 排放企业。加强对企业帮扶指导，对于本地污染物排放量较大的企业，组织专家提供专业化技术支持，严格把关，指导企业编制切实可行的污染治理方案，明确原辅材料替代、工艺改进、无组织排放管控、废气收集、治污设施建设等全过程减排要求，测算投资成本和减排效益，为企业有效开展 VOCs 综合治理提供技术服务。重点城市应组织本地 VOCs 排放量较大的企业开展"一厂一策"方案编制工作。适时开展治理效果后评估工作，补贴政策应与减排效果紧密挂钩。鼓励重点城市对企业推行强制性清洁生产审核。

8.1.2 建立强制减排清单

重点城市应建立和完善本地区的 VOCs 强制减排企业名单，确定具体的管控措施要求，确保重点行业 VOCs 减排比例不低于 30%。臭氧污染问题突出的城市减排比例建议不低于 50%。空气质量"双达标"的城市可免予强制减排。

8.1.3 完善涉 VOCs 企业清单

进一步排查涉 VOCs 企业，各地根据排查结果补充完善建成区周边企业和其他高排放企业名单，结合实际增补强制减排企业名单。凡在督查中发现问题需纳入管控名单的排污单位，应记录具体的存在问题，按照要求上报上级主管部门。

8.1.4 建立豁免清单

根据企业报送资料对是否符合豁免条件进行核查，确定豁免企业清单。列入豁免清单的企业应符合以下条件之一：

（1）使用的原辅材料 VOCs 含量（质量比）低于 10% 的工序，可不要求采取无组织排放收集措施。

（2）采用原辅料符合国家有关低 VOCs 含量产品的工序，如使用水性涂料的木质家具喷涂行业。

（3）完成 VOCs 全过程深度治理，达到特别排放限值和无组织排放特别控制要求，采用燃烧等高效治理设施或送工业加热炉、锅炉直接燃烧处理，经当地生态环境局评估认定，VOCs 收集效率与处理效率达到"双 90%"的企业。

（4）涉及重大民生保障的企事业单位。鼓励豁免企业结合实际，自主采取减排措施。豁免企业应作为督查重点对象，凡发现不满足上述条件的，取消豁免资格。

8.2 应急督查

8.2.1 应急管控启动条件

中国环境监测总站提前向生态环境部报送异常空气质量报告，生态环境部向重点城市（蓝天保卫战中 39 个重点城市）发布臭氧预警信息。综合考虑臭氧污染程度进行预警分级：

Ⅱ级（轻度污染）：未来臭氧污染分指数（IAQI）达 90 以上，臭氧 8 h 滑动平均浓度超过 148 μg/m^3；

Ⅰ级（中重度污染）：未来臭氧污染分指数（IAQI）达 140 以上，臭氧 8 h 滑动平均浓度超过 204 μg/m^3。

各重点城市应根据臭氧预警信息及应急管控启动条件，及时启动应急管控，并根据空气质量改善情况自行确定预警解除时间。

8.2.2 应急管控总体要求

重点城市周边企业和其他高排放企业，在强制减排措施的基础上，实施应急管控措施。Ⅱ级应急响应措施下，VOCs 减排比例原则上不低于 15%；Ⅰ级应急响应措施下，VOCs 减排比例原则上不低于 30%。各地可结合当地实际，制定严于本要求的应急响应措施。各地生态环境部门可根据当地实际，制定本地区 VOCs 排放企业错峰生产措施。列入强制减排与应急管控清单的企业，要综合考虑安全性和可操作性，按照强化管控企业名单与管控措施报送格式的要求，应制订可量化、可操作、可核实的管控措施。

8.2.3 应急响应措施

8.2.3.1 Ⅱ级应急响应措施

油墨、涂料、胶黏剂生产企业的配料、融化、预混、分散、调和、搅拌、过滤、调整、灌装、包装等涉 VOCs 排放工序停产；

医药、农药生产企业停产 30%（含）以上；

使用溶剂型涂料的工业涂装企业调漆、涂装、干燥/烘干工序等涉 VOCs 排放工序停产；

使用溶剂型油墨的包装印刷企业供墨、涂布、印刷、覆膜、复合、上光、清洗等涉 VOCs 排放工序停产；

人造板制造企业的调胶、施胶、预压、热压、干燥涉 VOCs 排放工序停产；

再生塑料制造、塑料人造革制造、合成革制造企业停产 50%（含）以上；

纺织印染企业的染色、印花、定型、涂层等涉 VOCs 排放工序停产 50% 以上；

使用溶剂型偶联剂、黏合剂、普通芳烃油、煤焦油的橡胶制品制造企业炼胶、压延、黏合、成型、硫化等涉 VOCs 排放工序停产；

石化、化工企业不得安排全厂开停车作业，不得开展设备、储罐或管道清洗、清扫、放空等装置维修作业；

除保障民生供应的油品装卸作业外，辖区所有加油码头、加油站卸油作业时间调整到当日 18 时至次日 8 时；

8 时至 18 时，建成区范围内使用溶剂型涂料的汽修企业停止喷涂工序作业；

严禁露天烧烤，以及露天焚烧沥青、油毡、橡胶、塑料、皮革、垃圾和落叶等；

城市建成区 3 km 范围内涉 VOCs 排放企业实施停产调控；

8 时至 18 时，停止城市建成区 3 km 范围内的大中型装修工程、外立面改造工程、道路划线作业、道路沥青铺设作业（应急施工工程及市级人民政府批准实施的重要工程除外）；

加强城市建成区 3 km 范围内饭店餐饮油烟净化设施运行情况的监督巡查，未安装、未正常使用油烟净化设施或达不到净化效果的餐饮单位，依法停业整改。

8.2.3.2   I 级应急响应措施

油墨、涂料、胶黏剂生产企业的配料、融化、预混、分散、调和、搅拌、过滤、调整、灌装、包装等涉 VOCs 排放工序停产；

农药、医药企业停产 50%（含）以上；

工业涂装企业调漆、涂装、干燥 / 烘干等涉 VOCs 排放工序停产；

包装印刷企业的供墨、涂布、印刷、覆膜、复合、上光、清洗等涉 VOCs 排放工序停产；

人造板制造企业的调胶、施胶、预压、热压、干燥等涉 VOCs 排放工序停产；

再生塑料制造、塑料人造革制造、合成革制造企业停产；

橡胶制品制造企业的炼胶、压延、黏合、成型、硫化等涉 VOCs 排放工序停产；

纺织印染企业的染色、印花、定型、涂层等涉 VOCs 排放工序停产；

石化、化工企业不得安排全厂开停车作业，不得开展设备、储罐或管道清洗、清扫、放空等装置维修作业；

除保障民生供应的油品装卸作业外，辖区所有加油码头、加油站卸油作业时间调整到当日 18 时至次日 8 时；

8 时至 18 时，汽修企业停止喷涂工序作业；

严禁露天烧烤，以及露天焚烧沥青、油毡、橡胶、塑料、皮革、垃圾和落叶等；

城市建成区 5 km 范围内涉 VOCs 排放企业实施停产调控；

8 时至 18 时，停止城市建成区 5 km 范围内的大中型装修工程、外立面改造工程、道路划线作业、道路沥青铺设作业（应急施工工程及市级人民政府批准实施的重要工程除外）；

加强城市建成区 5 km 范围内饭店餐饮油烟净化设施运行情况的监督巡查，未安装、未正常使用油烟净化设施或达不到净化效果的餐饮单位，依法停业整改。

8.3 专项督查

8.3.1 应停产治理的企业

重点城市应强化涉 VOCs 排放企业现场督查，发现存在以下情况的排污单位，应停产治理。石油化工、化学原料及化学制品制造、医药制造、化学纤维、焦化企业停产应确保安全。

①VOCs 排放不能稳定达标的企业；

②采用单一活性炭吸附、喷淋、吸收、光氧化、光催化、等离子治理技术或末端治理效率低于 80% 的生产线；

③未实施泄漏检测与修复（LDAR）或评估结果不合格的石化、化工企业；

④VOCs 污染治理设施未稳定运行的企业；

⑤按照《挥发性有机物无组织排放控制标准》，VOCs 物料储存、VOCs 物料转移与储存、设备与管线组件 VOCs 泄漏、敞开液面 VOCs 逸散及工艺过程不满足特别控制要求，厂区内无组织排放浓度超过特别排放限值的企业；

⑥化工、涂装（无法密闭喷涂的大型工件除外）、木材加工、包装印刷等 VOCs 排放重点行业存在敞口作业的企业；

⑦油气污染排放不达标或污染治理设施不正常运行的储油库、加油站（含水上加油站）和油罐车。

8.3.2　开展重点城市、重点时段专项督查

重点城市可聘请第三方专业技术团队，运用 VOCs 走航等科技手段，对重点区域进行不少于 2 个月的巡检，系统排查存在的问题，开展臭氧源解析，确定重点区域 VOCs 控制的重点行业、重点污染物和重点源；建立臭氧污染防治专班工作机制，建立"排查、会诊、整改"一体化的工作体系，强化责任落实，实施精准精细治理。

开展夏季臭氧污染综合整治、秋冬季 VOCs 污染综合治理攻坚等行动。重点城市编制相应行动方案及措施任务表，聚焦臭氧、VOCs 治理重点工作，细化治理和管控措施，明确任务量和完成时限。

8.4　督查要点

8.4.1　文件检查要点

①环评报告。检查排放 VOCs 的生产装置数量及配套治理设施是否与环评一致。

②检测报告。

检查所用标准是否规范（需结合地标和国标，先行梳理行业应遵守的 VOCs 排放标准）；

是否超标排放。

③排污许可证。检测报告与排污许可证是否一致。

8.4.2　原辅料检查要点

①豁免企业材料是否真实。是否按规定采用低 VOCs 含量原辅材料。低 VOCs 材料为粉末、水性、高固体分、辐射固化等材料。

②一般企业记录是否规范。按日记录胶黏剂、稀释剂、固化剂、处理剂、清洗剂等含挥发性有机物原料、辅料的使用量、废弃量、去向及挥发性有机物含量。台账保存期限不得少于 3 年。

③溶剂型涂料、稀释剂等的调配、存放等应采用密闭或半密闭收集废气，防止挥发性有机物无组织排放。

8.4.3　废气收集与输送检查要点

①生产线采用整体密闭的，密闭区域内换风次数原则上不少于 20 次 /h，车间采用整体密闭的（如烘干、晾干车间、流平车间等），车间换风次数原则上不少于 8 次 /h。

②喷涂工序应配套设置纤维过滤、水帘柜（或水幕）等除漆雾预处理装置，预处理后达不到后续处理设施或堵塞输送管道的，需进行进一步处理。

③所有产生 VOCs 的密闭、半密闭空间应保持微负压，并设置负压标识（如飘带）。

④原则上采用圆管收集废气，若采用方管设计的，长宽比例控制在 1 : 1.2 ~ 1 : 1.6 为宜；主管道截面风速应控制在 15 m/s 以下；支管接入主管时，宜与气流方向成 45° 角倾斜接入，以减少阻力损耗。

8.4.4　废气末端控制检查要点

8.4.4.1　技术适用条件

①低温等离子、光催化、光氧化技术只能适用于恶臭异味等治理。

②生物法可以适用于较低浓度（＜ 400 ppm）VOCs 废气治理和恶臭异味治理。

③低浓度（＜ 1 000 ppm）、大风量废气，宜采用沸石转轮吸附、活性炭吸附、减风增浓等浓缩技术，提高 VOCs 浓度后净化处理。

④中浓度（1 000 ~ 10 000 ppm）废气可直接采用催化燃烧（CO）、热力燃烧（TO）、蓄热催化燃烧（RCO）、蓄热热力燃烧（RTO）的方式进行。

⑤高浓度废气（＞ 10 000 ppm），优先进行溶剂回收；难以回收的，宜采用高温焚烧、催化燃烧等技术。

⑥油气（溶剂）回收宜采用冷凝＋吸附、吸附＋吸收、膜分离＋吸附等技术。

⑦非水溶性的 VOCs 废气禁止采用水或水溶液喷淋吸收处理。

⑧采用一次性活性炭吸附技术的，应定期更换活性炭，废旧活性炭应再生或处理处置。

8.4.4.2　技术使用条件

①采用蓄热式燃烧（RTO）、热力燃烧（TO）利用辅助燃料燃烧所发生热量，显示屏温度应高于 700℃。

②采用蓄热式催化燃烧（RCO）、催化燃烧（CO），显示屏温度应高于 250℃。

③采用活性炭吸附工艺，进入吸附装置的废气温度应不高于 40℃。更换填料或是运行维护过程中产生的固体废物及危险废物按照国家固体废物污染环境防治法有关要求进行管理、处置。

④易燃、易爆有机废气浓度应控制在其爆炸极限下限的 25% 以下。

⑤ VOCs 处理设备通入过量空气的，应出具技术说明，阐述过量空气通入的合理性，是否为稀释排放。

8.4.5　排气检查要点

① VOCs 气体通过净化设备处理达标后由排气筒排入大气，排气筒高度不低于15 m。

②排气筒出口宜朝上，排气筒出口设防雨帽的，防雨帽下方应有倒圆锥形设计，圆锥底端距排放口 30 cm 以上，以减少排气阻力。

③废气处理设施前后设置永久性采样口，采样口的设置应符合《气体参数测量和采样的固定位装置》(HJ/T 1—1992) 的要求，并在排放口周边悬挂对应的标识牌。

8.4.6 其他

①检查与企业治理设施相关的运行、维护和操作规程，以及运行过程中的维护记录和台账。

②核查治理设施耗材（过滤材料、催化剂等）的流转记录，包括采购记录（含采购时间、采购量及质量分析数据）、更换时间与更换量的维护记录。

③对于加装有 VOCs 自动监测系统的企业，检查其在线数据记录。

④核查治理过程产生的危险废物与次生污染物是否得到有效处置。

VOCs 控制探讨与研究——以郑州市机械制造行业为例

机械制造业指从事各种动力机械、起重运输机械、农业机械、冶金矿山机械、化工机械、纺织机械、机床、工具、仪器、仪表及其他机械设备等生产的行业。机械制造业为整个国民经济提供技术装备，其发展水平是国家工业化程度的主要标志之一，是国家重要的支柱产业。

郑州市是机械制造大市，有中铁工程装备、宇通重工、弗雷森农业装备、龙工机械、振东科技、郑煤机械等生产大型装备的行业龙头公司，也有生产机床、轴承、仪器、仪表等各种配件的中小企业，它们互为补充，形成了郑州市机械制造行业的产业链条，为当地经济发展和人员就业作出了巨大贡献。然而装备制造企业会产生污染物排放，对其治理尤其是主要污染物（VOCs）的治理，是践行高质量发展的必由之路。

9.1 行业 VOCs 排放概况

9.1.1 生产工艺及产排污节点

机械制造行业 VOCs 排放主要包括在焊接、涂装和烘干工艺过程中产生 VOCs。喷涂作业工序为主要 VOCs 排放工序，通常包含：前处理（除尘、脱脂、除锈、蚀刻等）、表面喷涂（喷涂、浸涂、辊涂、流涂等）、固化干燥（室温下自然干燥、固化炉干燥、辐射固化等）。电焊主要产生烟尘，伴生臭氧及 VOCs，喷涂产生漆雾及

VOCs，固化干燥产生 VOCs。部分企业在固化干燥之前，还需要进行流平晾置，以保证漆膜的平整度和光泽度。典型的生产流程见图 9-1。

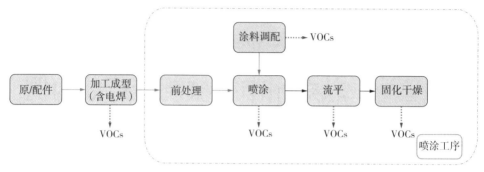

图 9-1   机械制造行业 VOCs 产排污节点

9.1.2   VOCs 排放特征

电焊气量较小，排气中含有少量烟尘。喷漆换气量大，VOCs 浓度通常在 100 mg/m³ 以下，并且排气中含有少量未处理完全的漆雾。流平废气的成分与喷漆废气相近，但不含漆雾，可与喷漆室排风混合后集中处理。烘干固化废气温度较高，成分复杂，但风量相对较小，属于中、高浓度有机废气。不同类型的企业所使用的涂料类型、涂装工艺不同，其 VOCs 排放特征见表 9-1。

表 9-1   各类通用设备、机械制造企业 VOCs 排放特点

生产工艺	含 VOCs 原辅材料	VOCs 特征污染物
焊接	助焊剂	臭氧等
空气喷涂、刷涂、辊涂	胶黏剂、溶剂型涂料、水性涂料、紫外光固化涂料、金属涂料、稀释剂、固化剂	乙酸仲丁酯、乙酸乙酯、二甲苯、乙苯、甲苯、环己酮、乙酸正丁酯、甲基环己烷等
静电喷涂、浸涂、电泳	粉末涂料、电泳涂料	甲苯、己基苯、三甲苯、乙酸乙酯、乙酸丁酯、二氯乙烷、环己烷、甲基戊烷、丁酮、甲基异丁基甲酮、丙酮等

9.2   VOCs 控制技术

9.2.1   源头控制技术

①采用无（低）VOCs 环保型原辅材料，包括水性涂料、高固体分涂料、粉末

涂料、紫外光固化涂料、水性胶黏剂或无溶剂胶黏剂等，实施清洁原料替代。原辅材料购入前，需有相应的原辅材料检测报告，确保属于无（低）VOCs 环保型原辅材料。

②推荐采用静电喷涂、淋涂、辊涂、浸涂等效率较高的涂装工艺；应合理设计喷漆房，减少废气收集和治理设施负荷，禁止无 VOCs 净化、回收措施的露天喷涂作业。

9.2.2 过程控制技术

9.2.2.1 先进工艺及管理

生产过程的控制包含两个方面，一是加强对涂装过程的管理，避免造成原辅材料不必要的损失，产生过多的 VOCs 废气；二是使用先进的生产工艺，在保证产品质量的前提下，积极改造涂装工艺和生产线，使用与低 VOCs 含量原辅材料相配套的生产工艺。

①加强对涂装过程的管理；

②规范原料调配和转运。生产过程中使用密闭容器存放涂料，在涂料和有机溶剂的调配、转运、临时储存过程避免溶剂泄漏或挥发，一旦发现泄漏点要尽快恢复，形成完善的管理机制；

③原辅材料集中存放并设置专职管理人员，根据日生产量配发涂料用量并做好记录，便于日后优化用量；

④废涂料桶、废有机溶剂、涂料渣及其他接触过含有机物的废材料，弃用后须收纳到密闭的容器中，最终按危险废物处置要求进行处理。

9.2.2.2 气体捕集

（1）电焊烟尘的捕集

①少工位手工焊接的烟尘：采用单机烟尘净化器。

②相对固定而且焊接点比较多的工况中的烟尘：配备工程烟尘净化装置。该装置主要针对相对固定而且焊接点比较多的工况。管网压力由匹配的离心风机提供。管网变径以使每个吸风口压力基本相等，吸风罩尽量全覆盖工位产烟区，吸风罩与产烟点距离越近越好（以不影响工作的近距离为宜）。净化主机安置在风机前端，以标准的变径箱、管分别与主管路、风机相接。

（2）VOCs 的捕集

通用设备、机械制造行业 VOCs 排放主要在调漆、涂装和干燥等工段，从车间功能来看，集中在喷漆房（包括底漆、面漆、清漆）、调漆房、干燥房。为减少无组织排放，最大限度地控制 VOCs 排放量，需做好有机废气收集工作。

①使用溶剂型涂料的喷漆房、干燥车间应严格密闭；对于流水线作业无法全封闭的情况，在进出口等敞开位置需设置风幕装置；换气风量根据车间大小确定，保证 VOCs 废气捕集率不低于 95%。

②对于只能采用吸风罩收集的工序，排风罩设计应满足《排风罩的分类及技术条件》（GB/T 16758—2008）的要求。

③采用整体密闭的生产线，密闭区域内换风次数原则上不少于 20 次 /h；对于整体密闭换风的车间，车间换风次数原则上不少于 8 次 /h；所有产生 VOCs 的密闭空间应保持微负压。

④喷漆室设计除满足安全通风外，任何湿式或干式喷漆室的控制风速应满足《涂装作业安全规程喷漆室安全技术规定》（GB 14444—2006）的要求，见表 9-2。

表 9-2　喷漆室的控制风速

操作条件 （工件完全在室内）	干扰气流 / （m/s）	类型	控制风速 /（m/s）	
			设计值	范围
静电喷漆或自动无空气喷漆 （室内无人）	忽略不计	大型喷漆室	0.25	0.25 ~ 0.38
		中小型喷漆室	0.50	0.38 ~ 0.67
手动喷漆	≤0.25	大型喷漆室	0.50	0.38 ~ 0.67
		中小型喷漆室	0.75	0.67 ~ 0.89
手动喷漆	≤0.50	大型喷漆室	0.75	0.67 ~ 0.89
		中小型喷漆室	1.00	0.77 ~ 1.30

注：大型喷漆室一般为完全密闭的围护结构体，作业人员在室体内操作，同时设置机械送排风系统；中小型喷漆室一般为半密闭的围护结构体，作业人员面对敞开口在室体外操作，仅设排风系统。

⑤收集系统能与生产设备同步启动，集气方向与污染气流运动方向一致，涂装工艺设计及废气收集应注意同时满足安全生产的相关规定，管路应有明显的颜色区

分及走向标识。

⑥废气收集系统材质应防腐防锈，定期维护，存在泄漏时需及时修复。

9.2.3 末端控制技术

9.2.3.1 电焊烟尘预处理

电焊烟尘主要污染物为颗粒物、臭氧、VOCs。

颗粒物通过收集后可选技术有旋风除尘 + 袋式 / 滤筒除尘技术或者多级湿式除尘技术。旋风除尘 + 袋式 / 滤筒除尘技术适用于颗粒物浓度较高企业的颗粒物预处理。湿式除尘设施包括水帘柜、喷淋塔等，湿式水帘须满足《环境保护产品技术要求湿法漆雾过滤净化装置》（HJ/T 388—2007）的要求。应定期检查水帘机设备运行情况，保证设备光滑度，调整水量大小，确保形成有效的水帘除漆雾效果。应定期更换水帘机的除漆雾废水，废水应采用密闭管道收集处理至达标排放，漆渣应按照危险废物处置，妥善、及时处置次生污染物。

9.2.3.2 漆雾预处理

喷涂废气应设置有效的漆雾预处理装置，可采用干式过滤高效除漆雾、湿式水帘 + 多级过滤除湿联合装置或静电漆雾捕集等除漆雾装置。湿式水帘技术要求同电焊烟尘预处理技术。

9.2.3.3 VOCs 的末端控制技术

VOCs 的末端控制技术主要包括蓄热燃烧 / 催化燃烧、吸附 / 解析等技术。吸附法应满足《吸附法工业有机废气治理工程技术规范》（HJ 2026—2013），《环境保护产品技术要求　工业废气吸附净化装置》（HJ/T 386—2007）等相关技术规范；催化燃烧技术应满足《催化燃烧法工业有机废气治理工程技术规范》（HJ 2027—2013）等相关技术规范。

表9-3 郑州市机械行业 VOCs 控制可选技术

序号	工序类型	预防技术	治理技术	污染物排放水平/（mg/m³）					技术适用条件	工程案例
				颗粒物	苯	甲苯	二甲苯	非甲烷总烃		
1	焊接工序		①旋风除尘技术*+②袋式除尘技术/滤筒除尘技术	10~20					适用于机械行业电焊烟尘、漆雾预处理	见附件案例 1.1~2.1, 4.1~4.14
2			多级湿式除尘技术	10~20					适用于机械行业电焊烟尘、漆雾预处理	
3		—	①湿式除尘技术+②干式过滤技术+③吸附/脱附技术+燃烧技术	<10	<1	<10	<20	30~50	适用于使用溶剂型涂料的大、中规模机械行业或集中式喷漆工厂的漆雾、VOCs治理。典型治理技术路线为：①湿式除尘+干式过滤+活性炭吸附/脱附+RCO；②湿式除尘+干式过滤+转轮吸附/脱附+RCO；该技术投资成本高，运行成本不高	
4		水性涂料替代技术	①干式过滤技术+②吸附/脱附技术	<10	<1	<2	<2	10~20	适用于机械行业电焊烟尘、漆雾、VOCs治理。典型治理技术路线为干式过滤+活性炭吸附/脱附。后期维护需定期清理、更换过滤材料、定期更换或再生活性炭	
5	喷涂及干燥固化工序	①水性涂料替代技术+②自动喷涂技术	①干式过滤技术+②吸附/脱附技术	<10	<1	<5	<5	20~40	适用于机械行业电焊烟尘、漆雾、VOCs治理。自动喷涂替代人工喷涂后VOCs产生浓度会增加，但源头利用率可提高，VOCs排放总量可减少。典型治理技术路线为干式过滤+活性炭吸附/脱附。后期维护需定期清理、更换过滤材料、定期更换或再生活性炭	
6		①粉末涂料替代技术+②静电喷涂技术	①旋风除尘技术+②袋式除尘技术/滤筒除尘技术	<10	<1	<1	<1	<10	适用于机械行业电焊烟尘的颗粒物治理。其中旋风除尘可作为颗粒物排放浓度较高企业的颗粒物预处理；袋式除尘技术需定期更换滤袋；滤筒除尘技术需定期清理或更换滤筒	
7		①UV固化涂料替代技术+②辊涂/淋涂技术	①吸附/脱附技术	<10	<1	<2	<2	10~20	适用于规则平整的板式机械加工的漆雾、VOCs治理。其中，水性UV固化涂料需采用吸附/脱附技术，典型治理技术需定期更换或再生活性炭。后期维护需定期更换或再生活性炭；无溶剂型UV固化涂料可不采用末端治理技术	

注：表中"*"表示企业可根据自身情况选择是否采用该技术。

9.3 VOCs 治理模式

9.3.1 规模以上企业

规模以上企业参考表 9-3 自行选择源头控制与末端治理技术。

9.3.2 规模以下企业（已入园区）

规模以下企业（已入园区）建议采用"分散吸附、集中再生"模式。在一个园区内新建再生中心，由企业负责吸附剂的收储，由再生中心负责吸附剂的运输、再生及配送。

9.3.3 规模以下企业（未入园区）

规模以下企业（未入园区）建议采用"产业集聚、治理集中"模式。由第三方企业新建喷涂工业园区，建设公用气体捕集系统，公用 VOCs 处理系统等；企业通过租赁的形式获得相应厂房的使用权。

9.4 VOCs 检 / 监测要点

9.4.1 废气采样口设计要点

治理设施应在废气处理设施前后设置永久性采样口，采样口的设置应符合《气体参数测量和采样的固定位装置》（HJ/T 1—1992）的要求，并在排放口周边悬挂对应的标识牌。

采样口应优先设置在垂直管道，避开烟道弯头和断面急剧变化的部位，距弯头、阀门、变径管下游方向不小于 6 倍直径和距上述部件上游方向不小于 3 倍直径处。对矩形烟道，其当量直径 $D=2AB/(A+B)$，式中 A、B 为边长。采样口所在断面的气流速度最好在 5 m/s 以上。若现场条件很难满足上述要求时，采样口所在断面与弯头等的距离至少是烟道直径的 1.5 倍。

9.4.2　制定 VOCs 监测制度

①规模以上企业建立 NMHC 及 VOCs 特征污染物的在线监测系统。

②建立企业自行监测与监管部门监督性监测相结合的制度。

③工业园区建立园区 VOCs 在线监测及走航监测系统。

9.5　督查要点

9.5.1　确定清单

①涉 VOCs 企业清单。

②强制减排 VOCs 企业清单。

③滚动完善涉 VOCs 企业清单。

④豁免清单。

9.5.2　检查要点

9.5.2.1　基础文件检查要点

①环评报告：检查装置是否与文件一致。

②排污许可证：检查排污因子与排放总量是否与文件一致。

③检测报告：是否有超标排放情况。

④其他：一厂一策、应急方案等文件要求设施是否与场内实际设施一致。

9.5.2.2　设施及原辅材料检查要点

①检查与企业治理设施相关的运行、维护和操作规程，以及运行过程中的维护记录和台账。

②核查治理设施耗材（过滤材料、催化剂等）的流转记录，包括采购记录（含采购时间、采购量及质量分析数据）、更换时间与更换量的维护记录。

③核查治理过程产生的危险废物与次生污染物是否得到有效处置。

9.5.2.3　废气收集及输送检查要点

见 8.4.3 节。

9.5.2.4 末端控制检查要点

见 8.4.4 节。

对于加装有 VOCs 自动监测系统的企业，检查其在线数据记录。

9.5.2.5 排气检查要点

见 8.4.5 节。

政策建议

本书梳理了挥发性有机物（VOCs）的定义、污染物排放标准、监测标准、污染控制技术。以企业与监管部门为服务对象，总结出企业面临的 VOCs 控制技术选择难、技术选择贵，监管部门面临的检 / 监测难、管理难的问题，并提出了以上"四难"的解决方案。针对技术选择难的问题，梳理出技术选择的"1234"，即技术选择的一般要求、两项常用 VOCs 控制技术的设计要求、三个典型行业 VOCs 控制技术的选择路线、四个典型行业 VOCs 控制技术的使用要点；针对选择技术贵的难题，提出低成本 VOCs 控制的两种模式；针对检 / 监测难的问题，提出开展便携仪器适用性检测、构建网格化监测体系、加快地方标准制定的三项方案；针对监管难的问题，提出构建督查清单、应急督查、专项督查、督查要点"四位一体"的督查体系的方案。

VOCs 的污染控制需要法律、规范、技术、管理及必要的政策来取得良好的治理效果。

10.1 建议开展低挥发性溶剂的环境标志产品认证标准的制定研究

根据《重点行业挥发性有机物综合治理方案》（以下简称"方案"），应加快使用粉末、水性、高固体分、辐射固化等低 VOCs 含量的涂料替代溶剂型涂料的推广。源头控制是成本最小、效益最高的 VOCs 控制技术，但目前的低挥发性溶剂除了水性涂料有标准，即《环境标志产品技术要求　水性涂料》（HJ 2537—2014），其他溶剂无相应的技术要求。相应产品在市场上存在以次充好、鱼目混珠的情形，使用这类产品会完全背离方案的初衷，使得 VOCs 的综合整治效果大打折扣。应通过标准的方式规范低挥发性溶剂。

10.2 建议对使用某些低挥发性溶剂的产品进行 VOCs 检查的豁免

目前，规模以上企业的 VOCs 末端控制技术以燃烧法为主。燃烧法需要 VOCs 超过一定浓度（一般为 1 g/m³）才经济，而使用了低挥发性溶剂的企业由于 VOCs 浓度较低，需要加入大量的燃气燃烧才能达标排放；而且低挥发性溶剂本身市场价格比油性溶剂要高；其直接后果是守规矩的企业吃亏，不守规矩的企业不亏，挫伤了企业减排的积极性，不利于 VOCs 的减排工作。

10.3 建议制定低温等离子体、光催化氧化的设备制造及运营规范

目前，VOCs 末端治理技术主要为生物法（较低浓度）、燃烧法（中高浓度）；其他的如吸附、转轮、减风等技术是提高浓度，蒸馏、冷凝、膜分离等技术是降低浓度，最终仍需要燃烧法来脱附、消除 VOCs。但燃烧法设备投资及运营费用相对较贵，广大中小企业大多用不起该项技术。而低温等离子体、光催化氧化技术组合生物技术或吸附技术，能在低浓度 VOCs 治理领域取得良好的治理效果，可应用于中小企业低浓度、低风量、不连续工况的 VOCs 治理。目前，后者遇到的主要问题是假设备多、真设备少，重设备购置、轻运营管理，造成市场上很多无效、低效的设备大行其道，爆炸事故层出不穷。对于此类低成本 VOCs 控制技术，应制定相应的制造及运营规范，提高广大中小企业 VOCs 的治理效果。

10.4 建议推动 VOCs 便携式仪器适用性检测的强制执行

VOCs 的检测方式有便携式、固定式、实验室检测三种，便携式和固定式的测

定是即时生效的，而实验室检测需要经过取样、运输、存储多道工序，理论上前者应该更加精确。然而市场上的便携式仪器为适用性检测，不同仪器测出的结果千差万别，有的数据相差极大，给执法工作带来混乱。建议对用于执法的便携仪器做强制性的适用性检测，并定期进行仪器的质量校准，提高执法的严肃性与便捷性。此外，目前可做检测仪器适用性检测的单位较少，有些单位的业务排队至 3 个月乃至半年以后，难以满足日益增长的环境执法需求，建议增加可进行适用性检测机构的数量。

10.5 建议开展村镇级工业园区"产业集聚、集中治理"试点

由于历史遗留问题，南方地区存在较多的乡镇乃至乡村级工业园区，它们与居民区杂糅在一起，既有环境风险，又有安全风险。目前较好的治理模式是将这类企业的喷涂、烘干等工序集中起来，将废气统一收集治理。从监管角度来看，提高了监管的精确度，由监管百家转变为监管一家；从企业角度来看，降低了单位 VOCs 的治理费用，由治理设备不定期关机转变为治理设备长期运转；从环境角度来看，降低了环境风险，由分散污染转变为集中治理；从社会角度来看，降低了安全风险，由"村村点火，户户冒烟"到密闭式生产。

在开展试点时，应在环境管理权上有所下发，如对园区施行严格的环评准入，而入园的企业无须再做环评；在管理政策上，解决企业的后顾之忧，如限制园区权利，防止园区出现随意涨价，随意断水、断电等行为；在财税政策上，采用先征后返、税收减免、以奖代补等方式，鼓励社会资本进入；在融资政策上，通过绿色债券、政策性贷款、融资租赁等方式鼓励社会资本投入园区建设与运营工作。

参考文献

[1]《关于推进大气污染联防联控工作改善区域空气质量的指导意见》(国办发〔2010〕33号)

[2]《大气污染防治行动计划》(国发〔2013〕37号)

[3]《"十三五"节能减排综合工作方案》(国发〔2016〕74号)

[4]《打赢蓝天保卫战三年行动计划》(国发〔2018〕22号)

[5]《重点区域大气污染防治"十二五"规划》(国函〔2012〕146号)

[6]《产业结构调整指导目录(2019年本)》(国家发展和改革委员会令 第29号)

[7]《京津冀及周边地区2019—2020年秋冬季大气污染综合治理攻坚行动方案》(环大气〔2019〕88号)

[8]《长三角地区2019—2020年秋冬季大气污染综合治理攻坚行动方案》(环大气〔2019〕97号)

[9]《重点行业挥发性有机物》(环大气〔2019〕53号)

[10]《大气污染物综合排放标准》(DB 11/501—2007)

[11]《锻造工业大区污染物排放标准》(DB 11/914—2012)

[12]《集装箱制造业挥发性有机物排放标准》(DB 44/1837—2016)

[13]《挥发性有机物无组织排放控制标准》(GB 37822—2019)

[14]《室内空气质量标准》(GB/T 18883—2002)

[15]《国家环境保护"十二五"科技发展规划》(环发〔2012〕130号)

[16]《"十三五"挥发性有机物污染防治工作方案》(环大气〔2017〕121号)

[17]《北京市污染防治攻坚战2019年行动计划》

[18]《上海市清洁空气行动计划(2018—2022年)》

[19]《上海市工业挥发性有机物治理和减排方案》

[20]《天津市2018—2019年秋冬季大气污染综合治理攻坚行动方案》

[21]《河南省2018—2019年秋冬季大气污染综合治理攻坚行动方案》

[22]《郑州市2018—2019年秋冬季大气污染综合治理攻坚行动方案》

[23]《郑州市通用设备、机械制造行业挥发性有机物污染控制技术指南》(试行)

[24]《河北省2018—2019年秋冬季大气污染综合治理攻坚行动方案》

[25]《河北省2019年大气污染综合治理工作方案》

[26]《石家庄市2018年大气污染综合治理工作方案》

[27]《邯郸市挥发性有机物污染防治行动计划(2018—2020年)》

[28]《山西省挥发性有机物污染防治工作方案（2018—2020 年）》

[29]《晋中市挥发性有机物污染防治工作方案（2018—2020 年）》

[30]《长治挥发性有机物污染防治工作方案（2018—2020 年）》

[31]《江苏省重点行业挥发性有机物污染整治方案》

[32]《南通市 2019 年大气污染防治工作计划》

[33]《盐城市 2019 年大气污染防治工作计划》

[34]《无锡市 2019 年大气污染防治工作计划》

[35]《苏州市 2019 年大气污染防治工作计划》

[36]《扬州市 2019 年大气污染防治工作计划》

[37]《浙江省挥发性有机物深化治理与减排工作方案（2017—2020 年）》

[38]《宁波市工业挥发性有机物污染治理方案（2016—2018 年）》

[39]《绍兴市精细化工行业挥发性有机物污染整治规范》

[40]《关于印发工业涂装等 3 个行业挥发性有机物（VOCs）控制技术指导意见的通知》

[41]《广东省打赢蓝天保卫战实施方案（2018—2020 年）》

[42]《广东省挥发性有机物（VOCs）整治与减排工作方案（2018—2020）》

[43]《中山市固定源挥发性有机物综合整治行动计划》

[44]《东莞市固定污染源挥发性有机物排放重点监管企业综合整治工作指引》

[45]《东莞市挥发性有机物 VOCs 综合整治方案实施计划》

[46] 中国环境保护产业协会废气净化委员会 .《有机废气治理行业 2018 年度发展报告》

[47]《环境监测仪器适用性检测标准规范（空气和废气卷）》

[48]《吸附法工业有机废气治理工程技术规范》（HJ 2026—2013）

[49]《催化燃烧法工业有机废气治理工程技术规范》（HJ 2027—2013）

[50]《家具制造工业污染防治可行技术指南》

[51]《涂料油墨工业污染防治可行技术指南》

[52]《印刷工业污染防治可行技术指南》

[53]《顺德区伦教街道金属表面处理产业发展规划（2017—2025 年）》

[54]《顺德区伦教街道金属表面处理产业发展规划（2017—2025 年）环境影响报告书》

[55] 栾志强 .VOCs 治理相关政策解读及治理形势分析［J］.印刷技术，2015（20）：9-11.

[56] 张勇军，张乐乐 .我国挥发性有机物污染物监测技术研究进展［J］.仪器仪表与分析监测，2015（1）：44-46.

[57] 师耀龙，柴文轩，李成，等 .美国光化学污染监测的经验与启示［J］.中国环境监测，2017，33（5）：49-56.

［58］叶代启，等.工业挥发性有机物的排放与控制［M］.北京：科学出版社，2017.

［59］郝郑平，等.挥发性有机物排放控制过程、材料与技术［M］.北京：科学出版社，2016.

［60］熊轩.浅谈大气中VOCs的监测和治理技术［J］.江西化工，2019（4）：83-84.

［61］蒋霞.固定污染源挥发性有机物监测现状分析［J］.广东化工，2019，46（15）：148-149.

［62］李思远.大气及废气中挥发性有机物在线快速监测与应用研究［D］.济南：山东建筑大学，2019.

［63］张英磊，胡春芳，覃艳红.基于质谱法对工业园区挥发性有机物的走航观测［J］.广东化工，2019，46（9）：177-178，171.

［64］赵丽娟.固定污染源废气挥发性有机物监测分析技术［J］.资源信息与工程，2019，34（1）：172-173.

［65］王甫华，吴曼曼，乔佳，等.新型挥发性有机物吸附浓缩在线监测系统的研制［J］.质谱学报，2019，40（2）：177-188.

［66］宋婷.环境空气和固定污染源中挥发性有机物监测方法探讨［J］.环境与发展，2018，30（10）：125-126，128.

［67］魏亚楠.制药行业挥发性有机物（VOCs）监测方法体系研究［D］.石家庄：河北科技大学，2017.

［68］董艳平，喻义勇，徐亮，等.基于SOF-FTIR方法走航观测南京市重点区域特征挥发性有机物［J］.环境监测管理与技术，2015，27（5）：41-44.

［69］刘文秀.在线监测环境空气中挥发性有机物（VOCs）的分析［C］.中国环境科学学会.2013中国环境科学学会学术年会论文集（第四卷）.中国环境科学学会，2013：640-643.

［70］梁颖生.环保治理挥发性有机物污染的新思路［J］.环境与发展，2019，31（8）：59，61.

［71］凌晶.挥发性有机废气治理政策发展及技术运用［J］.环境与发展，2019，31（8）：69-70.

［72］姜楠.挥发性有机物空气污染问题及解决对策［J］.科学技术创新，2019（31）：149-150.

［73］易晓娟，薛娇娆，翟浩杰，等.我国石化行业挥发性有机物排放的控制对策研究［J］.中国石油和化工标准与质量，2019，39（19）：28-29.

［74］魏自涛，云箭，邹丽蓉，等.挥发性有机物泄漏检测与修复管理体系研究［J］.油气田环境保护，2019，29（3）：26-30，61.

［75］王慧，潘志嵩，陈佳卉，等.挥发性有机物治理技术的研究进展［J］.节能，2019，38（6）：90-91.

［76］白杨.挥发性有机物污染防治政策及监测技术综述［J］.农业与技术，2019，39（13）：66-67，70.

［77］孟凡飞，王海波，刘志禹，等.工业挥发性有机物处理技术分析与展望［J］.化工环保，2019，39（4）：387-395.

［78］苏庆梅，邢伯蕾，梁桂廷.我国大气中挥发性有机物监测与控制现状分析［J］.节能，2019，38（8）：89-90.

［79］张宁.江苏省汽车行业环境问题分析及对策建议［J］.江苏科技信息，2019，36（21）：14-16.

［80］高广伟.油田挥发性有机物检测及调查方法探讨［J］.油气田环境保护，2019，29（4）：54-56，70.

［81］熊海瑶，阮大胜.空气中挥发性有机物的污染来源及防治措施分析［J］.科技经济导刊，2019，27（25）：115.

［82］赵冬利.挥发性有机物污染治理对策研究［J］.山西化工，2019，39（4）：141-143，146.

［83］黄健，李军，刘天梦，等.炼焦行业挥发性有机物排放问题分析［J］.环境影响评价，2019，41（5）：48-50，62.

［84］王迪，赵文娟，张玮琦，等.溶剂使用源挥发性有机物排放特征与污染控制对策［J］.环境科学研究，2019，32（10）：1687-1695.

［85］李明哲，黄正宏，康飞宇.挥发性有机物的控制技术进展［J］.化学工业与工程，2015，32（3）：2-9.

［86］邱凯琼.工业源挥发性有机物减排潜力及其对空气质量的影响研究［D］.广州：华南理工大学，2014.

［87］李兴春.石油化工行业挥发性有机物控制进展研究［J］.环境保护，2016，44（13）：38-42.

［88］王玉珏，黄天佑，金亮君.铸造业挥发性有机物与危险性空气污染物控制技术研究［J］.铸造，2010，59（2）：128-133.

［89］印丽媛.华北地区不同类型站点大气挥发性有机物（VOCs）特征研究［D］.北京：中国地质大学，2012.

［90］薛璐，马俊杰.室内空气挥发性有机物研究进展［J］.河北工业科技，2013，30（5）：371-376.

［91］冯媛.典型制药行业挥发性有机物（VOCs）监测方法研究［D］.石家庄：河北科技大学，2013.

［92］张强.苏州工业园区挥发性有机物排污收费试点下的污染治理措施及建议［D］.苏州：苏州科技大学，2019.

［93］施旭荣.上海市宝山区挥发性有机化合物排放治理效果评价与对策研究［D］.乌鲁木齐：新疆大学，2019.

［94］李东生.挥发性有机物治理工作的思考探析［J］.四川水泥，2019（1）：321.

［95］邵弈欣.典型行业挥发性有机物排放特征及减排潜力研究［D］.杭州：浙江大学，2019.

［96］李璟.石家庄市某区挥发性有机物污染治理研究［D］.石家庄：石家庄铁道大学，2018.

［97］虎啸宇.秦皇岛市工业挥发性有机物排放特征与控制技术应用现状分析［D］.天津：天津大学，2018.

［98］成国庆.河北省重点行业 VOCs 排放现状及减排潜力研究［D］.石家庄：河北科技大学，2016.

［99］邱雪珍.顺德区 2015 年大气污染防治实施方案编制及费效评估［D］.广州：华南理工大学，2015.

［100］周学双，童莉，郭森，等.我国工业源挥发性有机物综合整治建议［J］.环境保护，2014，42（13）：36-37.

［101］张龙.浙江省区域 VOCs 排放清单建立及重点行业削减量估算［D］.杭州：浙江工业大学，2012.

［102］姜楠.挥发性有机物空气污染问题及解决对策［J］.科学技术创新，2019（31）：149-150.

［103］苏庆梅，邢伯蕾，梁桂廷.我国大气中挥发性有机物监测与控制现状分析［J］.节能，2019，38（8）：89-90.

［104］戴翔，杨雅琴，盛守祥，等.TFT-LCD 行业 VOCs 来源及其处理技术比较［J］.环境与发展，2019，31（7）：64-65.

［105］薛鹏丽，张佟佟，孙晓峰.包装印刷行业挥发性有机物控制技术评估与筛选［J］.环境与可持续发展，2019，44（2）：79-82.

［106］艾明.挥发性有机物 VOCs 排放源谱和控制技术评价及臭氧污染防治策略研究［D］.郑州：郑州大学，2017.

［107］李明哲，黄正宏，康飞宇.挥发性有机物的控制技术进展［J］.化学工业与工程，2015，32（3）：2-9.

［108］阿克木·吾马尔，蔡思翌，赵斌，等.油品储运行业挥发性有机物排放控制技术评估［J］.化工环保，2015，35（1）：64-68.

［109］刘强.挥发性有机物污染控制技术探讨［J］.化工管理，2014（23）：132.

［110］王海林，王俊慧，祝春蕾，等.包装印刷行业挥发性有机物控制技术评估与筛选［J］.环境科学，2014，35（7）：2503-2507.

［111］邱凯琼.工业源挥发性有机物减排潜力及其对空气质量的影响研究［D］.广州：华南理工大学，2014.

［112］Liang Ma，Mengya He，Pengbo Fu，Xia Jiang，Wenjie Lv，Yuan Huang，Yi Liu，Hualin Wang. Adsorption of Volatile Organic Compounds on Modified Spherical Activated Carbon in a New Cyclonic Fluidized Bed［J］. Separation and Purification Technology，2019.

［113］Zorana Boltic，Nenad Ruzic，Mica Jovanovic，Marina Savic，Jovan Jovanovic，Slobodan Petrovic. Cleaner production aspects of tablet coating process in pharmaceutical industry：problem of VOCs emission［J］. Journal of Cleaner Production，2013，44.

［114］Talib R. Abbas，Jung-Hau Yu，Chiu-Shia Fen，Hund-Der Yeh，Li-Ming Yeh. Modeling volatilization of residual VOCs in unsaturated zones：A moving boundary problem［J］. Journal of Hazardous Materials，2012：219-220.

［115］Douglas Leung，Shari Forbes，Philip Maynard. Volatile organic compound analysis of accelerant detection canine distractor odours［J］. Forensic Science International，2019，303.

［116］Liang Ma，Mengya He，Pengbo Fu，Xia Jiang，Wenjie Lv，Yuan Huang，Yi Liu，Hualin Wang. Adsorption of volatile organic compounds on modified spherical activated carbon in a new cyclonic fluidized bed［J］. Separation and Purification Technology，2020，235.

［117］Hua Zhou，Hongwei Zhao，Jie Hu，Mengliang Li，Qian Feng，Jingyu Qi，Zongbo Shi，Hongjun Mao，Taosheng Jin. Primary particulate matter emissions and estimates of secondary organic aerosol formation potential from the exhaust of a China V diesel engine［J］. Atmospheric Environment，2019，218.

［118］Jian Sun，Zhenxing Shen，Leiming Zhang，Yue Zhang，Tian Zhang，Yali Lei，Xinyi Niu，Qian Zhang，Wei Dang，Wenping Han，Junji Cao，Hongmei Xu，Pingping Liu，Xuxiang Li. Volatile organic compounds emissions from traditional and clean domestic heating appliances in Guanzhong Plain，China：Emission factors，source profiles，and effects on regional air quality［J］. Environment International，2019，133（Pt B）.

［119］Sara Gaggiotti，Charlotte Hurot，Jonathan S. Weerakkody，Raphael Mathey，Arnaud Buhot，Marcello Mascini，Yanxia Hou，Dario Compagnone. Development of an optoelectronic nose based on surface plasmon resonance imaging with peptide and hairpin DNA for sensing volatile organic compounds［J］. Sensors and Actuators：B. Chemical，2020，303.

［120］Yuanming Guo，Paul Dahlen，Paul Johnson. Temporal variability of chlorinated volatile organic compound vapor concentrations in a residential sewer and land drain system overlying a dilute groundwater plume［J］. Science of the Total Environment，2020，702.

［121］Hehe Tian，Siying Li，Haichao Wen，Xiaoxu Zhang，Jingming Li. Volatile Organic Compounds Fingerprinting in Faeces and Urine of Alzheimer's Disease Model SAMP8 Mice by Headspace-Gas Chromatography-Ion Mobility Spectrometry and Headspace-Solid Phase Microextraction-Gas Chromatography-Mass Spectrometry［J］. Journal of Chromatography A，2019.

［122］Huang Zheng，Shaofei Kong，Yingying Yan，Nan Chen，Liquan Yao，Xi Liu，Fangqi Wu，Yi Cheng，Zhenzhen Niu，Shurui Zheng，Xin Zeng，Qin Yan，Jian Wu，Mingming Zheng，Dantong Liu，Delong Zhao，Shihua Qi. Compositions，sources and health risks of ambient volatile organic compounds（VOCs）at a petrochemical industrial park along the Yangtze River ［J］. Science of the Total Environment，2019.

［123］Alessandra Di Francesco，Michele Di Foggia，Elena Baraldi. Aureobasidium pullulans volatile organic compounds as alternative postharvest method to control brown rot of stone fruits ［J］. Food Microbiology，2020，87.

［124］Kondusamy Dhamodharan，Vempalli Sudharsan Varma，Chitraichamy Veluchamy，Arivalagan Pugazhendhi，Karthik Rajendran. Emission of volatile organic compounds from composting：A review on assessment，treatment and perspectives ［J］. Science of the Total Environment，2019，695.

［125］Deshraj Meena，Bharti Singh，Abhishek Anand，Mukhtiyar Singh，M.C. Bhatnagar. Phase dependent selectivity shifting behavior of Cd_2SnO_4 nanoparticles based gas sensor towards volatile organic compounds（VOC）at low operating temperature ［J］. Journal of Alloys and Compounds，2019.

［126］Yuan Yang，Dongsheng Ji，Jie Sun，Yinghong Wang，Dan Yao，Shuman Zhao，Xuena Yu，Limin Zeng，Renjian Zhang，Hao Zhang，Yonghong Wang，Yuesi Wang. Ambient volatile organic compounds in a suburban site between Beijing and Tianjin：Concentration levels，source apportionment and health risk assessment ［J］. Science of the Total Environment，2019，695.

［127］Cécile Monard，Laurent Jeanneau，Jean-Luc Le Garrec，Nathalie Le Bris，Françoise Binet. Short-term effect of pig slurry and its digestate application on biochemical properties of soils and emissions of volatile organic compounds ［J］. Applied Soil Ecology，2019.

［128］Aman Kumar，Ekta Singh，Abhishek Khapre，Nirmali Bordoloi，Sunil Kumar. Sorption of volatile organic compounds on non-activated biochar ［J］. Bioresource Technology，2019.

［129］Corinna Franke，Maik Hilgarth，Rudi F. Vogel，Hannes Petermeier，Horst-Christian Langowski. Characterization of the dynamics of volatile organic compounds released by lactic acid bacteria on modified atmosphere packed beef by PTR-MS ［J］. Food Packaging and Shelf Life，2019，22.

［130］Ruoyu Hu，Guijian Liu，Hong Zhang，Huaqin Xue，Xin Wang，Paul Kwan Sing Lam. Odor pollution due to industrial emission of volatile organic compounds：A case study in Hefei，China ［J］. Journal of Cleaner Production，2019.

［131］Umang Bedi，Sanchita Chauhan. Modeling for catalytic oxidation of volatile organic compound （VOC）in a catalytic converter ［J］. Materials Today：Proceedings，2019.

［132］Yanlin Li，Weifang Chen，Wenqian Kong，Jiyan Liu，Jerald L. Schnoor，Guibin Jiang.

Transformation of 1,1,1,3,8,10,10,10-octachlorodecane in air phase increased by phytogenic volatile organic compounds of pumpkin seedlings [J]. Science of the Total Environment, 2019.

［133］Xiaoai Lu, Junqian He, Jing Xie, Ying Zhou, Shuo Liu, Qiulian Zhu, Hanfeng Lu. Preparation of hydrophobic hierarchical pore carbon–silica composite and its adsorption performance toward volatile organic compounds [J]. Journal of Environmental Sciences, 2020, 87.

［134］C. Sarbach, B. Dugas, E. Postaire. Evidence of variations of endogenous halogenated volatile organic compounds in alveolar breath after mental exercise-induced oxidative stress [J]. Annales Pharmaceutiques Françaises, 2019.

［135］E. Papaefstathiou, S. Bezantakos, M. Stylianou, G. Biskos, A. Agapiou. Comparison of Particle Size Distributions and Volatile Organic Compounds Exhaled by e-Cigarette and Cigarette Users [J]. Journal of Aerosol Science, 2019.

［136］Xiaoxiao Shi, Guodi Zheng, Zhuze Shao, Ding Gao. Effect of source-classified and mixed collection from residential household waste bins on the emission characteristics of volatile organic compounds [J]. Science of the Total Environment, 2019.

［137］Xiaoqiu Yang, Chang Wang, Huancong Shao, Qi Zheng. Non-targeted screening and analysis of volatile organic compounds in drinking water by DLLME with GC–MS [J]. Science of the Total Environment, 2019, 694.

［138］Baptiste Languille, Valérie Gros, Jean-Eudes Petit, Cécile Honoré, Alexia Baudic, Olivier Perrussel, Gilles Foret, Vincent Michoud, François Truong, Nicolas Bonnaire, Roland Sarda-Estève, Marc Delmotte, Anaïs Feron, Franck Maisonneuve, Cécile Gaimoz, Paola Formenti, Simone Kotthaus, Martial Haeffelin, Olivier Favez. Wood burning: a major source of Volatile Organic Compounds during wintertime in the Paris region [J]. Science of the Total Environment, 2019.

［140］Yafei Liu, Mengdi Song, Xingang Liu, Yuepeng Zhang, Lirong Hui, Liuwei Kong, Yingying Zhang, Chen Zhang, Yu Qu, Junling An, Depeng Ma, Qinwen Tan, Miao Feng. Characterization and sources of volatile organic compounds (VOCs) and their related changes during ozone pollution days in 2016 in Beijing, China [J]. Environmental Pollution, 2019.

［141］Lotfi Boudjema, Jérôme Long, Hugo Petitjean, Joulia Larionova, Yannick Guari, Philippe Trens, Fabrice Salles. Adsorption of Volatile Organic Compounds by ZIF-8, Cu-BTC and a Prussian blue analogue: A comparative study [J]. Inorganica Chimica Acta, 2019.

［142］Aziz Korkmaz, Ahmet Ferit ATASOY, Ali Adnan Hayaloglu. Changes in volatile compounds,

sugars and organic acids of different spices of peppers (*Capsicum annuum* L.) during storage ［J］.
Food Chemistry，2019.

［143］Su Yuan-Chang，Chen Wei-Hao，Fan Chen-Lun，Tong Yu-Huei，Weng Tzu-Hsiang，
Chen Sheng-Po，Kuo Cheng-Pin，Wang Jia-Lin，Chang Julius S. Source Apportionment of
Volatile Organic Compounds (VOCs) by Positive Matrix Factorization (PMF) supported by
Model Simulation and Source Markers - Using Petrochemical Emissions as a Showcase ［J］.
Environmental pollution (Barking, Essex : 1987)，2019，254 (Pt A)．

［144］Wang Junfang，Abbey Tyler，Kozak Bartosz，Madilao Lufiani Lina，Tindjau Ricco，Del Nin
Jeff，Castellarin Simone Diego. Evolution over the growing season of volatile organic compounds
in Viognier (Vitis vinifera L.) grapes under three irrigation regimes ［J］. Food research
international (Ottawa, Ont.)，2019，125.

［145］McCartney Mitchell M，Yamaguchi Mei S，Bowles Paul A，Gratch Yarden S，Iyer Rohin K，
Linderholm Angela L，Ebeler Susan E，Kenyon Nicholas J，Schivo Michael，Harper Richart
W，Goodwin Paul，Davis Cristina E. Volatile organic compound (VOC) emissions of CHO and
T cells correlate to their expansion in bioreactors ［J］. Journal of breath research，2019，14
(1)．

［146］Itoh Toshio，Sato Toshihisa，Akamatsu Takafumi，Shin Woosuck. Breath analysis using a
spirometer and volatile organic compound sensor on driving simulator ［J］. Journal of breath
research，2019，14 (1)．

［147］St Helen Gideon，Liakoni Evangelia，Nardone Natalie，Addo Newton，Jacob Peyton，
Benowitz Neal L. Comparison of systemic exposure to toxic and/or carcinogenic volatile organic
compounds (VOCs) during vaping, smoking, and abstention ［J］. Cancer prevention research
(Philadelphia, Pa.)，2019.

［148］Dhamodharan Kondusamy，Varma Vempalli Sudharsan，Veluchamy Chitraichamy，
Pugazhendhi Arivalagan，Rajendran Karthik. Emission of volatile organic compounds from
composting: A review on assessment, treatment and perspectives ［J］. The Science of the total
environment，2019，695.

［149］Guzman-Holst Adriana，DeAntonio Rodrigo，Prado-Cohrs David，Juliao Patricia. Barriers to
vaccination in Latin America: A systematic literature review ［J］. Vaccine，2019.

［150］Kniggendorf Ann-Kathrin，Schmidt David，Roth Bernhard，Plettenburg Oliver，Zeilinger
Carsten. pH-Dependent Conformational Changes of KcsA Tetramer and Monomer Probed by
Raman Spectroscopy ［J］. International journal of molecular sciences，2019，20 (11)．

［151］Dauriz Marco，Maneschi Chiara，Castelli Claudia，Tomezzoli Anna，Fuini Arnaldo，Landoni Luca，Malleo Giuseppe，Ferdeghini Marco，Bonora Enzo，Moghetti Paolo. A Case Report of Insulinoma Relapse on Background Nesidioblastosis：A Rare Cause of Adult Hypoglycemia［J］. The Journal of clinical endocrinology and metabolism，2019，104（3）.

［152］Machado Adriane M，da Silva Nayara B M，Chaves José Benício P，Alfenas Rita de Cássia G. Consumption of yacon flour improves body composition and intestinal function in overweight adults：A randomized，double-blind，placebo-controlled clinical trial［J］. Clinical nutrition ESPEN，2019，29.

［153］Brahim Mazian，Stéphane Cariou，Mathilde Chaignaud，Jean-Louis Fanlo，Marie-Laure Fauconnier，Anne Bergeret，Luc Malhautier. Evolution of temporal dynamic of volatile organic compounds（VOCs）and odors of hemp stem during field retting［J］. Planta，2019，250（6）.

［154］Mohamad M. Ayad，Nagy L. Torad，Islam M. Minisy，Raja Izriq，El-Zeiny M. Ebeid. A wide range sensor of a 3D mesoporous silica coated QCM electrodes for the detection of volatile organic compounds［J］. Journal of Porous Materials，2019，26（6）.

［155］Wei Wei，Yunting Ren，Gan Yang，Shuiyuan Cheng，Lihui Han. Characteristics and source apportionment of atmospheric volatile organic compounds in Beijing，China［J］. Environmental Monitoring and Assessment，2019，191（12）.

［156］Yanli Zhang，Weiqiang Yang，Isobel Simpson，Xinyu Huang，Jianzhen Yu，Zhonghui Huang，Zhaoyi Wang，Zhou Zhang，Di Liu，Zuzhao Huang，Yujun Wang，Chenglei Pei，Min Shao，Donald R. Blake，Junyu Zheng，Zhijiong Huang，Xinming Wang. Decadal changes in emissions of volatile organic compounds（VOCs）from on-road vehicles with intensified automobile pollution control：Case study in a busy urban tunnel in south China［J］. Environmental Pollution，2018，233.

［157］Alessandra Di Francesco，Michele Di Foggia，Elena Baraldi. Aureobasidium pullulans volatile organic compounds as alternative postharvest method to control brown rot of stone fruits［J］. Food Microbiology，2020，87.

［158］Di Sacco Federico，Pucci Andrea，Raffa Patrizio. Versatile Multi-Functional Block Copolymers Made by Atom Transfer Radical Polymerization and Post-Synthetic Modification：Switching from Volatile Organic Compound Sensors to Polymeric Surfactants for Water Rheology Control via Hydrolysis［J］. Nanomaterials（Basel，Switzerland），2019，9（3）.

［159］Zhang Yu，Li Tengjie，Liu Yuanfang，Li Xiaoyan，Zhang Chunmei，Feng Zhaozhong，Peng Xue，Li Zongyun，Qin Sheng，Xing Ke. Volatile organic compounds produced by Pseudomonas chlororaphis subsp. aureofaciens SPS-41 as biological fumigants to control Ceratocystis fimbriata in postharvest sweet potato. ［J］. Journal of agricultural and food chemistry, 2019.

［160］Mulero-Aparicio Antonio, Cernava Tomislav, Turrà David, Schaefer Angelika, Di Pietro Antonio, López-Escudero Francisco Javier, Trapero Antonio, Berg Gabriele. The Role of Volatile Organic Compounds and Rhizosphere Competence in Mode of Action of the Non-pathogenic Fusarium oxysporum FO12 Toward Verticillium Wilt ［J］. Frontiers in microbiology, 2019, 10.

［161］Xu Yanqun, Tong Zhichao, Zhang Xing, Wang Youyong, Fang Weiguo, Li Li, Luo Zisheng. Unveiling the Mechanisms for the Plant Volatile Organic Compound Linalool To Control Gray Mold on Strawberry Fruits. ［J］. Journal of agricultural and food chemistry, 2019, 67 （33）.

下 篇

挥发性有机物（VOCs）工程技术案例

源头控制技术

1.1 印刷行业氮气保护全 UV 干燥技术典型应用案例

1.1.1 案例名称

中山和运印务有限公司无溶剂凹版印刷工艺改造工程

1.1.2 申报单位

广东新优威印刷装备科技有限公司

1.1.3 业主单位

中山和运印务有限公司

1.1.4 工艺流程

凹印工艺中使用 UV 油墨的承印材料在进入干燥区前，先采用不含氧的气体对承印材料表面进行吹扫处理，使其在充有保护气体 N_2 的紫外线干燥箱中进行干燥，防止干燥过程中油墨与空气接触反应，避免添加抗氧剂，从源头减少 VOCs 的使用与排放。

1.1.5 污染防治效果和达标情况

源头治理印刷行业 VOCs 排放，实现生产过程中 VOCs 减排，VOCs 残留值不足广东省行业排放标准的 1%。

1.1.6　主要工艺运行和控制参数

氮气保护干燥系统运行参数：制氮机氮气控制浓度为 99.9%，耗氮量为 20 m^3 标准氮 / 干燥宽度，干燥功率控制在 160 W/cm（灯管发光区）。

1.1.7　能源、资源节约和综合利用情况

以 1 万箱烟包印刷为例，无溶剂印刷成本为 37.25 万元，传统印刷成本为 72.65 万元，仅为传统印刷成本的 51.2%。能耗方面，传统印刷为 1 300 kW·h，无溶剂印刷技术为 250 kW·h，节约能耗约 80%；油墨成本方面，无溶剂印刷技术使用的油墨价格虽然高于普通油墨，但是用量仅为传统技术应用油墨量的 1/3，并且不需要添加任何溶剂，油墨成本也大大降低。

1.1.8　投资费用

氮气保护系统技改费用：纸凹机 60 万元 / 单元，塑凹机 30 万元 / 单元。

1.1.9　关键设备及设备参数

氮气保护 UV 干燥系统，主要包括制氮机、UV 灯罩和 UV 灯管。

1.1.10　工程规模及项目投运时间

2014 年 10 月投运。

1.1.11　验收 / 检测情况

中山和运印务有限公司于 2015 年 5 月 16 日对该项目进行验收。验收结论：该技术较好地解决了 VOCs 源头排放的问题，印刷品 VOCs 残留值更是在广东省行业标准的 1% 以下。印刷速度与质量完全满足行业要求。同意该技术工程通过验收。

1.1.12　联系方式

联系人：郑力源
联系电话：18938728707
传真：0760-23630616
电子信箱：84390360@qq.com

1.1.13 工程地址

中山市翠亨新区翠澜路 27 号优威科技园星棚厂房。

1.2 包装印刷无溶剂复合技术典型应用案例

1.2.1 案例名称

广州市溢洋塑料制品有限公司包装印刷无溶剂复合项目

1.2.2 申报单位

广州通泽机械有限公司

1.2.3 业主单位

广州市溢洋塑料制品有限公司

1.2.4 工艺流程

放卷→供胶→涂胶→复合→收卷→固化→（后加工）。

1.2.5 污染防治效果和达标情况

VOCs 减排可达 99% 以上。

1.2.6 主要工艺运行和控制参数

最大材料宽度 500~1 050 mm，最高生产速度 300~400 m/min，涂胶量 0.8~2.5 g/m²，涂胶精度 ±0.1 g/m²，混胶比精度 ±1%，成品率不低于 98%。

1.2.7 能源、资源节约和综合利用情况

无溶剂复合全部工艺在低温或常温（35~45℃）下完成，而干式复合则需要较高的温度环境（60~100℃），因此节能显著。

注：每台（套）的无溶剂复合设备每年耗电 6 万 kW·h，传统每台（套）干式复合设备每年耗

电量约 35 万~40 万 kW·h，因此无溶剂复合设备只占传统干式复合设备耗电量的 1/6。无溶剂复合使用多辊涂布，胶层薄，涂胶量小（只有溶剂型干式复合的 1/3~1/2），涂胶成本因此也明显低于溶剂型干式复合。

1.2.8　投资费用

工程基础设施建设投入少，仅需占地 50 m²，设备投资总额为 80 万元。单位投资成本：无溶剂复合机 80 万~160 万元/台（套）；生产场地 100~500 m²；人员培训 5 万元/组，2 组/条线；耗材 2.5 万~3.0 万元/t（胶黏剂）。投资回收期 6 个月。

1.2.9　关键设备及设备参数

所用的关键设备为广州通泽生产的 SLF1000A 型无溶剂复合机及配套自动混胶机，其主要参数为：最高机械速度 400 m/min、最大材料宽度 1 000~1 300 mm、最大放卷直径 800 mm、最大收卷直径 1 000 mm、全宽张力范围 2~30 kg、涂布量 0.8~2.5 g/m²。

1.2.10　工程规模及项目投运时间

5 000 m³/h VOCs 废气治理，2014 年 2 月投运。

1.2.11　验收/检测情况

项目于 2013 年 2 月 24 日通过业主单位验收。验收结论为：项目技术为纯绿色复合工艺技术，能够彻底消除干式复合过程中的各种有机溶剂，满足绿色转型升级的需要。

1.2.12　联系方式

联系人：左鑫
联系电话：020-86720390、18588852887
传真：020-86720339
电子信箱：zuoxin01@126.com

1.2.13　工程地址

广州市花都区红棉大道。

1.3 木器涂料水性化技术典型应用案例

1.3.1 案例名称

中山市美果家具厂年产 2 万套办公家具涂装水性化工程

1.3.2 申报单位

嘉宝莉化工集团股份有限公司

1.3.3 业主单位

中山市美果家具厂

1.3.4 工艺流程

① 开放涂装：水性底漆→水性底漆→水性面漆；

② 封闭涂装：UV 底漆→UV 底漆→UV 底漆→水性过渡底漆→水性面漆。

1.3.5 污染防治效果和达标情况

应用水性木器漆减排技术前后的废气排放浓度分别为 58.8 mg/m³ 和 16.7 mg/m³，达到广东省地方标准 DB 44/814—2010 的要求。

1.3.6 主要工艺运行和控制参数

漆膜厚度控制在 200 μm，喷漆量 120~180 g/m²。

1.3.7 能源、资源节约和综合利用情况

采用水性木器涂料与 VOCs 减排技术后废气排放浓度显著下降，在能源消耗上较溶剂型涂料有所上升（主要是干燥设备电耗较高），由于漆膜丰满度好，施工次数减少，油漆总用量以及打磨性砂纸用量均明显下降。综合成本较之前下降了 10%。

1.3.8 投资费用

工程基建 500 万元，喷涂设备 100 万元，干燥设备约 100 万元。

1.3.9　关键设备及设备参数

50 kW 红外微波耦合干燥设备。

1.3.10　工程规模及项目投运时间

年产 2 万套办公家具涂装水性化项目，2015 年 10 月投运。

1.3.11　验收／检测情况

经由美果家具厂油漆部、品质部、工程部于 2016 年 3 月验收通过。

1.3.12　联系方式

联系人：冯细细

联系电话：13929031009

传真：0750-3578999

电子信箱：0750-3578058@163.com

1.3.13　工程地址

中山市翠亨新区横门东二围翠航道之二。

1.4　人造板低温粉末涂装技术典型应用案例

1.4.1　案例名称

河北盛可居装饰材料有限公司年产 50 万 m^2 静电喷涂装饰

1.4.2　申报单位

深圳艾勒可科技有限公司

1.4.3　业主单位

河北盛可居装饰材料有限公司

1.4.4　工艺流程

利用人造板本身自含水分的导电性为基础，将带有正电荷的粉末涂料通过静电吸附方式喷涂于板件表面，然后通过中红外波辐射固化形成漆膜，喷涂前对板件表面采用可紫外光及热双固化的水性 UV 涂料体系进行喷涂封闭处理，喷涂后采用特殊打磨抛光工艺形成镜面效果，以及通过热转印生成纹理装饰效果。

板材表面前处理（板材边部）：开发了人造板喷粉前处理封边紫外光固化水性UV 涂料耐温涂层，通过自主开发的滚涂设备和工艺，对人造板四条直线直角边部采用滚涂工艺进行封闭处理，保证了人造板在经过粉末固化炉的过程中边部光滑不开裂，大规模生产成品率提高到 98%。

中红外辐射固化环节：采用气电混合能源方式实现，中密度纤维板每平方米粉末喷涂一次的成本只有电加热红外辐射器的 40%，且不会产生氮氧化物，并且可将空气中的 VOCs 部分分解。

在生产工艺中应用新的催化剂组合，将传统静电粉末涂料的固化温度降低到90~115℃，表面粉末涂层完全固化。低温粉末涂装一次性喷涂可达 50~80 μm，特别适合用于粗糙多孔人造板的涂装，并且涂料利用率可达 100%。

工艺流程图如图 1-1 所示。

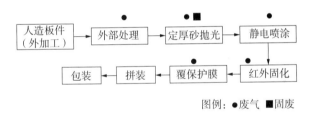

图例：●废气　■固废

图 1-1　生产工艺流程示意图

1.4.5　污染防治效果和达标情况

VOCs 小于 0.6 mg/m³，检测结果达标；甲醛小于 0.5 mg/L，检测结果显示未检出。

由于高效的生产效率及喷涂固化一次成型，生产过程无须自然晾干，该生产线综合工期可以满足高光类产品 7 天，砂纹类产品 3~4 天，大幅缩短产品交货周期（油漆类产品需要 25~40 天交付）。各项生产工艺参数和产品性能指标均达到或超过传统油漆涂装工艺。

1.4.6 主要工艺运行和控制参数

（1）封边连线，对板件四边端面进行 UV 封闭处理，配套 U 形连线装置实现自动回转，可以实现一次性上料同时完成平行两边封边处理，线速达 12~16 m/min，一次性封边良品率达 98% 以上。

（2）滚面连线，由砂光机、补涂机和 UV 干燥机组成自动连线，对板件表面进行 UV 漆封闭处理，总体线速达到 12~16 m/min，一次性良品率达到 98% 以上，表面平整度工差 0.1 mm。

（3）涂装固化线，对板件进行预热、静电喷涂及红外固化等工序，完成漆膜形成，总体线速 3 m/min，粉末固化时间 3 min 15 s；粉末（二次回收后）综合利用率超过 98%；一次喷涂良品率达到 95%，二次喷涂后良品率超过 99%。砂光打磨，高光产品后处理工序：采用琴键砂光机 + 手动精磨组合；从 240# 到 800# 打磨耗材对漆膜表面进行打磨处理，打磨效率 40 m²/h，实现板件六面打磨处理。

（4）表面抛光，采用水性抛光蜡，对板件表面进行抛光处理，形成镜面效果，抛光效率 40 m²/h，表面光泽度 > 90（60° 角检测）。

1.4.7 能源、资源节约和综合利用情况

中红外辐射固化环节采用气电混合能源方式实现，中密度纤维板每平方米粉末喷涂一次的成本只有电加热红外辐射器的 40%，且不会产生氮氧化物，并且可将空气中的 VOCs 部分分解。

1.4.8 投资费用

实际总投资 2 685.89 万元，实际环保投资 75 万元。

1.4.9 二次污染治理情况

无二次污染。

1.4.10 工艺路线

粉末涂料通过静电喷涂于人造板表面，然后通过中红外波辐射固化形成漆膜。喷涂前对板件表面采用紫外光及热双固化的水性紫外光（UV）固化涂料体系进行喷涂封闭处理，喷涂后采用特殊打磨抛光工艺形成镜面效果，通过热转印生成纹理装饰

效果。

1.4.11　主要技术指标

漆膜固化温度 90~115℃，一次性喷涂漆膜厚度可达 50~80 μm。VOCs 接近零排放。

1.4.12　技术特点

封边采用水性紫外光（UV）固化涂料，边部光滑不开裂，粉末涂料固化温度低，VOCs 源头减排。

1.4.13　适用范围

人造板涂装。

1.4.14　案例概况

建设地点：廊坊市安次区龙河工业园二号路东侧、纵二路以西、横八路北侧。

工程规模：年产 50 万 m² 静电喷涂装饰板（板式家具综合品类）。

项目投入运行时间：2017 年 6 月。

验收情况：该项目定厚砂抛光打磨工序排口产生的颗粒物（粉尘）浓度监测值符合《大气污染物综合排放标准》（GB 16297—1996）表 2 中二级标准要求，为达标排放，该项目固化工序排口产生的有机废气中非甲烷总烃、苯、甲苯、二甲苯浓度监测值均符合《工业企业挥发性有机物排放控制标准》（DB 13/2322—2016）中表 1 中表面涂装业排放标准要求，非甲烷总烃去除效率均符合《工业企业挥发性有机物排放控制标准》（DB 13/2322—2016）中表 1 中表面涂装业去除效率要求，达标排放；UV 涂漆工序排口有机废气中非甲烷总烃、苯、甲苯、二甲苯浓度监测值均符合《工业企业挥发性有机物排放控制标准》（DB 13/2322—2016）表 1 中其他企业排放标准要求，达标排放。

1.5　木质家具水性涂料 LED 光固化技术典型应用案例

1.5.1　案例名称

山东万家园木业有限公司 LED 喷涂和滚涂条自动化生产线

1.5.2 申报单位

深圳市有为化学技术有限公司

1.5.3 业主单位

山东万家园木业有限公司

1.5.4 工艺流程

将水性涂料的环保性和发光二极管（LED）光固化的漆膜性能结合，实现在 395 nm LED 光源下的水性漆固化干燥，从源头减少 VOCs 和臭氧排放。

1.5.5 污染防治效果和达标情况

VOCs 释放量＜5 g/L，臭氧释放量＜0.1 ppm（0.1 mg/m³），水性喷房彻底净味，工人体验良好，职业健康风险低。

1.5.6 主要工艺运行和控制参数

LED 固化技术固化主波长：窄频谱 365 nm/395 nm/405 nm；能量消耗 7 kW；使用寿命约 20 000 h。

UV 固化技术固化主波长：宽频谱 200～400 nm；能量消耗 28 kW；使用寿命约 1 000 h。

1.5.7 能源、资源节约和综合利用情况

综合省电 80%，工作时节省 60%～80%。

1.5.8 投资费用

木门生产专用"往复机喷涂 - 空气能除水 -LED 光固化"投资在 80 万元左右。

1.5.9 二次污染治理情况

无二次污染。

1.5.10　运行费用

LED 固化灯 1.26 万元 / 年。UV 固化灯 5.76 万元 /a。

1.5.11　工艺路线

将水性涂料的环保性和发光二极管（LED）光固化的漆膜性能结合，实现在
395 nm LED 光源下的水性漆固化干燥，从源头减少 VOCs 和臭氧排放。

1.5.12　主要技术指标

水性涂料 VOCs 含量低，排气中臭氧浓度<0.1 ppm。LED 光源寿命长达 2 万 ~
3 万 h，能耗仅为 UV 光源的 10% ~20%。

1.5.13　技术特点

采用长波紫外 LED 灯光固化水性涂料，臭氧产生量少，VOCs 排放量小。

1.5.14　适用范围

木质家具制造业。

1.5.15　案例概况

山东万家园木业有限公司位于山东省淄博市桓台县张田路，占地面积 15 万 m²，
日产木门 800 余套。

过程控制技术

2.1 平版印刷零醇润版洗版技术典型应用案例

2.1.1 案例名称

云南侨通包装印刷有限公司"零醇类平版印刷系统"项目

2.1.2 申报单位

云南卓印科技有限公司

2.1.3 业主单位

云南侨通包装印刷有限公司

2.1.4 工艺流程

"零醇类平版印刷系统"在原系统上进行了平滑技术改造，对核心红圈内的墨路系统不做任何改动，只更换水路系统的4根辊，同时增加一个水路循环水箱装置。

工艺流程如图2-1所示。

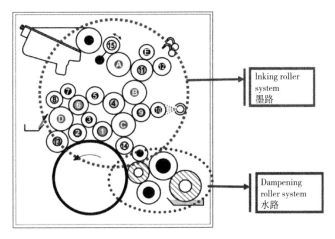

图 2-1　工艺流程

2.1.5　污染防治效果和达标情况

设备安装"自来水胶印系统"后，异丙醇（IPA）完全没有使用，产品色相稳定性极大提高且更容易控制，网点边缘锐化度及还原度也较改造前有明显提升，产品打样也很顺利，废品率有效下降，生产效率明显提高，废液排放减少，车间生产环境得到较大的改善，改造效果较好。

2.1.6　主要工艺运行和控制参数

设备为海德堡 CD102-4L 及海德堡 CD102-6L。

2.1.7　能源、资源节约和综合利用情况

废品率由技改前的 6.95% 降至技改后的 1.89%。IPA 和油墨用量也相应减少。

2.1.8　投资费用

160 万元。

2.1.9　二次污染治理情况

无二次污染。

2.1.10　运行费用

35 万元。

2.1.11　工艺路线

采用亲水性材料制作计量辊、串水辊、着水辊及水斗辊，仅用水即可完成平版印刷的润版和洗版过程，无须添加酒精、异丙醇及其他醇类、醚类物质。印品质量和生产效率不低于传统技术。

2.1.12　主要技术指标

挥发性工业有机废气（VOCs）排放削减量可大于98%，润洗版废液排放削减量可大于87%。

2.1.13　技术特点

无醇润版洗版，从源头减排 VOCs。

2.1.14　适用范围

包装印刷行业平版印刷系统 VOCs 减排。

2.1.15　案例概况

云南侨通包装印刷有限公司于1993年5月成立于云南省昭通市，是一家滇港合资以纸制品包装印刷和设计制作为一体的现代化高新技术企业。公司共有2台海德堡胶印机，其中CD-102+6 L为使用近10年的旧设备，CD-102+4 L为使用1年的新设备，分别于2014年10月及2015年8月安装了"零醇类平版印刷系统"，运行时间超过2年。

2.2　餐厨油烟全动态离心分离技术典型应用案例

2.2.1　案例名称

武汉欧亚会展国际酒店有限公司餐厨油烟净化项目

2.2.2　申报单位

武汉创新环保工程有限公司 / 湖北省环境科学研究院

2.2.3　业主单位

武汉欧亚会展国际酒店有限公司

2.2.4　工艺流程

利用高速旋转网盘高效捕集烹饪油烟，油雾颗粒被高速旋转的合金丝切割拦截，并且在离心力的作用下，沿着合金丝径向甩向四周，被旋转网盘外围的集油槽收集，完成油烟拦截和回收。

2.2.5　污染防治效果和达标情况

餐厨油烟经处理后排放浓度为 $0.722\ mg/m^3$，低于《饮食业油烟排放标准》中规定的 $2.0\ mg/m^3$。

2.2.6　主要工艺运行和控制参数

净化单元网盘转速保持在 $2\,000\ r/min$，净化单元网盘处进口风速保持在 $3\ m/s$。

2.2.7　能源、资源节约和综合利用情况

拦截回收的废油杂质少，可直接回收作为工业原料。

2.2.8　投资费用

工程基础设施建设费用 54 万元，设备投资费用 36 万元。

2.2.9　关键设备及设备参数

油烟动态离心净化单元，其转速保持在 $2\,000\ r/min$，排烟的风机多台，保证全负荷时净化单元进口风速在 $3\ m/s$。

2.2.10　工程规模及项目投运时间

35 灶眼餐厨油烟废气净化工程，2013 年 12 月投运。

2.2.11　验收 / 检测情况

2013 年 12 月 25 日由业主完成验收，验收结论：全部工程验收合格，达到合同

预期各项指标，烟气排放符合相关国家标准。

2.2.12　联系方式

联系人：丁峰

联系电话：18171092626

传真：027-87886109

电子信箱：78878160@qq.com

2.2.13　工程地址

武汉市东西湖区金银湖路 20 号。

臭气治理技术

3.1 污水厂恶臭异味 VOC 废气的悬吊膜密闭收集和生物净化处理技术

3.1.1 技术名称

污水厂恶臭异味 VOC 废气的悬吊膜密闭收集和生物净化处理技术

3.1.2 申报单位

青岛金海晟环保设备有限公司

3.1.3 推荐部门

青岛市环境保护产业协会

3.1.4 适用范围

污水处理工艺过程挥发的恶臭异味 VOC 废气的密闭收集净化和处理。

3.1.5 主要技术内容

3.1.5.1 基本原理

通过对污水池进行悬吊膜加盖密闭,废气通过吸风管道接至生物净化装置。混合气体通过生物处理装置时,与附着在填料上或悬浮液中的微生物接触,在适宜的环境条件下，被微生物分解转化为二氧化碳、水等。简易工艺流程如图 3-1 所示。

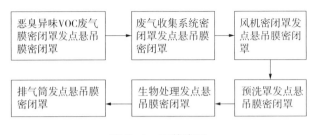

图 3-1 工艺流程

3.1.5.2 技术关键

（1）悬吊膜密闭收集技术是由固定在污水池池体上的悬索及悬索上的覆盖材料构成。悬索上设置有张紧器，覆盖材料上设置有出气口和排水口，以高强度、耐腐蚀的不锈钢悬索为骨架，并在其上固定耐腐蚀膜材。这种废气收集加盖技术较传统加盖方式具有重量轻、施工方便、造价低廉、易于维护等特点。

（2）选用有机复合生物填料。微生物能够以废气中的污染物为食物，无须另外投加营养剂。填料具有良好的结构稳定性和透气性，生物滤池压力损失低。填料具有较大的比表面积，提供微生物充足的生长空间，同时具有良好的保水性。

3.1.6 典型规模

废水处理量：45 000 m^3/h。

3.1.7 主要技术指标及条件

3.1.7.1 技术指标

技术应用前：硫化氢 15 mg/m^3；氨气 30 mg/m^3；臭气浓度 20 000；

技术应用后：硫化氢 0.02 mg/m^3；氨气 0.3 mg/m^3；臭气浓度 10。

废气经处理后，符合《恶臭污染物排放标准》（GB 14554—93）规定的 9 种恶臭污染物厂界标准值的一级标准和《城镇污水处理厂污染物排放标准》（GB 18918—2002 中）厂界（防护带边缘）废气排放一级标准。

3.1.7.2 条件要求

（1）污水处理后水质达到《城镇污水处理厂污染物排放标准》（GB 18918—2002）一级 A 标准的要求；

（2）具备电源、工艺水等公用工程条件。

3.1.8　主要设备及运行管理

3.1.8.1　主要设备

生物洗涤塔，循环喷淋泵，引风机，污泥进液泵、污泥排液泵。

3.1.8.2　运行管理

运行管理自动化程度高，减少了巡检人员的工作量，无二次污染。

3.1.9　投资效益分析

以青岛泰东制药有限公司 4 500 m^3/h 制药水处理站废气生物法收集处理工程为例。

3.1.9.1　投资情况

总投资：55 万元，其中，设备投资 50 万元；

主体设备寿命：10 年以上；

运行费用：主要为电费，年耗电量约 64 824 kW·h，费用约 5.2 万元（按 0.8 元 /kW·h 计）。

3.1.9.2　环境效益分析

运用该技术后，减少污水处理厂 H_2S、氨气及臭气的排放量，避免了周边居民投诉。

3.1.10　推广情况及用户意见

3.1.10.1　推广情况

已应用于垃圾处理厂、垃圾中转站、堆肥厂、制药厂、食品加工、喷漆、有机化工、石油化工、印刷厂、造纸厂等废气净化处理工程中。

3.1.10.2　用户意见

该臭气处理设备操作简单，易于维护管理，公用工程消耗少，处理效果好。

3.1.11　技术服务与联系方式

3.1.11.1　技术服务方式

现场服务、电话指导、远程操作等。

3.1.11.2　联系方式

联系单位：青岛金海晟环保设备有限公司

联系人：王永仪

地址：青岛市城阳区长城路 89 号博士创业园 21A608

邮政编码：266108

电话：0532-87718881-18

传真：0532-87718880

E-mail：office001@hisun-cn.com

3.1.12　主要用户名录

山东绿兰莎啤酒有限公司、西安江沟垃圾渗沥液处理厂、青岛泰东制药有限公司、青岛泥布湾污水处理厂等。

3.2　植物液洗涤塔除臭技术

3.2.1　技术名称

植物液洗涤塔除臭技术

3.2.2　申报单位

植物液洗涤塔除臭技术

3.2.3　推荐部门

上海市环境保护产业协会

3.2.4　适用范围

污水处理厂、垃圾转运站、垃圾填埋场、堆肥厂、焚烧厂等臭气治理。

3.2.5　主要技术内容

3.2.5.1　基本原理

植物液洗涤塔为立式填料塔，以塔内的填料作为气液两相间接触构件的传质设备。洗涤塔底部为循环水槽，水槽内装有天然植物提取液，水槽上方为进气口。塔内的中段为填料层，填料层上方为循环液喷淋分布器，循环液喷淋分布器上方为植物液雾化层。从填料层下部向上流动的臭气经由填料空隙与向下喷淋的植物液充分反应。植物液雾化层可去除洗涤后气体中残留的硫醚、有机 VOC 等，洗涤塔顶部为除雾层，过滤气体中夹带的液体颗粒，降低处理后气体中的含水率。

根据处理臭气成分的不同，一般为两级设置：一级塔处理 NH_3、胺类等含 N 类臭气成分，二级塔去除 H_2S、硫醇等含 S 类臭气成分。

3.2.5.2 技术关键

（1）植物液是从 360 多种可食用植物的花、茎、根、叶中萃取的汁液，经过专业配方和工艺制成；其化学、物理性质稳定，无毒性、无爆炸性、无燃烧性，对皮肤无刺激性。天然植物提取液与臭气分子反应后不会生成有毒副产品。植物液特性和工艺路线见表 3-1 和图 3-2。

表 3-1　植物液特征

植物液洗涤剂型号	处理对象	液体性质	去除效果	安全性
DeAmine	NH_3、胺类、有机酸、硫化氢	药剂可生物降解，反应产物化学性质稳定，使用后药液可直接排放，无二次污染	所需接触时间约为 0.3 s	无毒、无腐蚀性和燃烧性
Predator	硫化氢、硫醇	药剂可生物降解，反应产物化学性质稳定，使用后药液可直接排放	所需接触时间约<1 s	无毒、无腐蚀性和燃烧性

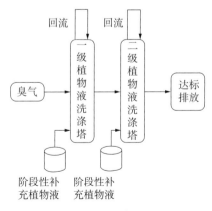

图 3-2　工艺路线图

（2）植物液洗涤塔采用美国进口规整填料，该填料为专利技术产品，具有比表面积大、压损小、不会下沉、易清洗等优点。

（3）通过管路将所有气体收集到塔内，整个除臭环节在封闭空间内进行。

（4）洗涤塔内设有循环水过滤技术，可去除循环水中的杂质，避免堵塞补水系统，延长补水系统的使用寿命，提高喷淋雾化效果。

3.2.6　典型规模

处理总风量：280 000 m³/h（除臭系统共分为 8 组，单组处理风量 35 000 m³/h）。

3.2.7　主要技术指标及条件

3.2.7.1　技术指标

经植物液洗涤塔后，氨、硫化氢、臭气排放可达到《恶臭污染物排放标准》（GB 14554—93）中 15 m 排气筒的排放量。

3.2.7.2　条件要求

正常工况及气象条件下，且周边无其他废气污染影响。

3.2.8　主要设备及运行管理

3.2.8.1　主要设备

植物液洗涤塔、循环水泵、离心风机。

3.2.8.2　运行管理

植物液洗涤塔除臭系统全自动运行，也可手动运行。运行管理较简单，仅需一名兼职人员即可。

3.2.9　投资效益分析

以上海竹园第一污水处理厂 280 000 m³/h 异味控制工程为例。

3.2.9.1　投资情况

总投资：5 000 万元，其中，设备投资：746 万元；

主体设备寿命：15 年；

运行费用：300 万元 /a。

3.2.9.2　环境效益分析

该技术能有效改善臭气异味，优化空气质量。植物液安全无毒，对环境无二次污染。

3.2.10　推广情况及用户意见

3.2.10.1　推广情况

已经在上海、广州、四川、云南、甘肃等多地投入使用，工程案例近百例。

3.2.10.2　用户意见

通过投入该技术后，有效改善了周边环境质量，达到了良好的使用效果。

3.2.11　技术服务与联系方式

3.2.11.1　技术服务方式

（1）现场服务及培训

现场服务包括：现场安装、调试和验收、试验和试运行指导；负责对用户单位工作人员进行设备常规操作及维修的培训。

（2）售后技术服务

有专业的售后服务团队，提供及时、全面的技术服务和设备的维护保养服务。

3.2.11.2　联系方式

联系单位：上海野马环保设备工程有限公司

联系人：罗国湘

地址：上海市闸北区江场三路 151 号三楼

邮政编码：200436

电话：021-61398518

传真：021-66523578

E-mail：luogx@yemahb.net

3.2.12　主要用户名录

上海唐镇生活垃圾分流转运中心、兰州西固污水处理厂、盐城粪便处理厂、浦东新区黎明垃圾填埋场渗滤液处理站等。

3.3　山东潍坊润丰化工股份有限公司污水站及莠去津（阿特拉津合成）车间废气治理工程

3.3.1　技术名称

山东潍坊润丰化工股份有限公司污水站及莠去津（阿特拉津合成）车间废气治理工程

3.3.2　申报单位

淄博宝泉环保工程有限公司

3.3.3　推荐部门

山东省环境保护产业协会

3.3.4　主要技术内容

工艺路线见图 3-3。

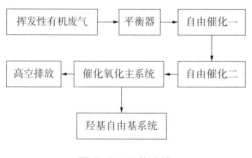

图 3-3　工艺路线

3.3.5　典型规模

（1）山东潍坊润丰化工股份有限公司污水站废气治理工程项目，废气处理量：12 000 m³/h；

（2）山东潍坊润丰化工股份有限公司莠去津（阿特拉津合成）车间废气治理工程项目，废气处理量：13 000 m³/h。

3.3.6　主要技术指标

本项目针对非甲烷总烃进行检测，已有案例项目去除率在 82.7%～98.6% 之间（与设计处理能力有关），案例项目均大幅优于国家排放标准限值要求，且可达到目标要求（人体感官嗅辨无异味）。

3.3.7　主要设备及运行管理

本项目所用设备自动化程度较高，在设备运行过程中，无须专人看管，每隔两小时左右由巡检人员进行巡检，对主设备运行信息进行记录即可。

3.3.8　投资效益分析

3.3.8.1　投资费用

项目总投资 245 万元，其中污水站 170 万元（工程基础设施建设费用 70 万元，设备投资费用 100 万元），莠去津车间 175 万元（工程基础设施建设费用 75 万元，设备投资费用 100 万元）。

3.3.8.2　运行费用

运行费用主要为电费，年耗电费用为 13.5 万元；人工由安环科人员兼职，不产生费用；设备折旧费按 10 年计算，设备折旧费为 10 万元；维修、维护费用为 3 万元 /a 左右。

3.3.8.3　效益分析

本项目最终产物为二氧化碳和水、氮气和少量无机盐，不产生危险废物、二氧化硫、氮氧化物等二次污染物。

3.3.9　获奖情况

本工程 2016 年获得国家重点环境保护实用技术示范工程荣誉称号。

3.3.10　联系方式

联系单位：淄博宝泉环保工程有限公司

联系人：靳世理

地址：山东省淄博高新区政通路 135 号高创园 C 座 129 室

邮政编码：255000

电话：0533-3582552，13021509195

传真：0533-3582552

E-mail：sdzbbq@126.com

3.4 污水污泥处理处置过程恶臭异味生物处理技术

3.4.1 技术名称

污水污泥处理处置过程恶臭异味生物处理技术

3.4.2 申报单位

广东省南方环保生物科技有限公司

3.4.3 推荐部门

中国环境保护产业协会

3.4.4 适用范围

该技术可运用于污水、污泥处理处置场所散发的低浓度恶臭气体，也可应用推广到污水厂、垃圾填埋场和垃圾压缩站等场所。该技术适用于大风量低浓度的废气以及多种浓度在 $100 \sim 250 \, g/(m^3 \cdot h)$ 的有机气体，工作环境的温度为 $5 \sim 40 ℃$。

3.4.5 主要技术内容

3.4.5.1 基本原理

生物法净化气体可分为三个步骤：

（1）废气的溶解过程

废气与水或固相表面的水膜接触，污染物溶于水中成为液相中的分子或离子，即废气物质由气相转移到液相，这一过程是物理过程，遵循亨利定律：

$$P_i = HX_i$$

式中：P_i——可溶气体在气相中的平衡分压，MPa；

$\qquad$ H——亨利系数，MPa；

$\qquad$ X_i——可溶气体在液相中的摩尔分数。

（2）废气的吸附、吸收过程

水溶液中废气成分被微生物吸附、吸收，废气成分从水中转移至微生物体内。作为吸收剂的水被再生复原，继而再用以溶解新的废气成分。被吸附的有机物经过生物转化，即通过微生物胞外酶对不溶性和胶体状有机物的溶解作用后才能相继地被微生物摄入体内。如淀粉、蛋白质等大分子有机物在微生物细胞外酶（水解酶）的作用下，被水解为小分子后再进入细胞体内。由此可见，当以污泥或膜形态存在的微生物表面一旦通过吸附而被有机物覆盖后，其进一步吸附的作用将受到限制，因而需要通过膜的表面更新或不断补充具有吸附能力的微生物菌胶团，才能保证此过程的顺利进行。

（3）生物降解过程

进入微生物细胞的废气成分作为微生物生命活动的能源或养分被分解和利用，从而使污染物得以去除。烃类和其他有机物成分被氧化分解为 CO_2 和 H_2O，含硫还原性成分被氧化为 S、SO_4^{2-}；含氮成分被氧化分解成 NH_4^+、NO_2^- 和 NO_3^- 等。

3.4.5.2　技术关键

（1）高效生物填料

本技术填料属于一种孔隙率大、堆积密度小、强度大、酸碱缓冲能力强的工业废气生物过滤用组合填料，具有取材方便，成本低，有机与无机介质配比合理，营养物质能有效维持废气降解菌种的长期稳定生长，孔隙率大、气体分布均匀，能防止填料堵塞、气体短流等优点。

（2）高效优势菌种的分离及优化

研制出适合有机废气净化的优势菌种和菌群，筛选出不同的菌种及比例加以搭配，形成专业复合菌剂，以达到最有效的去除效果；并能显著缩短菌种的驯化时间，保持长期稳定运行。

（3）装置标准化制造工艺

通过解决不同处理工艺的自动化控制的问题、设备的合理集成来提高设备的自动化和集成化水平，制定并优化设备生产制造工艺，可实现大规模批量生产。

3.4.6 典型规模

该项技术采用的单套生物过滤装置处理量为 2 000 ~ 40 000 m^3/h 不等，根据规模需要，可设计多套设备并联或分开使用。

提供的示范工程"广州市猎德污水处理厂 4 000 m^3/h 污泥脱水废气的生物过滤工程"中，厂区二期、三期工艺脱水后的干污泥，均由脱水机房内的污泥泵经高压污泥输送管输送至码头，污泥用船运走，在脱水污泥输送至船的过程中带来了大量有机废气。因此，本项目于 2014 年采用了生物滤池装置 2 套并联使用，单套处理风量 4 000 m^3/h，提供的工艺装置设计合理、结构紧凑、外形美观、易于操作、运行稳定、维护方便，自运行以来，处理效果满足设计要求。

3.4.7 主要技术指标及条件

3.4.7.1 技术指标

（1）废气与生物填料接触的时间为 12 ~ 30 s；

（2）生物滤池内部生物填料下方的布气空腔不小于 0.7 m；

（3）生物填料上方的维修空间高度不小于 0.6 m；

（4）5 年内，填料压损 ≤ 400 Pa；

（5）恶臭气体主要污染物去除率 ≥ 85% 或者出口臭气浓度 < 100。

3.4.7.2 条件要求

进气成分主要为可生化降解的小分子苯系物、硫化物、烃类物质等中低浓度污染物。

3.4.8 主要设备及运行管理

3.4.8.1 主要设备

主要设备见表 3-2。

表 3-2　主要设备

序号	设备名称	备注
1	预洗池	材质：不锈钢或玻璃钢
2	生物滤池	材质：不锈钢或玻璃钢
3	生物填料及专性菌种	混合填料、专性菌种
4	喷淋系统	包括喷淋管、喷嘴等

续表

序号	设备名称	备注
5	离心风机	材质：不锈钢、碳钢或玻璃钢
6	水泵	材质：不锈钢
7	电控柜	PLC 控制
8	排气筒	材质：不锈钢或玻璃钢

3.4.8.2　运行管理

（1）工艺简单

生物过滤装置的主要工艺：

通过离心风机将废气输送至生物滤池，通过湿润、多孔和充满活性微生物的滤层，在滤层中的微生物对废气中的污染物质进行吸附、吸收和降解，将污染物质分解成二氧化碳、水和其他无机物，即完成污染物的去除过程，工艺非常简单。

（2）管理方便

提供的生物过滤装置的动力设备只有风机和水泵，配套具备控制整个设备系统的自控系统，可实现对所有设备、仪表的自动监测和控制。在经过售后服务工程师的培训后，对于一般故障，现场的操作人员可自行修复。管理方便，操作可靠，维护简单。

（3）智慧运管

提供的生物过滤装置已将环保生物除臭技术与自动化技术相结合，实现臭气治理过程中的智能化检测，通过专用无线网络传输系统与监管平台，对臭气进行智能化管理。

3.4.9　投资效益分析

以广州市猎德污水处理厂 $4\,000\ m^3/h$ 污泥脱水干化废气的生物过滤除臭工程为例。

其工程概况为：

（1）处理对象：广州市猎德污水处理厂脱水污泥输送过程中产生的有机废气。

（2）处理规模： $4\,000\ m^3/h \times 2$ 套。

（3）废气主要成分：乙烯、乙烷、丙烯、丙烷、n-丁烷、甲苯、二甲基硫醚、二甲基二硫、丙酮、甲基乙基酮等。

（4）污染物去除效果：生物过滤装置对主要污染物的甲苯、二甲基二硫醚、丙酮、丁酮的去除率达到 85% 以上。

3.4.9.1　投资情况

（1）总投资：41.5 万元；

（2）主体设备寿命：生物滤池使用寿命大于 20 年；

（3）运行费用：年总运营费用 64 471.2 元，单位废气治理运行费用为 16 元 /（$m^3 \cdot a$）。

3.4.9.2　经济效益分析

该项目实施后，臭气的排放削减成本远低于污染后治理的成本。根据现有的市场行情估算，该项目可在珠三角乃至全国市政污水、污泥、工业源的设施进行除臭推广应用。按每年 100 套系统装置的销售数量，可实现年产值 5 000 万元，实现年利税 750 万元以上，市场前景及盈利能力良好。

3.4.9.3　环境效益分析

该项目的实施为猎德污水厂提供高效可靠的废气治理技术和设备，显著降低了挥发性有机废气浓度，为污水厂提供清洁良好的操作环境，提高了污水厂的形象。同时，有效改善区域大气环境质量，降低周边居民健康风险，有利于和谐社会的建设。

3.4.10　技术成果鉴定与鉴定意见

3.4.10.1　组织鉴定单位

广东省科学技术厅

3.4.10.2　鉴定时间

2009 年 12 月

3.4.10.3　鉴定意见

该项目的生物过滤技术及设备对混合工业有机废气的净化效率较高，在生物滤池的废气停留时间、生物膜的微生物作用、组合填料的研发和 VOCs 降解功能菌种的筛选等方面有一定的特色和创新，总体达到国际先进水平。

3.4.11　推广情况及用户意见

3.4.11.1　推广情况

目前，公司在恶臭污染和工业废气的治理领域，具备显著的优势。先后成功开发出恶臭污染物及工业废气的生物、化学、物理系列处理装置及设备，并在市政、环卫、石化、印染、食品等行业广泛应用，在生物填料、工业废气装置等方面获得10多项发明和实用新型专利。项目业绩遍布全国，截至 2017 年 2 月，公司共完成143 个项目 269 套恶臭及 VOCs 处理设施，累计处理能力超过 500 万 m³/h。

3.4.11.2　用户意见

南方公司提供的生物过滤装置供货及时、安装规范、结构紧凑、易于操作、运行稳定、维护方便。生物过滤装置自调试验收合格以来，至今运行正常，处理效果满足设计要求。

3.4.12　获奖情况

公司为国家高新技术企业，先后获得"国家环境保护科学技术一等奖""广东省环境保护科学技术一等奖""广东省科学技术二等奖""广州市科学技术一等奖"10多项国家发明专利，并荣获广东省守合同重信用企业（连续 11 年）、广东省民营科技企业等荣誉，其自主创新能力和产品技术优势在业内得到广泛认可。"微生物除臭技术及设备"获 2013 年国家环境保护科技技术三等奖、广东省环境保护科学技术一等奖。

公司所生产的生物滤池装置被评为"2009 年国家重点环境保护实用技术""2010 国家重点新产品""2011 年广东省高新技术产品"，生物滴滤池装置获科技部"科技型中小企业技术创新基金"资助，2011 年"一种生物除臭方法及其装置"的发明专利获得"广东省专利奖优秀奖"。

3.4.13　技术服务与联系方式

（1）技术服务方式

公司作为恶臭污染物治理服务提供商，主要提供恶臭污染物治理整体解决方案，以上门服务为主，通过现场技术勘察以及"一厂一策"的针对性方案，从根本上整体解决恶臭问题。工程竣工后，在保修期内提供送修服务、在线技术支持。

（2）联系方式

联系单位：广东省南方环保生物科技有限公司

联系人：陈锐东

地址：广东省广州市番禺区番禺大道北 555 号天安科技园总部中心 14 号楼1001 室

邮政编码：511400

电话：020-87685605

传真：020-87682165

E-mail：chenruidong@gdnfhb.com.cn

3.4.14　主要用户名录

（1）光大环保（中国）有限公司

（2）广州市净水有限公司

（3）山西太钢碧水源环保科技有限公司

（4）上海复旦水务工程技术有限公司

（5）成都市新蓉环境有限公司

（6）中国市政工程华北设计研究总院有限公司

（7）惠州大亚湾清源环保有限公司

（8）一汽 - 大众汽车有限公司

（9）广州市猎德污水处理厂

（10）广州市大坦沙污水处理厂

（11）绍兴柯桥江滨水处理有限公司

（12）云南城投碧水源水务科技有限责任公司

3.5　防水卷材行业沥青废气吸收法处理技术

3.5.1　技术名称

防水卷材行业沥青废气吸收法处理技术

3.5.2　申报单位

科创扬州环境工程科技有限公司

3.5.3　推荐部门

南京环境保护产业协会大气污染防治专业委员会

3.5.4　适用范围

防水卷材生产过程中沥青废气的处理

3.5.5　主要技术内容

3.5.5.1　基本原理

一级喷淋吸收：利用高压雾化器将油性吸收剂加压后形成喷雾，与进入塔内的沥青废气进行充分混合，利用同性相溶的原理将沥青废气中的苯并芘、非甲烷总烃等有害成分溶入吸收剂内，减少 VOC 物质。

二级管式电捕集：按电场理论，正离子吸附于带负电的电晕极，负离子吸附于带正电的沉淀极；所有被电离的正负离子均充满电晕极与沉淀极之间的整个空间。当含焦油雾滴等杂质的烟气通过管式电场时，吸附了负离子和电子的杂质在电场库仑力的作用下，移动到沉淀极后释放出所带电荷，并吸附于沉淀极上，从而达到净化烟气的目的。

三级板式静电净化：该段能产生大量的高能离子剂活性基团，同时静电机内有离子发生，产生大量的强氧化性离子，苯类、轻质芳烃溶剂等与其中的活性自由基团发生化学反应，被分解为无害物质。

四级光解催化氧化：半导体光催化剂大多是 n 型半导体材料（当前以为 TiO_2 使用最广泛）都具有区别于金属或绝缘物质的特别的能带结构，即在一个价带和导带之间存在一个禁带。

当光子能量高于半导体吸收阈值的光照射半导体时，半导体的价带电子发生带间跃迁，即从价带跃迁到导带，从而产生光生电子（e^-）和空穴（h^+）。此时吸附在纳米颗粒表面的溶解氧俘获电子形成超氧负离子，而空穴将吸附在催化剂表面的氢氧根离子和水氧化成氢氧自由基。而超氧负离子和氢氧自由基具有很强的氧化性，能将绝大多数的有机物氧化至最终产物 CO_2 和 H_2O，甚至对一些无机物也能彻底分解。

3.5.5.2　技术关键

（1）喷淋吸收剂选择上的创新。选用闪点高于 66℃ 的机械废油（卷材和生产配料的环保油）为吸收剂，利用同性相溶原理，吸收废气中的挥发性成分物质。

（2）油喷淋吸收＋过滤＋静电吸附＋光解氧化除臭的组合工艺使用。利用前述多个单一的处理方式进行有机组合，达到沥青废气净化达标的治理效果。

3.5.6 主要技术指标

主要技术指标见表 3-3。

表 3-3 主要技术指标

项目	配料罐（净化前）	生产线（净化前）	总排口（净化后）
沥青烟 /（mg/m³）	329	162	2.0
颗粒物 /（mg/m³）	329	162	2.5
苯并芘 /（mg/m³）	7.2×10^{-4}	2.83×10^{-3}	1.0×10^{-5}
非甲烷总烃 /（mg/m³）	52.4	3.94	7.35

3.5.7 主要设备及运行管理

3.5.7.1 主要设备

（1）油喷淋吸收塔；

（2）静电净化机。

3.5.7.2 运行管理

年耗材费用：1 卷 / 月 ×1 500 元 / 卷 ×10 月 =15 000 元；

维护人员：1 人 / 月 ×5 000 元 / 月 ×10 月 =50 000 元；

折旧维护费用：每年按 0.5% 计，约 5 000 元；

单位废气的运行成本：70 000 元 ÷35 000 m³=2 元 /m³。

3.5.8 投资效益分析

3.5.8.1 投资情况

总投资：153 万元其中，设备投资：150 万元；

主体设备寿命：10 年。

3.5.8.2 运行费用

年耗材费用 15 000 元，维护人员 50 000 元，折旧维护费用约 5 000 元 /a（按年 0.5% 计），废气运行成本为 2 元 /m³。

3.5.8.3 经济效益分析

（1）该套环保系统对废油的回收量为每月 7 t 左右，废油的售价按 5 000 元 /t 计算，则每月收益在 35 000 元；年收益约在 35 万元。

（2）采用油做吸收剂代替水喷淋，按每月废水量 20 t 计，则年产生废水 200 t，按废水处理设施的初投资及运行成本约为 30 万元计，则又可每年为企业节省 30 万元的费用。

3.5.8.4 环境效益分析

排放标准满足《防水卷材行业大气污染物排放标准》（DB 11/1055—2013）的要求。

3.5.9 推广情况及用户意见

3.5.9.1 推广情况

我国大部分企业使用喷淋和电捕法组合处理沥青烟气，但随着 UV 光解法的提出和各种组合技术的开发，复合处理系统受到越来越多的企业青睐，有广阔的发展空间。但即使是目前常用的复合处理系统，如水喷淋 + 活性炭吸附法、水喷淋 + 静电捕集法等，也会存在效率不高、能耗低、有二次污染等问题。因此，科创环保的 SCGF 型沥青废气净化系统具有广阔的市场前景。

3.5.9.2 用户意见

设备情况合理，系统状态满意，售后服务很好。

3.5.10 联系方式

联系单位：科创扬州环境工程科技有限公司

联系人：裴登明

地址：南京市江宁区诚信大道 1800 号国家级环保集聚区 7 号楼 7716 室

邮政编码：211100

电话：025-86521438

传真：025-52122913

E-mail：njkc998@126.com

3.5.11 主要用户名录

主要用户名录见表 3-4。

表 3-4 主要用户名录

序号	客户单位
1	北京东方雨虹防水技术股份有限公司
2	上海东方雨虹防水技术有限公司
3	昆明风行防水材料有限公司
4	徐州卧牛山新型防水材料有限公司
5	唐山东方雨虹防水技术有限责任公司
6	辽宁大禹防水科技发展有限公司
7	安徽大禹防水科技发展有限公司
8	鞍山科顺建筑材料有限公司
9	德州科顺建筑材料有限公司
10	昆山科顺建筑材料有限公司

3.6 红塔烟草（集团）有限责任公司大理卷烟厂就地技术改造工程

3.6.1 技术名称

红塔烟草（集团）有限责任公司大理卷烟厂就地技术改造工程

3.6.2 申报单位

红塔烟草（集团）有限责任公司大理卷烟厂

北京绿创声学工程设计研究院有限公司

3.6.3 推荐部门

大理市环境保护局

3.6.4 主要技术内容

3.6.4.1 工艺路线

（1）废水治理的工艺流程见图 3-4。

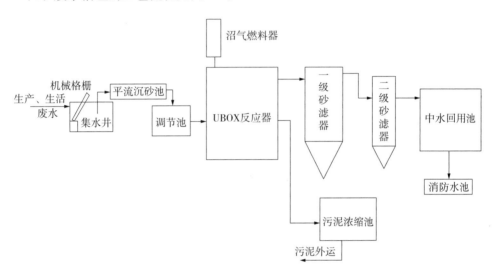

图 3-4 中水处理工艺流程

（2）固废治理的工艺流程见表 3-5。

表 3-5 固废治理工艺流程

名称	产生量 /（t/a）	成分	处置方式
污水处理站			
污泥	420	—	交大理市环卫站处置
工艺厂房			
集中除尘器粉尘	936.9	烟草粉尘和梗纤压成烟棒、用片烟无梗	按烟草专卖法律法规和有关规定，依法依规处置
废烟梗			
废包装纸、纸板、纸箱、纸芯	1 467	纸	通过招标签订合同请相关方合规处置
办公生产物业			
生活垃圾、绿化垃圾、生产办公垃圾	1 097	果蔬废弃物、修剪枝叶草、全厂各类垃圾	交大理市环卫站处置
办公生产区			
危险废物	8.387	荧光灯管、废化学试剂、电子废弃物、废矿物油	签订合同请相关资质单位合规处置
合计	固废产生量：约 3 929.287 t/a，全部妥善处理		

（3）噪声治理的工艺流程见表3-6。

表3-6　噪声治理工艺流程

序号	噪声源名称		数量	控制措施
1	制丝车间	5 000 kg/h 叶丝生产线	1 套	低噪声设备、隔声
		3 000 kg/h 叶丝生产线	1 套	低噪声设备、隔声
		2 000 kg/h 梗丝生产线	1 套	低噪声设备、隔声
2	卷接包车间	PASSIM 7000	3 台	低噪声设备、隔声
		ZJ 17	10 台	低噪声设备、隔声
		ZB 116	2 台	低噪声设备、隔声
		PROTOSM 5	2 台	低噪声设备、隔声
		FOCKE（400 包 /min）	8 台	低噪声设备、隔声
		B1（400 包 /min）	7 台	低噪声设备、隔声
		ZB 48（800 包 /min）	2 台	低噪声设备、隔声
		FXsoft cup（700 包 /min）	2 台	低噪声设备、隔声
		车间混响	—	吸声
3	装封箱间	S-2000	4 台	低噪声设备、隔声
		FOCKE 465	2 台	低噪声设备、隔声
4	嘴棒成型间	ZL 26	6 台	低噪声设备、隔声
		100	50 台	柔性连接、消声器
		YJ 35D	6 台	低噪声设备、隔声
		YB 17B	6 台	低噪声设备、隔声
		YF 161	6 台	低噪声设备、隔声
5	生产辅房	除尘风机	19 台	减震、隔声
		车间混响	—	吸声
6	动力中心	真空泵	5 台	减震、隔声
		空气压缩机	4 台（2 用 2 备）	消声器、隔声
		锅炉鼓风机	3 台（1 用 2 备）	减震、隔声
		车间混响	—	吸声
7	厂界及敏感点	厂区内噪声		在厂界和生产车间种植植物，增加噪声衰减距离及吸收噪声，为厂界和敏感点提供更好的声环境

3.6.4.2　关键技术

（1）废气治理

①针对制丝车间生产线高温高湿废气，采用了处理先进高效、运行维护方便的

烧结板除尘器 15 套，采取了集中收集，经烧结板除尘器处理后，废气经管道收集，处理达标后，进入烟气沉降室，通过一根 18 m 的排气筒排放。通过旋风除尘器和集中烧结板除尘器收集的固体粉尘，经螺旋输送机输送到压棒机进行打块、压棒成型处理，外运二次回收利用。

②对于卷包生产线含尘量较高的废气，安装了 17 套布袋式除尘器对除尘点的废气采取了集中收集，经布袋式除尘器处理后，废气经管道收集到除尘井，通过距地面 23 m 高的烟囱排放。通过旋风除尘器和集中布袋式除尘器收集的固体粉尘，经螺旋输送机输送到压棒机进行打块、压棒成型处理，外运二次回收利用。

③在制丝生产线由于加工主要采用的是增温增湿及加香加料的方式，故生产过程会产生一定的粉尘和烟草异味，对于制丝线香料房散发的气体和布袋式除尘器处理后的废气，通过管道、排潮井和除尘井收集后，经低温等离子异味处理设备处理烟草异味，处理达标后，通过距地面 18 m 高的烟囱排放，有效地控制了各类异味对周围环境的影响。

④对除尘器定期除灰、及时清洗保养、换袋，保证除尘设备有效运行。

（2）废水治理

对整个建设区域内的排水系统实施了"雨污分流"。雨水采用了雨水收集系统；生产废水和生活污水则统一收集至中水处理系统进行处理。全部集中处理后汇集至中水回用池，回用池设有液位控制装置，到达高位时自动送到厂前区的水池。并已规范设置排放口和安装废水在线监测系统。

（3）固废治理

对项目运行过程中产生固体废物的管理严格遵循国家对固废处理、处置的要求，尽量做到减量化、资源化、无毒化、无害化处理处置，在固废产生第一现场就对废弃物进行分类投放、分类回收，做到可再利用的全部回收利用。残次烟经废烟处理线处理后将烟丝与嘴棒、卷烟纸分离后分别处理，烟丝降级回掺到制丝生产线上。

（4）噪声治理

在设备方面通过在设备选型方面选择低噪声、隔声设备，采用柔性连接、安装消声器、减震等措施，优化工艺流程、合理布局生产设备，有效降低噪声。各生产车间把一些高噪声设备（除尘设备、空压机等）集中安装于室内，在机房内安装吸声板，在机房周边种植高大乔木，增加绿化面积，有效降低噪声。

联合工房采用网架结构，卷包车间内装采用吸声吊顶，采用吸声材料和结构的选择与优化配置有效吸声处理来控制混响时间和降低、消除反射声降低及控制噪声。实现卷接包车间以中低频降噪为主、兼顾宽带吸声的环境噪声治理目标，综合实现卷接包车间内部环境噪声处理。

3.6.5 主要技术指标

3.6.5.1 废气治理技术指标

烧结板除尘器：

烧结板过滤元件的捕集效率是目前除尘设备中效率最高的，它是一种表面过滤技术，由其本身特有的结构和涂层来实现，它不同于布袋除尘器的捕集效率的是建立在黏附尘的二次过滤上。一般情况下经烧结板过滤除尘后，除尘器的标准状态下平均排放浓度为 ≤ 10 mg/m³，除尘效率高达 99.99% 以上。

通过阻力测试表明，新型低阻、高强度塑烧滤板的阻力比以往的滤板降低约 20%。使得选择风机的全压来说更为便利，可使风机电机的使用功率降低约 5%，这对当前国家提倡的节能减排工作具有特别的意义。

布袋式除尘器：

除尘滤袋采用聚酯材料，但表面经过特殊处理，尤其是表面加 5% 的不锈钢钢丝，以加强纵向、横向拉伸强度，保证滤袋使用寿命，耐 120℃ 高温。

除尘效率大于 99.9%，除尘器出口排放浓度 ≤ 10 mg/m³。

低温等离子异味处理器：

臭气浓度（无量纲）的处理效果远远高于国家标准，低于 500 无量纲（国家标准 2 000 无量纲，排气筒标高高度 17 m），效率高达 92% 以上。

3.6.5.2 废水治理技术指标

1 000 m³/d 中水处理站（UBOX 中水处理工艺系统，采用厌氧好氧一体化反应器 + 气提式连续砂滤工艺）对污染的去除效率分别为色度 84.00%、浊度 98.63%、悬浮物 97.60%、总氮 36.25%、氨氮 96.28%、化学物需氧量 93.38%、生化需氧量 98.43%、阴离子表面活性剂 89.65%、磷酸盐 98.88%、动植物油 99.29%、石油类 99.22%。

3.6.5.3 固废治理技术指标

（1）中水处理站

中水处理站的固废主要为沉淀池污泥。污泥产生量约为 420 t/a，交大理市环卫站处置，不外排。

（2）生产厂房

卷烟生产工艺产生的固废主要为除尘器收集的粉尘、废烟梗、卷烟废品和废包装纸，以上卷烟厂房产生的废品全部通过公开招标确定的处置方按烟草专卖法律法规和有关规定，依法依规处置处理。废品的处理方法如下：

制丝、卷包除尘器收集的粉尘（烟草粉尘和梗纤压成烟棒、用片烟无梗）和废烟梗产生量约 936.9 t/a，按烟草专卖法律法规和有关规定，依法依规处置；废包装纸、纸板、纸箱、纸芯约 1 467 t/a，通过招标签订合同请相关方合规处置。

（3）生活垃圾、绿化垃圾、生产办公垃圾产生量为 1 097 t/a，交大理市环卫站处置，不外排。

（4）危险废物（荧光灯管、废化学试剂、电子废弃物、废矿物油等）产生量为 8.387 t/a，按危废管理要求签订合同请相关资质单位合规处置。

3.6.5.4 噪声治理技术指标

指标见表 3-7。

表 3-7　噪声治理技术指标

序号	噪声源名称		数量	控制措施	降噪量 / dB
1	制丝车间	5 000 kg/h 叶丝生产线	1 套	配套隔声罩	15
		3 000 kg/h 叶丝生产线	1 套	配套隔声罩	15
		2 000 kg/h 梗丝生产线	1 套	配套隔声罩	15
2	卷接包车间	PASSIM 7000	3 台	配套隔声罩	15
		ZJ 17	10 台	配套隔声罩	15
		ZB 116	2 台	配套隔声罩	15
		PROTOSM 5	2 台	配套隔声罩	15
		FOCKE（400 包 /min）	8 台	配套隔声罩	15
		B1（400 包 /min）	7 台	配套隔声罩	15
		ZB 48（800 包 /min）	2 台	配套隔声罩	15
		FXsoft cup（700 包 /min）	2 台	配套隔声罩	15
		车间混响	—	吸声墙面、吸声吊顶	9
3	装封箱间	S-2000	4 台	配套隔声罩	15
		FOCKE 465	2 台	配套隔声罩	18
4	嘴棒成型间	ZL 26	6 台	配套隔声罩	18
		100	50 台	安装减震系统、设置消声器	18
		YJ 35D	6 台	配套隔声罩	18
		YB 17B	6 台	配套隔声罩	18
		YF 161	6 台	配套隔声罩	18

序号	噪声源名称		数量	控制措施	降噪量 / dB
5	生产辅房	除尘风机	19 台	减震系统、配套隔声罩	20
		车间混响	—	吸声吊顶	8
6	动力中心	真空泵	5 台	减震系统、隔声罩壳	25
		空气压缩机	4 台（2 用 2 备）	安装消声器、隔声罩壳	25
		锅炉鼓风机	3 台（1 用 2 备）	减震系统、配套隔声罩	25
		车间混响	—	吸声吊顶	8
7	厂界及敏感点	厂区内噪声		在机房周边种植高大乔木，增加绿化面积，对建筑、道路占地以外的所有地块进行绿化，绿化面积达到约 42 000 m²，绿地率为 22.7%。种植有乔木类、灌木类和藤类，另外区域的水景面积为 3 008 m²，有效降低噪声，增加噪声衰减距离及吸收噪声，为厂界和敏感点提供更好的声环境	6

3.6.6　主要设备及运行管理

3.6.6.1　废气治理

（1）制丝车间生产线高温高湿废气，采用了处理先进高效、运行维护方便的烧结板除尘器；卷包生产线含尘量较高废气，安装了布袋式除尘器；制丝生产线的粉尘和烟草异味，经布袋式除尘器处理后，通过管道、排潮井和除尘井收集后，经低温等离子异味处理设备处理烟草异味。

（2）对除尘器等设备定期除灰、及时清洗保养、换袋，保证除尘设备有效运行。

3.6.6.2　废水治理

中水处理站采用厌氧、好氧一体化反应器＋气提式连续砂滤工艺，主要由预处理段、主体工艺段（厌氧、好氧一体化 UBOX 池）、末端工艺段组成。中水预处理段包含进水总阀、补水阀、格栅、集水井（一级提升泵，浮球液位计）、平流沉砂池、调节池（二级提升泵，搅拌器，超声液位计）、换气窗和异味抽吸泵。主体工艺段主要由厌氧、好氧一体化设施（以下简称 UBOX 池）、沼气收集器和排泥系统组成，UBOX 池含厌氧单元、好氧单元、泥水分离单元和沼气处理单元；末端工艺段由一级砂滤和二级砂滤以及加药系统组成。

该系统设计处理规模为 1 000 m³/d，目前大理卷烟厂生产、生活废水实际处理量为 400 m³/d 左右。

3.6.6.3　固废治理

制丝车间通过旋风除尘器和集中烧结板除尘器收集的固体粉尘，经螺旋输送机输送到压棒机进行打块、压棒成型处理，外运二次回收利用。

卷包车间通过旋风除尘器和集中布袋除尘器收集的固体粉尘，经螺旋输送机输送到压棒机进行打块、压棒成型处理，外运二次回收利用。

对项目运行过程中产生固体废物的管理严格遵循国家对固废处理、处置的要求，尽量做到减量化、资源化、无毒化、无害化处理处置，在固废产生第一现场就对废弃物进行分类投放、分类回收，做到可再利用的全部回收利用。

3.6.6.4　噪声治理

在设备方面通过在设备选型方面选择低噪声、隔声设备，采用柔性连接、安装消声器、减震等措施，优化工艺流程、合理布局生产设备，有效降低噪声。各生产车间把一些高噪声设备（除尘设备、空压机等）集中安装于室内，在机房内安装吸声板，在机房周边种植高大乔木，增加绿化面积，有效降低噪声。卷包车间内装采用吸声吊顶，采用吸声材料和结构的选择与优化配置有效吸声处理来控制混响时间和降低、消除反射声降低及控制噪声。

3.6.7　投资效益分析

3.6.7.1　投资费用

本工程规模为年产卷烟 50 万箱；制丝综合生产线能力为 8 000 kg/h。本工程的总投资（一次性投资）为 13.23 亿元，其中环保投资（一次性投资）为 9 369.76 万元，占地面积为 185 000 m²。

3.6.7.2　运行费用

本项环保工程涉及的环保设备与配套的生产设备一起正常检修维护，其中废气处理方面对除尘器定期除灰、及时清洗保养、换袋，保证除尘设备有效运行；废水处理方面中水处理系统运行无异味、无二次污染、设备高度集成、工艺先进、运行自动化程度高、能耗低、污泥产量少、出水水质稳定；固废处理主要由厂区内的保洁人员进行固废的及时处置外运；噪声治理装置与设备一起正常检修维护。所以运行费用主要为日常检修的人工费，基本无其他额外费用。

3.6.7.3 效益分析

炉渣、废纸及废弃包装物回收利用率达到 100%。

技改后测试当天全厂总用水量约 16 047.0 m³/d，其中，新鲜水量约为 488.9 m³/d，循环水量为 15 558.1 m³/d，重复利用率为 97.0%。全厂生产废水和生活污水经中水处理站处理后，供绿化、消防使用。

3.6.7.4 环境效益分析

红塔烟草（集团）有限责任公司大理卷烟厂就地技术改造项目实施后，化学需氧量排放总量为 2.94 t/a，二氧化硫排放总量为 0.28 t/a，均满足云南省环境保护厅《云南省环境保护厅关于红塔烟草（集团）有限责任公司大理卷烟厂就地技改项目环境影响报告书的批复》（云环审〔2009〕208 号），该项目"主要污染物排放总量指标初步核定为：二氧化硫 66.51 t/a，化学需氧量 22.39 t/a"的指标要求，实现了总量减排。

大理卷烟厂较为重视厂区及周边绿化工作，在项目主体工程完工后，对建筑、道路占地外的所有地块进行了绿化，绿化面积比项目实施前有所增加，同时对项目未占用的原有绿化区域进行了改造和提升。绿化工程完成后，整个区域的绿化面积约为 42 000 m²，绿地率为 22.7%。在厂界和生产车间种植植物，降尘、吸噪为一体的绿化带，既美化环境、净化空气又起到了吸声降噪的辅助作用。

排水系统实施了"雨污分流"。雨水采用了雨水收集系统；生产废水和生活污水则统一收集至中水处理系统进行处理。全部集中处理后汇集至中水回用池，回用池设有液位控制装置，到达高位时自动送到厂前区的水池。区域的水景面积为 3 008.04 m²。

3.6.8 联系方式

联系单位：红塔烟草（集团）有限责任公司大理卷烟厂

联系人：赵文刚

地址：云南省大理白族自治州大理市建设东路 191 号

邮政编码：671000

电话：0872-2360066

传真：0872-2360061

E-mail：18623248@qq.com

3.7　派河口藻水分离站恶臭废气治理工程

3.7.1　技术名称

派河口藻水分离站恶臭废气治理工程

3.7.2　申报单位

中科新天地（合肥）环保科技有限公司

3.7.3　推荐部门

安徽省环境保护产业协会

3.7.4　主要技术内容

3.7.4.1　工艺路线

派河口藻水分离港是继塘西河藻水分离港之后的合肥市第二座藻水分离港，位于派河大桥南侧，由藻浆调峰池、藻水分离车间、生产用房及综合管理楼等组成。恶臭废气来源于藻水储存及处理设施单元，包括藻水分离车间内的絮凝沉降池、藻泥池、藻渣池及藻浆调峰池。

本项目考虑现场管道及设备布局，采用两套恶臭废气处理系统，藻水分离车间内所有藻水处理设施单元采用一套，藻浆调峰池采用一套，合计两套。恶臭废气处理工艺为"收集、处理和排放"三段式工艺，具体工艺流程如图 3-5 所示。

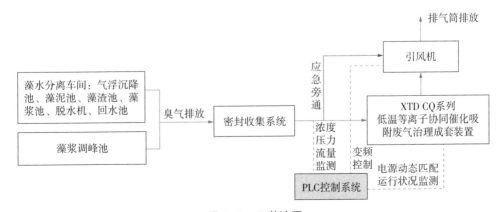

图 3-5　工艺流程

工艺说明：

（1）藻水分离车间恶臭废气治理

藻水分离车间恶臭废气主要是针对车间内沉淀池、气浮池、藻泥藻浆池、藻泥脱水等过程中所产生的废气做收集处理。成分主要包括烯烃、芳烃、硫醚硫醇等硫化物。针对该部分污染源均采用封闭式收集，汇总后通过低温等离子体协同催化吸附废气治理成套装置净化，其中低温等离子体采用双介质阻挡放电形式，并配置高频高压交流电源，催化技术采用以蜂窝状活性炭为载体，配合高效催化剂，能够增强等离子体的处理能力，再通过吸附模块，去除中间产物并进行进一步净化。处理后的气体经引风机送入排气筒排放，见图3-6。

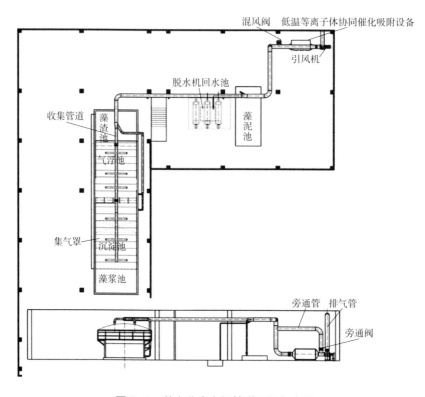

图3-6 藻水分离车间管道及设备布局

（2）藻浆调峰池恶臭废气治理

藻浆调峰池作为暂储设施，在池内的蓝藻长时间积聚会发酵产生恶臭废气，当池内恶臭废气浓度达到一定范围时，便会开启池内鼓风机排出。针对此部分的恶臭废气，将预留排气管道串联汇总，采用一套低温等离子体协同催化吸附废气成套治理装置对整个调峰池中所产生的恶臭废气进行集中处理。处理后的气体经引风机吸引和藻水分离车间共一个排风管达标排放，见图3-7。

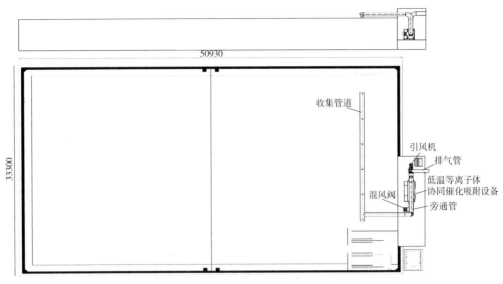

图 3-7　藻浆调峰池管道及设备布局

3.7.4.2　关键技术

1）低温等离子体协同催化吸附废气治理技术

基于高效等离子体发生装置及等离子体电源装置，结合目前较为成熟的催化吸附技术，通过结合两种技术各自特点，降低废气治理能耗低，提高能源利用率、抑制副产物产生。在该技术体系中，对污染物具有高吸附性能的催化剂可增加污染物在等离子体中与活性物种的反应时间，增强催化剂活性，从而提高其降解性能。

该技术作用机理是基于等离子体空间汇聚的大量极活泼的高活性物种——离子、高能电子、激发态的原子、分子和自由基等，当等离子体与催化剂协同处理污染物时，会产生一连串活化作用：

高活性粒子（电子、激发态原子和离子等）轰击催化剂表面，使催化剂颗粒极化，激发电子发生二次发射，在催化剂表面形成场强加强区；

由于催化剂能够吸附一定的气相污染物，从而在等离子体和催化作用下迅速发生各种化学反应，脱除这些汇聚的气相污染物；

等离子体中的活性物种（尤其是高能电子）含有的巨大能量能够激活位于等离子体附近的催化剂，催化剂激活，降低污染物反应的活化能；

由于催化剂还可选择性地与等离子体产生的副产物反应，得到无污染的物质（如二氧化碳和水），从而使其可以有效抑制有毒副产物的产生；

吸附剂能够吸附、固定污染物，可延长污染物在反应器内的停留时间，确保处理效率。

3.7.5 主要技术指标

3.7.5.1 藻水分离车间恶臭治理系统

（1）处理设施

主设备尺寸：L3 500 × W1 320 × H1 700（mm）

处理废气量：12 000 m³/h

主体设备材质：0Cr18Ni9 不锈钢

工作电压：380 V

频率：50 Hz

等离子放电形式：介质阻挡放电模式

等离子放电模块结构：模块为面状结构，以提高整体处理效率

输入电压：220 V AC±20%

输出电压：10 kV AC

输出电流：200 mA AC

负载匹配：输出频率与负载自动匹配功能

输出调制：具备调制功能，输出调制频率 0～100 Hz，占空比 10%～90% 可调

工作温度：0～60℃

（2）收集系统

集气罩：采用不锈钢型架 + 玻璃钢集气罩

收集管道：室内管道采用玻璃钢材质，调峰池与藻水分离车间连接管道采用地埋式碳钢内外防腐 + 套管形式

风机：15 kW，2 600 Pa，风机外壳采用碳钢防腐材质，叶轮采用 304 不锈钢材质，配置变频器

3.7.5.2 调峰池恶臭处理系统

（1）处理设施

主设备尺寸：L3 500 × W1 320 × H1 700（mm）

处理废气量：24 000 m³/h

主体设备材质：304 不锈钢

工作电压：380 V 动力电

频率：50 Hz

等离子放电形式：介质阻挡放电模式

等离子放电模块结构：模块为面状结构，以提高整体处理效率

输入电压：220 V AC±20%

输出电压：10 kV AC

输出电流：200 mA AC

负载匹配：输出频率与负载自动匹配功能

输出调制：具备调制功能，输出调制频率 0～100 Hz，占空比 10%～90% 可调

工作温度：0～60℃

（2）收集系统

集气罩：采用不锈钢型架＋玻璃钢集气罩

收集管道：室内管道采用玻璃钢材质，调峰池与藻水分离车间连接管道采用地埋式碳钢内外防腐＋套管形式

风机：18.5 kW，1 400 Pa，风机外壳采用碳钢防腐材质，叶轮采用 304 不锈钢材质，配置变频器

（3）其他

通讯：具备远程上位机通讯功能，可通过上位机远程监控

排放塔：采用碳钢防腐材质外加修饰，设防雷接地装置

3.7.6　主要设备及运行管理

3.7.6.1　主要设备

（1）高效等离子体发生装置

低温等离子体协同催化吸附废气治理成套装置，其等离子体发生装置采用双介质阻挡栅状放电结构，选取合适的电极间隙和电极尺寸，可以在自匹配电源激励下获得大面积的空气等离子体，其型式如图 3-8 所示。

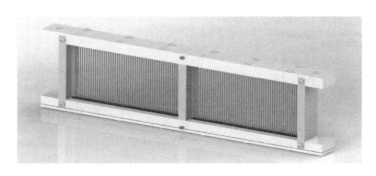

图 3-8　高效等离子体发生装置

此种等离子体具有气体温度低（接近于室温）、等离子体密度高，适合大风量低浓度污染气体的处理。

（2）高频高压等离子体专用电源

常压低温等离子体需要在高频高压电源的激发下实现，由于等离子体可以认为是一种变化的负载，对电源的输出特性要求很高，在相对低的功耗下实现大面积等离子体放电是一个技术难题。该装置除可以产生高频高压外，通过实时智能控制，达到电源与等离子体负载动态高效动态匹配，使电源输出效率始终保持在一个较高的水平，从而在低能耗的条件下，实现大流量高效等离子体的产生。

等离子体激发电源装置的技术参数如下：

输出电压：10 kV　AC

输出电流：500 mA　AC

处理能耗：$\leqslant 0.003$ kW/m^3

结构形式：一体化设计、方便安装维护

冷却方式：防尘式风冷

负载匹配：输出频率根据反馈自动匹配负载功能

输出调制：具备自动调制功能，输出调制频率 0 ~ 100 Hz，占空比 10% ~ 90% 可调

通讯：具备远程通讯功能，可通过上位机远程监控，实时反馈电源运行参数

工作温度：0 ~ 60℃

工作湿度：$\leqslant 80$ RH%

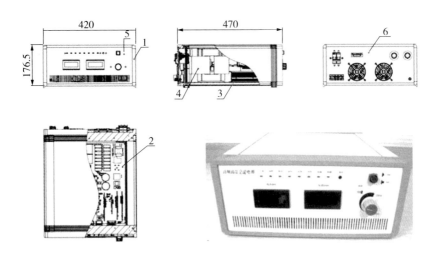

图 3-9　等离子体激发电源装置

（3）低温等离子体协同催化吸附废气治理成套装置（XTD CQ 系列）

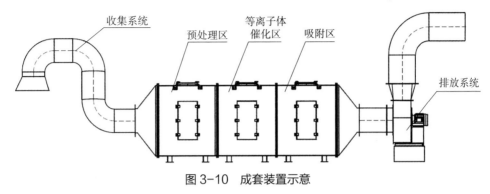

图 3-10　成套装置示意

两套除臭系统参数见表 3-8。

表 3-8　系统参数

序号	名称	参数	
1	设备型号	XTD CQ-12K	XTD CQ-24K
2	处理对象	藻水分离车间恶臭废气	藻浆调峰池恶臭废气
3	外形尺寸	L3 500×W1 320×H1 700（mm）	L4 100×W1 320×H2 000（mm）
4	处理风量	12 000 m³/h	24 000 m³/h
5	系统压损	< 800 Pa	
6	工作温度	< 60℃	
7	等离子体模块	双介质阻挡栅状等离子体模块	
8	等离子体密度	$3.5 \times 10^{19}/m^3 \sim 1.42 \times 10^{20}/m^3$	
9	电源	高频高压等离子体专用电源	
10	壳体材质	0Cr18Ni9 不锈钢	

该成套装置具有如下特点：

①采用低温等离子体协同催化吸附技术，处理效率更高；

②多技术耦合，降解功能放大；

③采用高性能催化剂，降低反应活化能，提升反应效率；

④吸附技术深度治理，实现污染物近零排放；

⑤互融式设计、占地面积小；

⑥即开即用；

⑦自动化程度高，无须专人看护。

3.7.6.2　工程运行情况

（1）环保达标。通过本技术的应用，工程运行稳定，处理效率达标，有效地降低藻水分离车间中藻浆池、藻渣池、气浮池、沉淀池等区域和调峰池中的恶臭废气浓度。安徽创新检测技术公司和合肥市包河区环境监测站的监测报告显示：本项目恶臭污染物中硫化氢处理效率达 90% 以上、氨气处理效率达 80%，满足并优于《大气污染物排放综合标准》及《恶臭污染物排放标准》规定的二级排放标准要求，可大范围推广应用于藻水分离站废气处理环保行业。风机的噪声排放达到《工业企业厂界环境噪声排放标准》二级标准，且无二次污染。

（2）节能降耗。该藻水分离站占地面积大，恶臭废气治理工程管道长，工程满负荷运行时较采取活性炭吸附等技术压损小，两套系统总装机功率仅为 50 kW，运行节能。

（3）控制简单。该工程采用 PLC 控制系统，可以在派河口藻水分离站中控室通过中控机集中远程控制，运行控制简单。

（4）环境效益。车间内无组织恶臭废气经密封、负压收集后，车间员工工作环境得到显著改善，同时，废气经处理排放后，显著改善周边的空气质量，受到了业主和运营单位的一致认可。

3.7.7 投资效益分析

3.7.7.1 投资费用

总投资 218.51 万元，其中：设备投资 130 万元。

3.7.7.2 运行费用

1.95 万元 /a。

3.7.7.3 效益分析

本项目主设备装机功率为 12 kW，仅电耗，无其他辅材或材料消耗，由于藻水分离站工作时间的特殊性，年运行时间约 150 d，24 小时电费按 1 元 /kW·h 计，年运行费用 4.32 万元。

与传统活性炭吸附法相比，在同等处理量的前提下，传统活性炭吸附法活性炭用量约 4.0 t，更换周期约 1 月 / 次，蜂窝活性炭按 9 000 元 /t 计，危废处理费用按 4 000 元 /t 计，更换蜂窝活性炭费用约 43.2 万元，危废处理费用约 19.2 万元，年运行费用共计 62.4 万元。故本项目技术及活性炭吸附技术可节约运行费用 56.13 万元 /a。

3.7.7.4　环境效益分析

本系统设备具有配置合理、占地面积小、系统阻力小、处理负荷大等特点。同时维护工作量小，备品备件更换频率低，维护费用低。通过工艺中的浓度、流量、压力等传感器的实时监控，将生产工艺中的数据及时反馈，废气处理设备便可根据工况的改变做到相应的动态调整，起到节能环保的功能。

3.7.8　获奖情况

2015 年中国创新创业大赛安徽省赛区三等奖

2015 年合港创业交流大赛三等奖

2015 年合肥市创新型企业

2015—2016 年环巢湖水环境综合治理项目环保鼓励奖

2015 年安徽省环保产业优秀企业家

2015 年安徽重点环境保护实用技术示范工程

3.7.9　联系方式

联系单位：中科新天地（合肥）环保科技有限公司

联系人：陆晓飞

地址：安徽省合肥市长江西路 2221 号循环经济技术工程院 B 座一楼

邮政编码：230088

电话：15395124010

传真：0551-65392400

E-mail：luxf@zkxtdept.com

3.8　化工行业恶臭气体生物处理技术

3.8.1　技术名称

化工行业恶臭气体生物处理技术

3.8.2　申报单位

广东省南方环保生物科技有限公司

3.8.3　推荐部门

广东省环境保护产业协会

3.8.4　适用范围

（1）适用行业：排放挥发性有机废气及恶臭气体的各类工业企业和市政污水厂、垃圾填埋场和垃圾压缩站等。

（2）废气种类：苯、甲苯、二甲苯、乙苯、苯乙类、烯烃、烷烃、醇类等挥发性有机物，以及含硫、含氮和脂肪酸等恶臭气体。

3.8.5　主要技术内容

3.8.5.1　基本原理

生物法净化废气可分为三个步骤：

（1）气相传质过程

污染物与填料接触吸附在填料内或溶解于填料内毛细水中，即污染物由气相转移到液相。这一过程是物理过程，溶解性污染物遵循亨利定律。

（2）生物吸附、吸收过程

溶解于水膜中的污染物成分在浓度差的推动下，进一步扩散到生物膜上，直接被微生物吸收进入细胞体内。非溶解性污染物通过微生物胞外酶对不溶性和胶体状有机物的溶解作用后相继地被微生物摄入细胞体内。

（3）生物降解过程

进入微生物细胞的污染物成分在微生物体内的代谢过程中作为能源或养分被分解和利用，从而使污染物得以去除。烃类和其他有机物成分被氧化分解为 CO_2 和 H_2O，含硫还原性成分被氧化为 SO_4^{2-} 等简单无机物，含氮成分被氧化分解成 NO_3^- 等简单无机物。

3.8.5.2　技术关键

（1）新型高效生物填料

开发了具有高效吸附、催化特性的新型填料，将其投配到生物滤池中，提高其耐冲击负荷能力和对污染物的去除效果。同时，通过造粒技术实现量产，突破了传统生物填料的应用局限。

（2）高效优势菌种的分离及优化

研制出适合有机废气净化的优势菌种和菌群，筛选出不同的菌种及比例加以搭配，形成专业复合菌剂，以达到最有效的去除效果；并能显著缩短菌种的驯化时间，保持长期稳定运行。

（3）实现物联网技术与恶臭及 VOCs 治理技术相结合，开启系统智慧运营模式

率先将物联网技术引入恶臭及 VOCs 治理系统中，开启跨学科、综合性的智慧运营管理模式，解决传统恶臭及 VOCs 治理项目中运营管理的不足，实现智能化监测、智能化控制、智能化管理。

3.8.6 典型规模

10 000 m^3/h

3.8.7 主要技术指标及条件

3.8.7.1 技术指标

（1）表面负荷：150~450 m^3/（$m^2 \cdot h$）。

（2）废气停留时间：15~30 s。

3.8.7.2 条件要求

（1）废气浓度：中低浓度的废气。

（2）工作环境：温度为 5~40℃。

3.8.8 主要设备及运行管理

3.8.8.1 主要设备

离心风机、水泵。

3.8.8.2 运行管理

生物过滤系统工艺简单，管理方便，对操作人员的要求不高，可由工厂运营人员进行兼管，无须专人操作管理。

3.8.9 投资效益分析

3.8.9.1 投资情况

总投资：53 万元，其中，设备投资：53 万元。

主体设备寿命：20 年。

3.8.9.2 环境效益分析

随着工农业的迅速发展，含 VOCs 的有机废气排放量相应增加。VOCs 一般具有恶臭或其他刺激性气味，不仅对人体感官有刺激作用，而且绝大多数对人体健康危害较大，甚至产生"三致"效应（致突变、致癌和致畸）。此外，还直接或间接地影响动植物的生命和成长，并在其迁移转化的同时产生诸多间接危害，对含 VOCs 有机废气的治理引起了世界各国的重视。在治理 VOCs 和臭气的过程中，生物滤池工艺是一种安全可靠的处理方法，负载在填料上的专性降解菌以污染物为食，将其转化为自身的营养物质，进入微生物的自身循环过程，从而达到降解的目的。同时，微生物又可实现自身的繁殖，当污染物与降解菌的营养需要达到平衡时，专性细菌的代谢繁殖将会达到一个稳定平衡，最终的产物是无污染的二氧化碳、水和盐，从而将污染物去除。生物滤池工艺不仅高效，而且对环境友好，无二次污染物产生。用生物过滤技术来处理 VOCs 及恶臭是利国利民之举，可以改善环境，保障人民群众的身体健康，提高人民群众的生活质量。

3.8.10 技术成果鉴定与鉴定意见

3.8.10.1 组织鉴定单位

广东省科学技术厅

3.8.10.2 鉴定时间

2009 年 12 月 9 日

3.8.10.3 鉴定意见

广东省科学技术厅于 2009 年 12 月对该技术进行科学技术成果鉴定，鉴定结论：该项目的生物过滤技术及设备对混合工业有机废气的净化效率较高，在生物滤池的废气停留时间、生物膜的微生物作用、组合填料的研发和 VOCs 降解功能菌种的筛选等方面有一定的特色和创新，总体达到国际先进水平。

3.8.11 推广情况及用户意见

3.8.11.1 推广情况

公司成立 20 多年来，一直专注于恶臭污染和工业废气治理技术的研究与应用。依托广东省科学院微生物研究所，与国内多所知名高校建立了合作，成功将开发出的处理技术应用于石油化工、汽车制造、纺织印染、污泥干化、垃圾处理、制药、副食、污水处理等行业的废气治理工程中。项目业绩遍布全国，截至 2018 年 6 月，公司合计完成 202 个项目、378 多套恶臭及 VOCs 治理成套设备及其收集系统的设计、生产和安装，累计处理能力超过 688 万 m^3/h。

3.8.11.2 用户意见

生物过滤装置设计合理，运行简单，维护方便，耐负荷冲击，对 VOCs 和含硫、含氮复合恶臭气体有较高的去除效果。自调试合格以来，运行状态良好，处理效果满足设计要求；供货及时、服务周到，用户单位表示满意。

3.8.12 获奖情况

（1）2013-05-30 广东省环境保护科学技术奖 / 一等奖：（广东省环境保护厅）。

（2）2013-12-30 环境保护科学技术奖 / 三等奖：（环境保护部）。

（3）2018-02-07 2017 年全国 VOCs 检测与治理创新成果优秀创新设备奖（中国环境科学学会）。

3.8.13 技术服务与联系方式

3.8.13.1 技术服务方式

货物供应、安装、调试、技术服务、质保和售后服务等。

3.8.13.2 联系方式

联系单位：广东省南方环保生物科技有限公司

联系人：谢淮明

地址：广州市番禺区番禺大道北 555 号天安科技园总部中心

邮政编码：511400

电话：13824475872

传真：020-87682165

E-mail：41693571@qq.com

3.8.14　主要用户名录

（1）佛山市三水金湖工程塑料有限公司，10 000 m³/h 塑料生产废气的生物过滤工程；

（2）惠州大亚湾清源环保有限公司，30 000 m³/h 石化工业区综合污水处理废气的生物过滤工程；

（3）福建漳州腾龙芳烃化工厂，18 000 m³/h 石油化工废气的生物过滤工程；

（4）广东伊诗德新材料有限公司，5 200 m³/h 生产车间废气及污水处理站臭气的生物过滤工程；

（5）广州白云山制药厂，7 500 m³/h 制药行业污水处理厂的生物过滤工程。

3.9　注入式低温等离子体－生物法组合废气处理系统

3.9.1　技术名称

注入式低温等离子体－生物法组合废气处理系统

3.9.2　申报单位

厦门佰欧科技工程有限公司

3.9.3　推荐部门

福建省环境保护产业协会

3.9.4　适用范围

适用于以下场所：

①发生恶臭场所：污水处理厂、养畜场及畜产废水处理场、堆肥工厂、食品工厂、皮革工厂、污泥干燥设施等；②挥发性有机化合物（VOCs）发生场所：石油精炼厂、涂料工厂、喷漆房、化学产品制造工厂、橡胶及塑料制造工厂等；③恶臭

及挥发性有机化合物（VOCs）同时发生场所：纸浆及造纸工厂、垃圾收集场、食品垃圾堆肥设施、卷烟厂、工业废水处理厂等。

3.9.5　主要技术内容

3.9.5.1　基本原理

注入式低温等离子反应装置由空气净化器、低温等离子体高压放电模组、注入装置组成。低温等离子采用注入式结构，包括以下几个步骤：首先通过新风注入系统吸入生成低温等离子体所需的新鲜空气；随后，气体通过空气净化器，控制其清洁度与温湿度等性质；而后清洁的空气进入低温等离子体高压发生器模组，在此区域内，通过强电场将气体电离、活化成为包含高能电子、离子、活性组分和自由基的低温等离子体；最后，将这些活性成分注入到废气管道中，使之与废气混合并发生反应。注入管道设有防止废气回流至反应腔的单向阀，能防止废气侵入反应模组，确保反应模组运行的稳定性。

生物处理装置采用自成一体的全封闭结构。一体化生物处理装置由洗涤段、生物过滤段组成。洗涤段由循环水箱、循环泵、循环喷淋管路、洗涤填料、支架、补水装置、排污装置等组成。废气由洗涤段顶部进入，雾化喷嘴将洗涤液充分雾化后与气流混合，气液同向通过洗涤填料。填料采用无机 PP 多孔球，可增加气液停留时间，使待处理的气体湿度迅速达到饱和状态，废气中的可溶性物质、尘杂及低温等离子反应腔剩余的臭氧等活性组分均被溶于水中。气体经洗涤段后由底部进入生物过滤段。生物过滤段由布气装置、生物填料、支架、营养液输送装置等组成。布气装置采用均匀布气板，具有足够的刚度、强度及耐腐蚀性，独特的结构，确保均匀布气。生物填料可提供足够的接触面积及足够的接触时间以完成有效的生物降解。在系统启动初期接种微生物，而后大量微生物在生物填料表面不断增殖，形成生物膜。正常运行过程中无须外加营养液。

3.9.5.2　技术关键

（1）注入式低温等离子 - 生物法组合废气处理系统，生物法前端采用注入式低温等离子技术，彻底解决了生物法难以处理复杂大分子废气及间歇运行时微生物活性受影响的问题，并且使系统具有应急处理能力，使恶臭气体在生物除臭设备检修维护时也能达标排放。

（2）生物处理装置采用并联结构，模块化拼装设计，各个单体采用标准接口，方便增减处理能力。生物处理装置由洗涤段、生物过滤段组成。在生物法前部增加洗涤段，应用交叉洗涤原理，废气中的可溶性物质及尘杂等被去除，减轻生物法的负荷波动范围及后续工艺负荷；同时低温等离子反应腔剩余的臭氧等活性组分可溶于洗涤段，既可持续与废气反应，又可解决臭氧二次污染问题。

（3）低温等离子采用注入式结构，并设置单向阀，安装风速传感器，确保了低温等离子的安全性。

（4）生物滴滤塔出现在19世纪80年代后期，是在生物过滤池基础上进一步改进的固定化微生物技术，固定化微生物技术是指利用将微生物接种到特定的生物反应器内的载体上，利用微生物自身代谢活动降解恶臭物质，使之降解矿化为 CO_2 和 H_2O 等最终产物，同时微生物利用污染物合成自身所需的营养物质而进行生长和繁殖，从而达到无臭化、无害化的一种方法。但由于生物滴滤塔所采用的填料载体多为机械强度很高的无机或者有机物质，其本身不含有微生物并且不能为吸附在其表面的微生物提供营养元素，所以才导致国内大部分的生物滴滤塔的处理效果不理想。日本有学者通过对填充塔型生物脱臭装置的研究发现，对高浓度恶臭气体的去除，恶臭物质的生物分解为生物脱臭过程的限速阶段。微生物是生物滴滤塔的核心，对恶臭气体处理效果起着关键性的作用，生物滴滤塔的改进和发展很大一部分反映在具有除臭功能微生物菌种的选择上。公司通过研究创立了独特的微生物种群结构。

3.9.6　典型规模

处理 1 000 ~ 100 000 m^3/h 风量的恶臭气体均比较适用。

3.9.7　主要技术指标及条件

（1）废气排放各项指标达到《恶臭污染物排放标准》（GB 14554—93）；
（2）噪声排放达到《工业企业厂界环境噪声排放标准》（GB 12348—2008）；
（3）除臭效率达到85%以上。

3.9.8　主要设备及运行管理

预处理设备：洗涤循环塔、过滤器、循环泵、除雾器。
主反应设备：等离子反应器、高压脉冲电源。
配套设备：风机、水泵、电控柜。

3.9.9 推广情况及用户意见

3.9.9.1 推广情况

厦门烟草工业有限责任公司、福建金闽再造烟叶发展有限公司。

3.9.9.2 用户意见

设备运行稳定，各项处理指标良好，用户满意度高。

3.9.10 获奖情况

厦门市湖里区科学技术进步三等奖。

3.9.11 技术服务与联系方式

3.9.11.1 技术服务方式

总承包。

3.9.11.2 联系方式

联系单位：厦门佰欧科技工程有限公司

联系人：胡杰华

地址：厦门市湖滨南路 388 号国贸大厦 40 楼 C 单元

邮政编码：361101

电话：0592-5055001

传真：0592-5121310

E-mail：168@xmbaio.com

3.9.12 主要用户名录

厦门烟草工业有限责任公司、福建金闽再造烟叶发展有限公司

3.10 市政恶臭气体离子洗涤复合净化技术

3.10.1 技术名称

市政恶臭气体离子洗涤复合净化技术

3.10.2　申报单位

苏州市易柯露环保科技有限公司

3.10.3　推荐部门

苏州市环保产业协会

3.10.4　适用范围

各种有害气体如 H_2S、SO_x、NO_x、HCl、NH_3、Cl_2 等气体处理；

污水处理场、污水泵站 / 房恶臭气体处理；

污泥焙烧厂、污泥干化厂、污泥堆肥厂恶臭气体处理；

垃圾转运站、垃圾焚烧厂、垃圾填埋场库区、垃圾填埋场渗沥液恶臭气体处理；

粪便处理厂、餐厨垃圾处理厂恶臭气体处理；

石化厂精炼厂、有机物处理厂废气处理；

卷烟厂、制药厂、造纸厂废气处理；

养殖厂、屠宰厂、啤酒厂、饲料厂臭废气处理；

电镀厂（电镀、酸洗、浸镀作业）废气处理；

其他有恶臭气体产生的场所。

3.10.5　主要技术内容

3.10.5.1　基本原理

易柯露离子洗涤复合除臭技术由初滤段、高能等离子段、催化反应段、文氏洗涤段、异味控制除沫段等组成。离子净化仓中低功耗条件下的大流量等离子体（电子密度最高可达 $3.5 \times 10^{19} \sim 1.42 \times 10^{20}/m^3$），以及镜像力吸附装置中产生大量的高浓度的负离子，使恶臭分子结构快速得到分解氧化，并使通过的气溶胶带上饱和电量，迁移到固定的收集板上，再进入催化仓深度反应，达到高效去除气溶胶的目的；文氏洗涤具有近乎 100% 的传质效率，属高效气体净化装置，当采用某种液体处理气体混合物时，在气 - 液相的接触过程中，气体混合物中的一种或数种溶解度大的组分将进入到液相中，气相中各组分相对浓度发生了改变，使混合气体得到分离净化；经过复喷装置的气体带水量较大，需要有脱水装置去除。再经异味控制装置雾化的药液与残留的异味分子吸附，发生分解、聚合、取代、置换和加成等化学反应，促使异味分子发生改变，改变了原有的分子结构，使之失去异味。反应的最后产物为无害的分子，如水、氧、氮等，从而真正实现恶臭气体的净化与治理，见图 3-11。

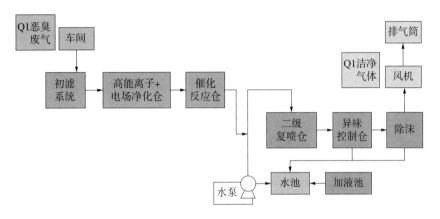

图 3-11 "易柯露离子洗涤复合除臭技术"工艺流程

（1）离子降解

静电装置（镜像力吸附装置）中产生大量的高浓度负离子，可以使通过的气溶胶带上饱和电量，带电的气溶胶在电场的作用下迁移到固定的收集板上，从而达到高效去除气溶胶的目的。离子电场（低温等离子装置）利用高频、高压电晕放电在空间产生非平衡态低温等离子体。其净化机理包括两个方面：①在产生等离子体的过程中，高频放电产生的瞬时高能量，打开有害气体分子的化学键，使其分解成单质原子或无害分子。②等离子体中包含了大量的高能电子、离子、激发态粒子和具有强氧化性的自由基，它们与有害气体发生频繁的碰撞，打开气体分子的化学键生成单原子分子和固体颗粒。

其部分反应式为

$$e+O_2 \rightarrow O+O+e$$

$$e+H_2O \rightarrow OH+H+e$$

$$e+O_2 \rightarrow 2e+O_2^+$$

$$e+O_2 \rightarrow 2e+O^+ +O\,(^3P)\;or\;O\,(^1D)$$

$$H_2S+O_2\,(O_2^- \, 或 \, O_2^+) \rightarrow SO_3+H_2O$$

$$NH_3+O_2\,(O_2^- \, 或 \, O_2^+) \rightarrow NO_x+H_2O$$

$$VOCs+O_2\,(O_2^- \, 或 \, O_2^+) \rightarrow CO_2+H_2O$$

（2）洗涤降解

文氏吸收法是分离、净化气体混合物最重要的方法之一，当采用某种液体处理气体混合物时，在气 - 液相的接触过程中，气体混合物中的不同组分在同一种液体中的溶解度不同，气体中的一种或数种溶解度大的组分将进入到液相中，从而使气相中各组分的相对浓度发生了改变，即混合气体得到分离净化，这个过程称为吸收。文丘里吸收装置具有近乎 100% 的传质效果，文氏吸收器运用改型文丘里技术，属高效气体净化装置。采用低浓度的氢氧化钠溶液吸收 H_2S 等。

$$2NaOH+H_2S \rightarrow Na_2S+2H_2O$$

氨气会溶于水中，跟水分子通过氢键结合成一水合氨（$NH_3 \cdot H_2O$）。

$$NH_3+H_2O \rightarrow NH_3 \cdot H_2O$$

$$NH_3 \cdot H_2O \rightarrow NH_4^+ + OH^-$$

3.10.5.2　技术关键

（1）离子净化

①电源。易柯露离子洗涤复合除臭技术的离子段，采用中科院等离子体物理研究所研发的大流量等离子体发生器，该产品技术已通过科技成果鉴定，经常印佛、郝吉明等多位院士及专家一致鉴定："该技术整体达到国内先进水平，部分关键技术属国内领先。"

该核心等离子体系统在放电过程中，通过其自主研发的激发等离子体高效软开关电源技术对高压高频电源的智能控制，实现电源与等离子体负载的高效动态匹配，从而实现低功耗条件下大流量高效等离子体的产生，同时产生高浓度的活性粒子，结合合适的流场分布，对大流量多组分复杂有机污染物可实现同时降解。

②电场。经过等离子体处理后的气体进入静电场。在电场作用下，离子发生器产生大量的 α 粒子，α 粒子与空气中的氧分子进行碰撞而形成正负氧离子。正氧离子具有很强的氧化性，能在极短的时间内氧化分解甲硫醇、氨、硫化氢等污染因子，且在与 VOC 分子相接触后打开有机挥发性气体的化学键，经过一系列的反应后最终生成二氧化碳和水等稳定无害的小分子；带电的负离子，可以使通过的气溶胶带上饱和电量，带电的气溶胶在电场的作用下迁移到固定的收集板上，空气中的液沫也会在电场中被荷电而迁移至极板，从而清除气体中悬浮胶体达到净化空气的目的。静电吸附装置工作电压约为 35 kV，电场风速约为 1.5 m/s。

③反应仓。静电装置中还会产生一定浓度的自由基、激发态高能离子与臭氧，将恶臭物质转化为无毒害的二氧化碳、水、硫酸、硝酸等简单无机物，其反应需要一定的时间，设置催化反应仓，以保证系统的净化效率，未被及时降解的污染物分子在催化反应仓内充分混合、反应、降解，反应后的气体再进入复喷洗涤装置进一

步净化去味处理。

（2）洗涤除臭

①洗涤装置。废气通过离子电场及催化反应仓后进入文氏洗涤装置，文氏洗涤装置是一种改型文丘里装置。文氏洗涤装置由多道离心喷嘴组成喷淋器，根据与气流方向的不同，喷嘴可以布置为逆喷、顺喷或对喷。气流速度与喷淋水的液速的相对速度很高。文氏洗涤装置水泵喷淋的液压约 $3 \sim 6 \ kg/cm^2$。污染气体在文氏洗涤装置中与喷淋液进行急速碰撞反应，具有很高的传质、传热效率。大部分的恶臭物质都可以从气相中转移到液相中，从而达到净化的目的。文氏洗涤装置具有很高的除尘效率。文氏洗涤装置中的水气比约为 $1 \sim 1.5 \ L/m^3$。

文氏吸收法是分离、净化气体混合物最重要的方法之一，当采用某种液体处理气体混合物时，在气 - 液相的接触过程中，气体混合物中的不同组分在同一种液体的接触过程中，气体混合物中的一种或数种溶解度大的组分将进入到液相中，从而使气相中各组分的相对浓度发生了改变，即混合气体得到分离净化，这个过程称为吸收。文氏吸收装置具有近乎 100% 的传质效果，属高效气体净化装置，吸收法的关键是吸收剂的选择与分离。本装置使用的吸附液可以循环使用，循环喷淋液中可以根据需要添加特殊配方的吸收液（如天然植物液）以提高吸收污染气体的效率。

②喷嘴。选用国外进口的特殊喷嘴，锥形喷雾形状，打击区域为圆形，在较大压力和流量的情况下，可以提供极佳的自动调节功能，将堵塞的现象降低到最低，安装与更换轻松简便。精确的打击锋面角度控制着液滴分布并且产生理想的喷雾覆盖，本装置的不锈钢机芯设计，确保溶液的流率和持久性，且能够提供优越的抗化学品腐蚀能力并防止磨损和变形。

③除沫器。丝网除沫器主要用于分离直径为 $3 \sim 5 \ \mu m$ 的液滴。当带有雾沫的气体以一定的速度上升，通过格栅中间的过滤丝网时，由于雾沫上升的惯性作用，使雾沫与细丝碰撞而黏附在细丝的表面上。细丝表面上的雾沫进一步扩散及雾沫本身的重力沉降，使雾沫形成较大的液滴沿着细流至它的交织处。由于细丝的可湿性、液体的表面张力及细丝的毛细管作用，使液滴越来越大，直到其自身的重力超过气体上升的浮力和液体表面张力的合力时，就被分离而下落。只要操作气速等条件选择得当，气体通过丝网除沫器后，其除沫效率可达到 99% 以上，可以达到完全去除雾沫的目的。

（3）异味控制

① AMS 控制器。AMS 控制器是先进的多功能自动雾化系统，具有其他系统无法比拟的性价比。AMS 控制器将先进的电子技术和耐用的中压泵结合在一个整体的

精致的雾化系统中。无论是用于雾化水、植物液还是其他化学药剂，AMS 控制器在很多工业和民用领域中都有着良好的应用。其功能特点有：

时钟校对——校对 PLC 内部时钟与 365 天实时时钟相对应。

情景模式——将一年的 12 个月分为四个情景模式、每个情景模式下可以将每天分为四个时间段，每个时间段都可以独立设置开启时间（0~999 s）和停止时间（0~999 s）。

浓度配比——设定原液和软水按照比例进行配比成工作液（上限 1∶900）。

搅拌时间——在每次配液之前对原液进行搅拌，搅拌时间可以设定（0~59 s）。

空滤时段——在以上的情景模式下，空气过滤系统运行可以将每天分为四个时段，每个时段开启时间（上限 3 000 s、下限 100 s）和停止时间（上限 3 000 s、下限 100 s）相同。

②雾化器。在较大压力和流量的情况下，可以提供极佳的自动调节功能，产生的高分比小液滴精度达到 0.02~0.04 mm，雾化参数 30 ml/min。它的微型设计使其容易隐藏或搁置在指定区域，是一种美观而不显眼的装置。本装置的不锈钢机芯设计，确保溶液的流率和持久性。其自身 O 型封口设计，可以手动拧紧（无须工具辅助），使安装简单快捷。

③植物液。去除异味的植物液由多种精油、表面活性剂、异丙醇和水构成，主要是醛、酮、酯和醇。凭借特定的机能团，所有这些化合物具有很好的活性。醛和酮特有的机能团是碳酰基团：羰基团中的醛和酮具有和氮及硫化合物反应的能力，而氮及硫化合物正是许多讨厌异味的主要来源。醛本身也可以和难闻的醛发生反应，也是恶臭的源泉。醇本身也是活性很高的化合物，它包含羟基团，由于这个羟基团，醇可以和产生醛及脂肪酸（酯化反应）的气味发生反应。酯是精油非常重要的成分，它们既可以和氨反应，也可以和胺反应，这都归功于它的特殊机能团。

当异味分子和植物液分子反应时，新的分子生成，这些分子体积大，挥发性低，因此能减少异味或根本清除异味。如果异味分子和植物液分子不发生化学反应，它们就会产生由静电吸引引起的范德瓦耳斯引力结合物，此外植物液中的表面活性剂也证明是异味气体和小液滴的结合桥梁。这些结合物产生低压的大分子以根除大部分异味。植物液是无毒、无腐蚀性的，成为很多领域理想的选择，植物液操作安全，即使在有人的区域应用无论是雾化还是喷洒都是安全的。

臭气分子在经过异味处理后，嗅阈值很低的 H_2S（0.000 755 mg/m^3）、甲硫醇（0.001 51 mg/m^3）和 NH_3（0.5 mg/m^3）等的转变为 SO_3、NO_x、CO_2、H_2O 等嗅阈值较高或无臭味分子，达到去除异味的目的，无二次污染。

3.10.6　典型规模

单套设计处理气量为 18 000 m³/h。

3.10.7　主要技术指标及条件

3.10.7.1　技术指标

表3-9　技术指标

单套设计处理气量		Q18 000 m³/h
外形尺寸（不含风机）		5 000（L）×1 700（W）×2 100（H）mm
工作电源		380 V/50 Hz
防护等级		IP55
整机材质		$\delta \geqslant 2$ mm；SUS304 不锈钢
单套设备配电功率		P ≤ 4 kW
离子洗涤一体化设备		含初滤均流单元、离子净化单元、催化反应单元、复喷（文氏）洗涤单元、除沫过滤单元、异味控制单元、排污单元
初滤均流单元	初效过滤装置	板框式，SUS304，过滤效率 >10 μm
	均流过滤装置	板框式，SUS304
离子净化单元	离子仓	极板式，220 VAC，SUS304，1 400（H）×2 400（L）×1 500（B）mm
	集污仓	SUS304，500（H）×3 500（L）×1 500（B）mm
催化反应单元	催化氧化反应仓	SUS304，TiO_2 复合式两屉静电蜂窝过滤装置 500（H）×600（L）×1 500（B）mm
复喷（文氏）洗涤单元	复喷仓 文氏洗涤装置	多道离心喷嘴，气体流速 16 m/s，气液比 0.5～1
	除沫过滤装置	SUS304，分离直径大于 3～5 μm 的液滴
	内胆水箱	SUS304，容量 ≥ 500 L
	伺服间 加药泵	GD055ZP2N，流量 59 L/h，功率 0.2 kW，扬程 1 MPa
	pH 仪	侵入式，PC3110，精度 0.01pH，量程 –2.0～16.0 pH
	立式离心泵	CDLF8-4，8 m³/h，功率 1.5 kW，扬程 38 m
	M101 液箱	SUS304，容量 ≥ 100 L
	伺服水箱	SUS304，容量 ≥ 50 L
排污单元	电磁阀	DN50，DC24BV
	球阀及辅材	UPVC

3.10.7.2　条件要求

在电力控制柜安装位置和主水管 1 m 范围内提供动力电源和水源接驳口。

3.10.8　主要设备及运行管理

3.10.8.1　主要设备

离子洗涤复合除臭设备。

3.10.8.2　运行管理

（1）例行巡检项目

①观察控制柜设备是否正常（按钮、运行指示灯），并做好记录。②观察系统设备雾化效果是否正常，发现异常应及时记录，尽早排除。③观察离子设备控制柜电压、电流指示是否正常，并做好记录，发现异常，尽快通知离子设备专业维护人员。④观察离心风机运行是否正常，温度是否过高，有无异常响声，发现异常应及时记录，尽早排除。

（2）单体设备维护及保养

①水循环系统。

a.水泵：每天巡检水泵运行情况，观察水泵出水压力、运行声音、泵体温度、机械密封等是否正常，如有异常，应停机处理；每季定期检查水泵电机绝缘情况。

b.管道：无须特别维护，每周定期检查管道有无泄漏、滴漏情况，发现异常，及时处理。

②离子装置。

a.离子装置主体：无须特殊保养，每月定期检查设备是否正常工作。

b.电源：定期检查电源设备是否正常，发现问题及时处理，定期为电源设备停电清理积尘。

c.离子发生装置：高压静电极板容易积尘，设备定期检查时，应检查电极连接是否正常、同时清理积尘。

d.离子发生装置为高压设备，非经培训的人员或非专业人员不得进行操作。高压变压器的设备内挂有警示牌，检修、试车、工作时未经许可，任何人不得进入高压变压器平台。

③尾气输入系统。

a.风机：每天巡检风机运行情况，观察风机运行声音、油位、密封、温度情况是否正常，如有异常，应及时通知生产厂家，必要时须停机。

每月定期检查风机、电机绝缘情况；每半年给电机轴承更换补充 1 次润滑脂，以保证轴承润滑良好。油面高度加到油视镜红点中心位置。一般风机轴承所使用的润滑油多为 15~40 W，黏稠度不得高于 R-32，严禁使用齿轮油，高温风机则应采用特殊耐热润滑油。

　　b. PP 管道：无须维护，每半年定期检查各紧固件紧固情况。

　　c. 阀门：无须维护，每半年定期检查各紧固件紧固情况。

　　④控制系统。

　　a. 变频器：注意检查散热器温度并清洁散热器，散热器会因冷却空气流过而积尘。由于散热器积尘，冷却效率会降低，可能发生过热故障。在正常环境下（无灰尘、清洁的），散热器应每半年检查一次，在灰尘多的环境下，散热器应经常清扫。

　　b. 控制柜：一般情况下，4~6 个月对控制柜进行除尘处理，半年左右要对各接点进行紧固。

　　c. 电气元器件如有异常须即刻上报处理，如接触器长期工作可能会吸合不紧发出异常声音，长期工作触点氧化造成局部电流过大等。

3.10.9　投资效益分析

3.10.9.1　投资情况

　　总投资：90 万元。主体设备寿命：15 年。

3.10.9.2　环境效益分析

　　本技术不仅可以有效解决恶臭引起的扰民等社会问题，还可对臭气成分中的有机物质因光化学反应产生的 $PM_{2.5}$ 起到积极的控制作用，因此对构建社会和谐、创建绿色城乡环境具有重大促进作用。

3.10.10　推广情况及用户意见

3.10.10.1　推广情况

　　离子洗涤复合除臭技术综合了吸附法、离子法和吸收法的优点，对有机污染物恶臭物质等气体污染物都有较高的去除效率。其设备自动化程度高，机电一体化，维护工作量小，运行可靠安全，主体设备使用寿命可达 20 年。本复合工艺与燃烧法、化学氧化、一般吸收法与吸附法等净化工艺相比，在具有同等的净化效率情况下，具有占地少、阻力小、能耗省、维护费用低等优点；同时可回收部分原材料，减少建设单位废气净化的投资费用。经处理后的排气满足《恶臭污染物排放标准》（GB 14554—93）。目前，本技术已广泛应用于市政与工矿领域，如垃圾处理场（站）、污水处理厂（站）、污泥干化等。

3.10.10.2　用户意见

设备操作简单，噪声及能耗小，除臭效果明显。

3.10.11　技术服务与联系方式

3.10.11.1　技术服务方式

项目设计、设备安装、技术支持、售后维护。

3.10.11.2　联系方式

联系单位：苏州市易柯露环保科技有限公司

联系人：俞海峰

地址：江苏省苏州市高新区玉山路 55 号南区 1 幢 10 层

邮政编码：215011

电话：13814815818

传真：65309759

E-mail：ecolord@vip.163.com

3.10.12　主要用户名录

用户名称：苏州市吴中区木渎新城污水处理厂；项目名称：木渎污水厂气体异味治理工程；应用规模：67 000 m^3/h；

用户名称：苏州高新污水处理有限公司；项目名称：镇湖污水处理厂气体异味治理工程；应用规模：71 000 m^3/h；

用户名称：苏州市吴中区越溪街道环境卫生管理站；项目名称：越溪路垃圾转运站气体异味治理工程；应用规模：12 000 m^3/h；

用户名称：江苏通用环境工程有限公司；项目名称：城南污水处理厂气体异味治理工程；应用规模：205 000 m^3/h；

用户名称：南通市崇川区环卫处；项目名称：崇川区大型垃圾转运站气体异味

治理工程；应用规模：60 000 m³/h。

3.11　污水污泥处理处置过程恶臭异味生物处理技术典型应用案例

3.11.1　案例名称

青岛泰东制药有限公司 4 500 m³/h 制药废水处理站废气生物法收集处理工程

3.11.2　申报单位

青岛金海晟环保设备有限公司

3.11.3　业主单位

青岛泰东制药有限公司

3.11.4　工艺流程

废气先经集气管道至生物洗涤装置，通过喷淋来自好氧池的活性污泥溶液，对洗涤后通过洗涤塔顶端排气口排出，洗涤液从塔底流入生物反应器回吸收塔进行循环。生物反应器与污水厂好氧池相连，通过进液泵和排液泵将洗涤塔循环液 10% 的活性污泥溶液从生物反应器排入好氧池，再从好氧池输送等量的溶液补充回洗涤塔循环系统。

3.11.5　污染防治效果和达标情况

H_2S、NH_3 处理效率可达 90%。

3.11.6　主要工艺运行和控制参数

废气进入洗涤塔后，自下而上流经填料层，循环污泥溶液自喷嘴均匀喷洒在填料上面；废气与循环污泥溶液在充分湿润的填料表面互相接触，在物理和化学吸收作用下，将废气中的污染物成分吸收在循环液中，使之从气相转换为液相，达到去除污染物的目的。填料采用轻质耐腐蚀的填料，孔隙率大，不易被堵塞，还有通量大、阻力小等优点，由于该填料的间隙处能有较高的滞液量，可增长塔内液体停留时间，从而增加气液接触时间，提高吸收效率。

3.11.7　能源、资源节约和综合利用情况

相对于化学处理方法，无须化学药剂及自来水。工艺用水取自污水站好氧池，洗涤处理过废气之后又重新返回到好氧曝气池，节约了其他工艺需要进行废水再处理的成本，做到了水资源的综合利用。

3.11.8　投资费用

密闭加盖装置费用 250~500 元 /m^2，废气处理设备 10~50 元 /m^3，运行电耗 1.0~1.5 kW·h/1 000 m^3。

3.11.9　关键设备及设备参数

生物洗涤塔处理气体量 4 500 m^3/h，规格（直径 × 高）φ1.5 m×5.5 m，材质玻璃钢，填料正常使用寿命 10 年，填料高度 2.0 m。生物洗涤塔填料：球形悬浮填料，材质 PP，直径 50~80 mm，堆积密度 300 个 /m^3，比表面积 380 m^2/m^3，填料层高度 2.0 m，耐酸碱性稳定，连续耐热 80~90℃，脆化温度 −10℃，孔隙率＞ 97%，堆积重量重 11 kg/m^3，使用寿命＞ 5 年。玻璃钢离心风机流量 4 500 m^3/h，风压 2 400 Pa，电机功率 5.5 kW，材质玻璃钢。洗涤塔生物循环喷淋泵最大流量 26 m^3/h，扬程 25 m，电机功率 4 kW。

3.11.10　工程规模及项目投运时间

青岛泰东制药有限公司 4 500 m^3/h 制药废水处理站废气生物法收集处理，2015 年 8 月投运。

3.11.11　验收 / 检测情况

2015 年 8 月 28 日青岛京诚检测科技有限公司检测合格。

3.11.12　联系方式

联系人：崔恩锋

地址：青岛市城阳区华海路 22 号公司院内

联系电话：0532-87718881 转 18，18663911990

传真：0532-87718880

电子信箱：Office001@hisun-cn.com

3.12 双介质阻挡放电低温等离子恶臭气体治理技术典型应用案例

3.12.1 案例名称

北京国中生物科技有限公司阿苏卫生活垃圾综合处理厂 80 000 m³/h 废气处理工程

3.12.2 申报单位

山东派力迪环保工程有限公司

3.12.3 业主单位

北京国中生物科技有限公司

3.12.4 工艺流程

收集系统 - 过滤预处理 - 双介质阻挡放电等离子体处理 - 引风机

3.12.5 污染防治效果和达标情况

进口臭气浓度 6454，出口臭气浓度 859，臭气去除率 86.7%，达到《恶臭污染物排放标准》（GB 14554—93）中 15 m 排气筒臭气浓度 2 000 的限值。

3.12.6 主要工艺运行和控制参数

经过滤预处理后：颗粒物含量 ≤ 30 mg/m³，废气温度 ≤ 40℃，湿度 ≤ 70%，可燃气浓度 ≤ 25%LEL。废气在等离子体设备内停留时间约 1 s。

3.12.7 投资费用

设备投资 150 万元，工程基础设施建设费用 50 万元。

3.12.8 关键设备及设备参数

低温等离子体设备，废气停留时间 1 s，压损 500 Pa。

3.12.9 工程规模及项目投运时间

80 000 m³/h 生活垃圾废气治理，2015 年 9 月投运。

3.12.10 验收／检测情况

北京国中生物科技有限公司 2015 年 11 月验收通过。

3.12.11 联系方式

联系人：国立杰

地址：北京市昌平区小汤山镇阿苏卫生活垃圾综合处理厂

联系电话：15653319176，18816127229

传真：0533-6218856

电子信箱：zbguolijie@163.com

3.13 低浓度恶臭气体生物净化技术典型应用案例

3.13.1 案例名称

佛山市三水金湖工程塑料有限公司 10 000 m³/h 塑料生产废气生物过滤除臭工程

3.13.2 申报单位

广东省南方环保生物科技有限公司

3.13.3 业主单位

佛山市三水金湖工程塑料有限公司

3.13.4　工艺流程

废气收集后经水洗除尘降温、等离子除油处理后通过生物滤池，通过湿润、多孔和充满活性微生物的滤层，滤层中微生物对废气中污染物进行吸附、吸收和降解，将污染物质分解成二氧化碳、水和其他无机物，完成降解过程，经净化后达标排放。

工艺流程如图 3-12 所示：

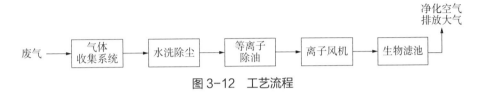

图 3-12　工艺流程

3.13.5　污染防治效果和达标情况

废气的主要成分为苯、甲苯、二甲苯、苯乙烯。二甲苯浓度最高，为 39.9 mg/m³，其次为苯乙烯 26.4 mg/m³，甲苯 12.4 mg/m³，生物过滤装置对主要污染物二甲苯的去除率达到 98% 以上，总 VOCs 的去除率达到 78.6%。

3.13.6　主要工艺运行和控制参数

生物过滤装置主要由离心风机、水泵、塔体和生物填料组成。运行参数：设计风量 10 000 m³/h，表面负荷 167 m³/（m²·h），填料停留时间 25.92 s。

3.13.7　能源、资源节约和综合利用情况

预洗池用水可循环喷淋，集约化程度高；循环水采用回用水，节约水资源。

3.13.8　投资费用

10 000 m³/h 生物过滤装置的投资成本（含基建费）约 60 万元。

3.13.9　二次污染治理情况

无二次污染。

3.13.10　运行费用

10 000 m³/h 生物过滤装置，年运营费用为 12.7 万元。

3.13.11　工艺路线

低浓度恶臭气体经预洗池喷淋去除颗粒物和水溶性组分、调节温湿度后，进入生物滤池，通过湿润、多孔和充满活性微生物的滤层，实现对废气中恶臭物质的吸附、吸收和降解净化。

3.13.12　主要技术指标

典型 VOCs 物质去除率可达 60% 以上，臭气净化效率可达 85% 以上。

3.13.13　技术特点

采用具有高效吸附能力的生物填料及适合不同废气的高效优势菌种，净化效率高。

3.13.14　适用范围

低浓度恶臭气体净化。

3.13.15　案例概况

本项目针对佛山市三水金湖工程塑料有限公司在生产过程中产生的废气，采用了一套处理风量 10 000 m³/h 的生物滤池装置处理废气，于 2016 年开始投入运行。

低浓度 VOCs 治理技术

4.1 基于沸石转轮的中低浓度涂装 VOCs 净化技术与装备

4.1.1 技术名称

基于沸石转轮的中低浓度涂装 VOCs 净化技术与装备

4.1.2 申报单位

青岛华世杰环保科技有限公司

4.1.3 推荐部门

青岛市环境保护产业协会

4.1.4 适用范围

涂装、包装、印刷等行业处理大风量、低浓度 VOCs 废气。

4.1.5 主要技术内容

4.1.5.1 基本原理

利用自主研发的沸石吸附转轮作为吸附单元，对大风量、低浓度有机气体进行浓缩吸附；浓缩后的气体经旋转蓄热氧化系统进行氧化（催化），催化床选用性能优良的蜂窝陶瓷非贵金属催化剂，净化效率达 95% 以上。整套装置可实现吸附、脱附、热平衡、催化反应连续运行。工艺流程如图 4-1 所示：

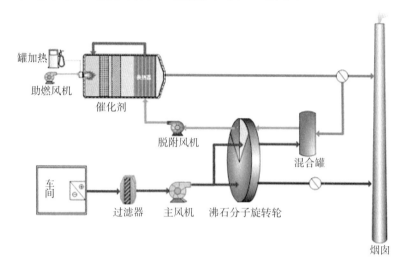

图 4-1　工艺流程

4.1.5.2　技术关键

（1）以陶瓷纤维纸为原料的蜂窝结构成型加工

陶瓷纤维纸的强度、纤维直径、厚度及陶瓷纤维的初生态结构如元素组成、渣球数等，都会对支撑结构的密度、孔隙率和强度以及转轮的最终性能产生影响。本技术从系统设计的观念出发，以高性能陶瓷纤维纸基沸石蜂窝转轮为目标导向，从陶瓷纤维纸的源头入手，通过对陶瓷纤维纸的强度、纤维直径、厚度及陶瓷纤维的初生态结构如元素组成、渣球数等精确表征，建立陶瓷纤维纸转轮结构及工艺参数和转轮性能之间的关系，从而得以对转轮的吸附性进行全面的评价。目前，作为原材料之一的陶瓷纤维纸的总体性能还与国外产品存在较大差距，在这一问题短期无法解决的情况下，通过改良工艺，优化设计，发挥现有材料的相对优势，减少不利因素的影响，为蜂窝结构成型提供良好的材料基础。在现有设备开发的基础上，利用流体力学软件模拟，完成蜂窝结构的优化设计。深入分析和对比国内外现有设计及工作原理，设计开发大通量支撑结构，最大限度地降低系统能耗和运行成本。

（2）沸石吸附剂的选择和设计

目前，制备吸附转轮所用沸石有很多种，配方设计主要依据应用对象 VOCs 的组成。由于分子大小、极性和反应性的差异，需要相应选取具有适宜孔道大小和表面极性的沸石种类，才能取得理想效果。基于使用要求和经济效益的考虑，还要对沸石的表面积和孔容等相关参数进行筛选。对于复杂组分的 VOCs，除考虑主要成分的吸附效果，还要考虑各成分的竞争吸附效应，设计具有针对性强、适用范围广，耐受能力强的沸石吸附剂配方。

（3）沸石吸附剂的浸渍工艺

将吸附剂附着于支撑材料上有多种方法，其中浸渍法是最为成熟也是使用最广的方法，将成型转轮浸渍于沸石分散液中，烘干后表面附着一层沸石。其中沸石分散液的制备涉及沸石的亲疏水性、沸石的团聚程度、沸石的粒径分布及悬浮液的稳定性和生产过程中的物料波动等诸多因素，都会对转轮的吸附剂负载量以及沸石转轮的最终吸附效果形成直接影响。通过对以上因素的详细考察，建立其与吸附效果间的因果关系。

（4）系统优化及能量回用技术

传统的催化燃烧装置存在反应温度波动大、催化剂易高温烧结失活、系统热效率低等问题，为了解决这一难题，通过在催化床内设置规整陶瓷蓄热床，用来稳定燃烧室内的温度，减少因加热器和反应物浓度变化而引起的燃烧室内温度波动，提升催化剂活性和稳定性，延长催化剂的使用寿命，减少催化剂的用量；同时，反应尾气与进入的待反应原料气换热后温度较低，属典型的低品位热源，通过使用蜂窝状全效换热器等新型高效换热装置，提高余热利用水平。

4.1.6　典型规模

废气量：标准状态下几万到几十万 m^3/h，废气浓度 $\leqslant 1\ g/m^3$，废气组分为苯系物、酯类、醇类等非甲烷总烃。

4.1.7　主要技术指标

以风量为 60 000 m^3/h，废气浓度为 80 mg/m^3 的情况为例，主要技术参数有：

（1）标准状态下沸石分子筛转轮负荷：60 000 m^3/h（30℃）；

（2）标准状态下燃烧室处理负荷：3 000 m^3/h；

（3）分子筛转轮净化效率：$\geqslant 95\%$，燃烧室净化效率 $\geqslant 99\%$；

（4）燃烧器最大功率：15×10^4 kcal/h；

（5）系统工作温度：250℃；

（6）净化后废气中甲苯、非甲烷总烃的排放浓度可达到《大气污染综合排放标准》（GB 16297—1996）表 2 的排放限值。

4.1.8　主要设备及运行管理

4.1.8.1　主要设备

主风机、脱附风机、吹扫风机、分子筛转轮（含电机）、燃烧器（含助燃风机）、氧化燃烧炉、中效过滤器、混合缓冲罐、烟囱等。

4.1.8.2　运行管理

采用 PLC 自动控制系统，将集中控制和就地操作相结合，负责对装置各动力设备实施供电和自动、手动切换控制。对氧化处理设备中关键设备的运行状态、关键点温度和压力加以实时监测，通过采集与传输温度、压力的参数变化信号来达到自控尾气氧化与自控联锁的安全保护功能，保证装置的正常运行。

4.1.9　投资效益分析

标准状态下以 25 000 m^3/h 橡胶废气处理项目为例。

4.1.9.1　投资情况

设备投资：300 万元，基础建设投资：25 万元；

主体设备寿命：10 年；

运行费用：56.3 万元 /a。

4.1.9.2　经济效益分析

采用沸石转轮吸附浓缩 + 催化氧化工艺，催化反应后的高温烟气一部分用于沸石转轮脱附再生热量，一部分用于加热车间工业用水的加热，其中换热水（80℃）的最大设计能力为 1 300 kg/h，满足其车间热水需求，可为企业每天节约 240 m^3 的天然气，折合人民币约为 23.7 万元 /a。

4.1.10　推广情况

目前，已与涂装、汽车喷涂等行业 7 家企业签订了合作协议。

4.1.11　获奖情况

2015 年 1 月，"工业有机废气吸附浓缩 - 蓄热氧化技术及设备"获青岛市黄岛区科学技术奖三等奖；

2015 年 11 月，"沸石蜂窝转轮吸附浓缩催化燃烧装置"获山东省首（台）套重大技术装备认定。

4.1.12　技术服务与联系方式

4.1.12.1　技术服务方式

设计、生产、制造、安装、调试及售后服务。

4.1.12.2　联系方式

联系单位：青岛华世洁环保科技有限公司

联系人：隋宝玉

地址：青岛市黄岛区六盘山路 16 号

邮政编码：266510

电话：0532-86813036

传真：0532-86816109

E-mail：suibaoyu@huashijie.com.cn

4.1.13　主要用户名录

恩欧凯（无锡）防振橡胶有限公司、青岛中集集装箱制造有限公司、浙江传化涂料有限公司、捷安特（天津）有限公司、天津欧派集成家具有限公司等。

4.2　工业有机废气吸附浓缩－蓄热式催化燃烧技术

4.2.1　技术名称

工业有机废气吸附浓缩 - 蓄热式催化燃烧技术

4.2.2　申报单位

广东颢禾环保有限公司

4.2.3　推荐部门

广东省环境保护产业协会

4.2.4 适用范围

涂装、印刷、家具制造、制鞋等行业低浓度有机废气（$500 \, mg/m^3$）的净化处理。

4.2.5 主要技术内容

4.2.5.1 基本原理

由 N 个单元吸附器组成，以时间为顺序，依次完成每个吸附单元的吸附、脱附和冷却过程，进而把大风量、低浓度的有机废气浓缩成小流量、高浓度的有机废气。浓缩后的高浓度气体连接到蓄热式催化燃烧设备进行氧化处理，同时，利用燃烧放热来维持系统运行需要的能耗。

4.2.5.2 技术关键

采用蓄热式催化技术代替常规的直接催化燃烧或直接焚烧技术，最大的优点是减少在脱附再生过程中发生爆炸或活性炭着火的危险，提高系统运行的安全性，同时，蓄热式催化燃烧设备（RCO）的热回收效率较高，降低设备的运行费用。

4.2.6 典型规模

废气处理量：$366\,000 \, m^3/h$

4.2.7 主要技术指标及条件

（1）吸附净化效率：$\geqslant 90\%$；催化净化效率：$\geqslant 95\%$；

（2）净化装置的总压力损失 $< 2.5 \, kPa$；

（3）净化装置运行噪声 $\leqslant 85 \, dB（A）$；

（4）正常工况下，净化装置出口污染物排放浓度达到国家有关行业排放标准的要求。

4.2.8 主要设备及运行管理

4.2.8.1 主要设备

（1）预处理单元，主要是对排放的气体特性进行预处理，如过滤除尘设备、降温装置等；

（2）单元吸附器，采用固定床，标准化制作；

（3）切换阀门，包括吸附管路和脱附管路阀门，采用气动或电动阀；

（4）蓄热式催化燃烧设备（RCO）；

（5）吸附风机和脱附风机；

（6）PLC 控制系统。

4.2.8.2　运行管理

为保障设备的使用寿命及良好的运行状态，需要对风机、预处理单位、RCO、阀门等设备进行日常检查及定期维护。

4.2.9　投资效益分析

4.2.9.1　投资情况

总投资：330 万元，其中，设备投资：300 万元，辅助设施 30 万元；

主体设备寿命：10 年；

运行费用：55.36 万元 /a。

4.2.9.2　经济效益分析

采用该技术可节省活性炭的更换费用 1 229 万元 /a，同时减少 VOCs 排放费用。

4.2.9.3　环境效益分析

该技术每年可减少 237 t VOCs 废气排放，环境效益显著。

4.2.10　推广情况及用户意见

4.2.10.1　推广情况

已在广东佛山、东莞、惠州、河源等地推广应用。

4.2.10.2　用户意见

对该装置性能、使用效果、售后服务等均满意。

4.2.11　技术服务与联系方式

4.2.11.1　技术服务方式

提供预约回访上门服务、电话网络服务、售中及售后服务等，并根据客户遇到的问题提供具体的技术服务。

4.2.11.2　联系方式

联系单位：广东颢禾环保有限公司

联系人：曾荣辉

地址：广东省河源市源城区龙岭工业园 17-01

邮政编码：510330

电话：020-89637396

传真：020-89637106

E-mail：haohehuanbao@126.com

4.2.12　主要用户名录

佛山市前进家具有限公司、东莞德曼门业有限公司、美高精密部品（惠州）有限公司、广东红棉乐器股份有限公司、广州珠江钢琴股份有限公司、广州市凯特净环保工程有限公司、广州市凯地环保工程有限公司。

4.3　挥发性有机废气吸附净化－回收利用技术

4.3.1　技术名称

挥发性有机废气吸附净化 - 回收利用技术

4.3.2　申报单位

常州市金能环保工程有限公司

4.3.3　推荐部门

常州市环境保护产业协会

4.3.4　适用范围

表面涂装、纺织印染、包装印刷、农药、石油化学、塑胶等有机溶剂使用行业中有机废气治理。

4.3.5　主要技术内容

4.3.5.1　基本原理

VOC 废气经气旋装置和漆雾分离器除尘、表冷器降温后，再经高效活性炭吸附净化。高效活性炭达到吸附饱和，通过引入高温蒸汽予以脱附，形成的 VOC 和蒸汽的混合气体经冷凝系统转变为液体，再经油水分离系统，将不溶于水的有机溶剂和水予以分离。

回收的不溶于水的有机溶剂存贮于溶剂存储槽，重新投入生产线使用。剩余的有机废水按其特性，有两种处理途径：若有机废水 COD 含量较低且易于挥发，可作为冷却水回用至冷却塔；若 COD 含量较高，可由高效蒸发系统处理，整个过程可实现无污水外排。

工艺流程如图 4-2 所示：

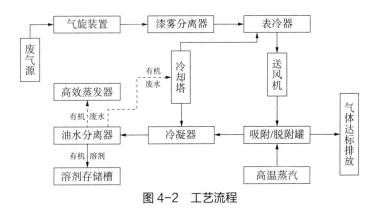

图 4-2　工艺流程

4.3.5.2　技术关键

（1）采用自主研制的高效活性炭作为吸附剂。高效活性炭是一种多孔性的含炭物质，具有高度发达的孔隙构造，将有害的杂质吸引到孔径中。

（2）针对生产线产生的挥发性强、不溶于水的有机废气，采用常温活性炭吸附、高温活性炭脱附，并利用蒸汽对活性炭进行循环再生。

4.3.6　典型规模

240 000 m³/h 喷涂有机废气

4.3.7　主要技术指标

（1）处理前甲苯浓度为 480 mg/m³，处理后甲苯浓度为 31.6 mg/m³，符合《大气污染物综合排放标准》(GB 16297—1996)中新污染源大气污染物排放限值的二级要求。

（2）回收的有机溶剂为 90 kg/h，溶剂回收率达 93.75%，回收溶剂利用率为 100%。

4.3.8 主要设备及运行管理

4.3.8.1 主要设备

自动过滤系统、整体吸附脱附系统、冷凝系统、油水分离系统、灭火系统、风机系统、回收管道系统、PLC 控制系统等。

4.3.8.2 运行管理

所有设备的开关机均由电气控制柜控制，控制过程由 PLC 实现，调试结束后，用户直接在触摸屏点击开机即可运行。

4.3.9 投资效益分析

以 240 000 m^3/h 喷涂有机废气处理工程为例。

4.3.9.1 投资情况

总投资：650 万元，运行费用：208.5 万元/a。

4.3.9.2 经济效益分析

该工程安装 3 台 YJQT×4 型有机溶剂回收设备，回收稀料有机溶剂 1 160 t/a。有机溶剂原料成本约为 1.2 万元/t，将回收下来的溶剂进行重新配比回用，只需购入 1 400 元/t 的调配剂，每吨原料可省 1.06 万元，每年可节省费用 1 230 万元，扣除运行费用后净收益 1 021.5 万元/a。

4.3.10 推广情况

在集装箱喷涂、汽车喷涂、包装印刷、轮毂制造、黏胶、印染纺织等行业安装有机废气净化回收装置超过 100 台。

4.3.11 技术服务与联系方式

4.3.11.1 技术服务方式

提供维修服务和技术咨询，并定期回访设备运行情况；免费培训用户工作人员日常管理和维护知识；保修期满后若设备出现故障，48 h 内安排专业技术人员前往现场进行修理。

4.3.11.2　联系方式

联系单位：常州市金能环保工程有限公司

联系人：周雪琳

地址：江苏省常州市钟楼区丰臣海悦 1503 室

邮政编码：213000

电话：0519-86997221

传真：0519-86997221

E-mail：czjnhb@163.com

4.3.12　主要用户名录

浙江东海翔纺织印染有限公司、智利马士基集装箱工业有限公司、常州新华昌国际集装箱有限公司、深圳昌硕纺织有限公司、常州市金牛研磨有限公司、惠州新华昌运输设备有限公司等。

4.4　活性炭吸附—氮气脱附冷凝溶剂回收技术

4.4.1　技术名称

活性炭吸附—氮气脱附冷凝溶剂回收技术

4.4.2　申报单位

嘉园环保有限公司

4.4.3　推荐部门

中国环境保护产业协会废气净化委员会

4.4.4　适用范围

化工、石油、制药工业、涂装、印刷及其他使用有机溶剂的过程。

4.4.5 主要技术内容

4.4.5.1 基本原理

该工艺的技术原理主要基于活性炭在不同温度下对吸附质的吸附容量差异来实现的。活性炭是一种多孔性的含炭物质，具有空隙结构发达、比表面积大、吸附能力强的特点。当废气中的有机物质流经活性炭时被活性炭内孔捕捉进入到活性炭内空隙中，由于分子间存在相互吸引，会导致更多的分子不断被吸引，直到填满活性炭内空隙。当活性炭吸附饱和后，对其进行加热升温，使在低温下吸附的强吸附组分在高温下解吸出来，吸附剂得以再生，炭层冷却后可再次于低温下吸附强吸附组分。

又因 VOCs 的饱和蒸气压较大，其解吸气经冷凝后仍含有较高浓度的有机溶剂，这些气态的有机溶剂经循环风机送回到吸附罐，导致吸附罐上层活性炭吸附有一定浓度的有机溶剂，这种情况下直接进行下一轮吸附时会出现未穿透就有有机溶剂溢出的现象，而现有技术主要采用在冷凝器后端增设一个二级吸附罐来吸附处理这部分有机气体，这不仅使工艺更加复杂，而且增大了企业的投资成本。由此，我们设计了反吹扫系统，即用热的新鲜空气逆向吹扫炭床，使吸附在上层的有机组分往活性炭下层吹扫，以保证下一轮吸附时不会出现未穿透就有有机溶剂溢出的现象。

4.4.5.2 技术关键

（1）采用阻燃性气体氮气作为热载体，取代了传统回收工艺中的水蒸气，有效地解决了传统回收工艺存在的种种问题，并拓宽了回收领域的市场，提高了市场竞争力；

（2）旁路分流冷凝工艺，使热氮气的再生更为经济有效，克服了热氮气解吸过程中能耗高，换热设备投入大的局限性，大大降低了企业的运营成本及投资成本；

（3）反吹扫系统，解决了工程连续性运营的问题，大大简化了回收治理工艺，降低了生产成本。

4.4.6 主要技术指标及条件

4.4.6.1 技术指标

（1）处理风量：1 000 ~ 150 000 m³/h；

（2）废气浓度：$100 \sim 15\,000$ mg/m^3；

（3）设备阻力：吸附系统 ≤ 3 000 Pa，脱附系统压力 0.2 ~20 kPa；

（4）净化率：95% 以上；

（5）PLC 全自动运行控制；

（6）适用废气种类：甲苯、二甲苯、乙醇、乙酸乙酯等具有回收价值的组分相对单一的挥发性有机物。

4.4.6.2　条件要求

（1）吸附：进气颗粒物低于 1 mg/m^3，进气温度 ≤ 40℃。

（2）脱附：氧浓度值 ≤ 2%，氮气压力 ≥ 0.3 MPa。

4.4.7　主要设备及运行管理

4.4.7.1　主要设备

表冷过滤器、吸附罐、高效双级冷凝器、氮气储罐、溶剂储罐、在线氧含量检测仪、冷却器、蒸汽换热器、电加热器、风机、PLC 电控系统、阀门等。

4.4.7.2　运行管理

本净化设施采用 PLC 全自动化控制，操作管理人员经专业培训后持证上岗。操作管理人员兼职即可。日常维护管理工作如下：①风机日常维护；②阀门仪表日常维护；③预处理过滤材料更换；④设备外观维护；⑤设备运行情况的日常巡检。

4.4.8　投资效益分析

以安徽集友纸业包装有限公司有机废气治理项目 / 工程为例。

4.4.8.1　投资情况

总投资 280 万元，其中，设备投资 220 万元；

主体设备寿命：10 年；

本工程对人员要求不高，无需专门配置。其主要的运行费用为风机、水泵、电费及蒸汽费用。具体费用如表 4-1 所示。

表 4-1　具体费用

序号	项目	名称	功率 /kW	运行费用 /（万元 /a）	备注
1	电费	主风机	55	751.68	电费按 0.87 元 /kW·h 计算，主风机为变频风机，按实际情况调频
		冷却塔	7.5	125.3	
		水泵	7.5	125.3	
		冷冻机	30	334.1	
		脱附风机	15	167.0	
		制氮机组	15.5	129.5	
		合计		1 633	
2		蒸汽费	以 t/ 天计	1 040.00	蒸汽以 260 元 /t 计算
3	提纯费用	溶剂泵	6	100.2	电费按 0.87 元 /kW·h 计算
		蒸汽	以 t/ 天计	374.4	蒸汽以 260 元 /t 计算
4		合计天费用		3 147.6	元 / 天
5		合计年费用		94.4	万元 /a，年按 300 天计
6		日常维护费		2.00	万元 /a
7		颗粒碳更换费用		18	万元 /a，更换周期 2 年
8		过滤材料更换费用		1	每 10 ~15 天更换一次
9		设备折旧		22	主体设备寿命 10 年
10		总运行费用		137.4	——

4.4.8.2　经济效益分析

（1）运行成本比蒸汽脱附节约 15% 左右，如果业主厂区配备有 99% 以上的氮气，其运行成本会更低，比蒸汽脱附节约近 30%；

（2）回收溶剂的品质较蒸汽脱附好；溶剂回收率在 90% 以上，经精馏提纯后，含水率 ≤ 8%，每天溶剂回收量 900 kg（提纯后），回收品经精馏提纯后回用于业主车间的生产，大大减少了企业的生产成本；

（3）同种规格型号的活性炭，采用氮气脱附再生与采用水蒸气脱附再生相比，氮气脱附再生的活性炭吸附率高于蒸汽脱附再生；

（4）二次污染少，采用氮气脱附产生的废水为回收溶剂量的 5%~10%，而蒸汽脱附产生的废水约为溶剂量的 5 倍。

4.4.8.3　环境效益分析

（1）尾气达标排放，明显改善厂区及周边空气质量，减少有机废气带来的环境污染，提升企业形象；

（2）相较于水蒸气脱附，产生废水量极少，减少二次污水产生量；

（3）废溶剂不再堆放，节省占地空间，减少土壤污染风险。

4.4.9 推广情况及用户意见

4.4.9.1 推广情况

产品自 2014 年投放市场以来，在国内已有多个应用案例。

4.4.9.2 用户意见

由嘉园环保有限公司设计制造的有机废气净化装置，设计合理、控制精确、运行能耗低，溶剂回收为公司带来良好的经济效益。经检测，有机废气达标排放，有机废气净化率在 98% 以上，溶剂回收率在 90% 以上。系统运行稳定、故障率低，达到了设计要求。

4.4.10 技术服务与联系方式

4.4.10.1 技术服务

设备免费保修一年，质保期内不定期对设备进行巡查检修；提供设备终身维修和系统软件免费升级服务；提供远程监控维保服务。

4.4.10.2 联系方式

联系单位：嘉园环保有限公司

联系人：罗福坤

地址：福建省福州市鼓楼区软件园 C 区 27 栋

邮政编码：350001

电话：13685000765

传真：0591-87382688

E-mail：luofk@gardenep.com

4.5 吸附浓缩 + 燃烧组合净化技术

4.5.1 技术名称

吸附浓缩 + 燃烧组合净化技术

4.5.2　申报单位

机械工业第四设计研究院有限公司

4.5.3　推荐部门

中国环境保护产业协会

4.5.4　适用范围

涂装、包装印刷等行业中低浓度废气净化。

4.5.5　主要技术内容

4.5.5.1　基本原理

汽车涂装生产的喷漆废气具有大风量、低浓度、高湿度（湿式喷漆时）等特点，一直是涂装喷漆废气净化处理的难点。本技术从与工艺结合、全面解决涂装生产过程中的节能、环保与劳动卫生等问题，实现了在目前条件下涂装过程的全面节能和环境友好。

（1）在技术工艺上，溶剂漆喷漆室采用全自动机器人，利用轨道式输送开门机器人和壁挂式喷涂机器人，对车身进行内外喷涂，涂料利用率达到 75% 以上；同时，降低喷漆室断面风速，从人工喷漆所需的 0.5 m/s 下降到 0.3 m/s，节约空调送风需求，节约空调送风调节所需能源，下降约 40%。

（2）喷漆室采用上送风、下排风气流组织。在保证喷漆室断面风速和工艺条件的情况下，对喷漆室排出气体进行净化、去除漆雾后，80% ~ 85% 循环使用，与补充的室外空气混合调节（温度、湿度）后送入喷漆室进行循环。10% ~ 15% 的气体送分子筛转轮吸附净化。这一过程实现了喷漆室气流的循环利用，能够节约大量能源。

（3）沸石分子筛是结晶硅铝酸盐，具有晶体的结构和特征，分子筛的孔径分布非常均匀，具有很大的比表面积，且选择性吸附性能较好。含有 VOCs 的气体采用分子筛转轮吸附净化装置，为连续工作模式。它分多个扇区，除一个扇区处于再生、一个扇区处于冷却外，其余均处于吸附状态。

（4）对处于再生位置的扇区，送入 180 ~ 220℃ 的热空气，使吸附在分子筛上的 VOCs 等分子得以脱附，并随热空气进入 RTO 焚烧装置。当再生完毕的扇区转至下一位置即冷却位置，吹入冷空气，使分子筛降至常温后，再转至吸附位置进行吸附。

（5）RTO 采用三室结构，交替工作，解决了二室 RTO 阀门切换时的气流短路问题，提高了 VOCs 净化效率。分子筛再生产生的高浓度有机废气，进入 RTO 焚烧炉，在 750～850℃的高温环境下，将 VOCs 氧化分解为 CO_2 和 H_2O，达到废气净化的目的。

4.5.5.2　技术关键

（1）提高车身喷涂工艺的涂料利用率，从源头减少有机污染物的排放量；

（2）采用喷漆室循环风技术方案，减少需要处理的废气量，有效节约能源；

（3）针对喷漆废气大风量、低浓度、高湿度的特点，采用沸石分子筛转轮对废气进行吸附净化及浓缩处理；

（4）对于转轮浓缩后的高浓度、小风量废气，采用三塔式 RTO 设备焚烧净化处理；

（5）对于 RTO 设备焚烧后的高温气体，通过热管式气水换热器实现高效的余热回收，节约能源。

4.5.6　典型规模

标准状态下面漆喷漆室总循环风量 144 500 m³/h；标准状态下中涂喷漆室总循环风量 59 400 m³/h；标准状态下进入沸石分子筛转轮吸附系统的废气处理风量 83 100 m³/h；标准状态下 RTO 系统处理风量 50 000 m³/h，其中包括标准状态下烘干室烘干废气 41 000 m³/h；余热回收装置标准状态下烟气流量 50 000 m³/h，回收热量约 108 万 kcal/h。

4.5.7　主要技术指标及条件

4.5.7.1　技术指标

沸石转轮吸附净化效率≥90%，RTO 焚烧净化效率≥97%。

4.5.7.2　条件要求

（1）进入沸石转轮处理的喷漆废气温度≤35℃，相对湿度≤90%（≤75% 更佳）；

（2）单台沸石转轮的处理风量可达到 10 万 ~20 万 m^3/h，废气浓缩倍率可达到 10 ~25（主要取决于原始废气浓度以及净化效率等）；

（3）RTO 设备的燃烧温度 750 ~850℃，废气停留时间 ≥ 1 s；

（4）需要提供废气处理设备所需的场地及电量、天然气、压缩空气等能源。

4.5.8　主要设备及运行管理

4.5.8.1　主要设备

（1）全自动机器人罩光清漆喷涂系统；

（2）喷漆室废气循环系统；

（3）沸石浓缩转轮设备；

（4）RTO 设备；

（5）余热回收装置。

4.5.8.2　运行管理

（1）对车间操作及维修人员进行培训，考核合格后上岗；

（2）按照废气处理系统的操作流程进行开 / 关机操作；

（3）定期对设备进行维护（点检、易耗品及时更换等）；

（4）采取正确的故障处理方式，保证设备开动率。

4.5.9　投资效益分析

以北汽广州汽车有限公司涂装车间罩光清漆湿式喷漆涂装生产线废气净化项目为例。

4.5.9.1　投资情况

（1）总投资

设备投资 8 500 万元 + 运行费用 1 481 万元 /a。

其中，设备投资：8 500 万元（机器人、转轮、RTO、余热回收装置、空调）。

（2）主体设备寿命（预计）

机器人：20 年

转轮：5 ~8 年

RTO：10 年

余热回收装置：10 年

空调：10 年

（3）运行费用

电费：162 万元 /a

燃气费用：258 万元 /a

压缩空气：105 万元 /a

人员工资：15 万元 /a

设备折旧费：840 万元 /a

维修管理费：74 万元 /a

运行物耗：27 万元 /a（空气过滤器）

核算废气治理成本（10 万 m³/h）：1 481 万元 /a

4.5.9.2 经济效益分析

喷漆室气流循环空调系统，采用回风利用技术后，按 1 000 m³/h 单位送风量节约 4.08 kW·h 计算，年累计节约 162.5 万元。

全自动内外喷漆机器人，涂料利用率由人工喷涂 45% 提高至 75%（外喷）、30% 提高至 60%（内喷），年节约涂料费用 3 840 万元。

喷漆废气经分子筛转轮吸附、浓缩再生后的高浓度废气与烘干炉废气混合后，一起进入 RTO 进行焚烧，产生的高温废气通过汽水换热器与车间工艺回水进行热交换，使热水温度升高 10~15℃，降低热水锅炉天然气耗量，节能效果明显。仅 RTO 后的余热回收利用一项，每小时可使热水锅炉节约燃气 131 m³，年节约燃气费用 182 万元。

4.5.9.3 环境效益分析

（1）外喷机器人涂料利用率由人工喷涂的 45% 提升到了 75%；内喷机器人由人工喷涂的 30% 提升到 60% 以上，大大节约了涂料的消耗，使单车涂料成本下降一半以上。机器人的使用也降低了喷漆室断面风速要求，由人工喷涂的 0.5 m/s 下降到 0.3 m/s，空调装机容量下降 40%，能源消耗量随之下降 40%。

（2）喷漆生产线废气循环利用：在对喷漆生产线送排风系统进行深入研究的基础上，在国内首先将人工补漆段排风应用于机器人喷漆段、流平段的送风中，实现了废气的循环利用，开创了国内循环风利用的先河，伴随全自动机器人内外喷的应用，循环风利用的范围逐步扩大，利用率进一步得到提升。从开始废气循环利用率的 50% 提高到接近 90%（除人工补漆段外，全部采用循环风）。

（3）沸石吸附浓缩转轮设备入口甲苯 4.51 mg/m³、二甲苯 2.28 mg/m³、VOCs 32.00 mg/m³；出口甲苯 0.43 mg/m³、二甲苯 0.28 mg/m³、VOCs 3.16 mg/m³。

RTO 入口甲苯 3.23 mg/m³、二甲苯 1.54 mg/m³、VOCs 22.8 mg/m³；出口甲苯 0.16 mg/m³、二甲苯 0.01 mg/m³、VOCs 0.72 mg/m³。

废气转轮吸附浓缩与 RTO 焚烧系统相结合的方式，可以高效处理有机废气中的污染物，实现绿色排放，具有很高的环境效益。

4.5.10　推广情况及用户意见

4.5.10.1　推广情况

机械工业第四设计研究院有限公司是中国汽车工业工程有限公司下属二级企业，是国内最强的大型机械工业设计院和中国机械行业规模最大、拥有甲级资质最多的工程公司之一。多年来，一直致力于工厂建设的精益化设计和低成本运行的绿色工程建设，业务已经从单一的机械工厂建厂设计转型升级为从产品选型咨询、工程建设、装备供货、生产指导、培训的全产业链业务，业务能力已达到了国际水平。凭借国内领先的技术水平和人才优势，长期以来一直为合资企业和国内各大汽车集团提供技术服务，承担整体工程设计、技术改造、工程总承包、生产线供货、工程建设管理、监理，在国内汽车工程建设领域享有很高的声誉。公司业务已进入国内一流大汽车集团和国际品牌的高端客户，成功承接了奔驰、宝马、路虎（捷豹）、大众、沃尔沃、通用等世界知名品牌的国内合资项目。

1993 年，机械工业第四设计研究院有限公司率先建成了国内首条自主品牌的阴极电泳生产线，2002 年 12 月，以总承包形式建成的国内汽车整车生产项目（上汽通用东岳汽车有限公司）正式投产，随后以总承包形式先后完成了上汽通用五菱、上汽通用五菱青岛、上汽临港产业基地涂装生产线、广汽自主品牌、陕重汽重型载货汽车、南汽名爵（MG）汽车项目、中国重汽集团济南卡车股份有限公司新一代重卡涂装线等汽车涂装生产线的建设。到目前为止，已经成为宇通客车、北汽福田、广汽、通用、沃尔沃、奔驰、宝马、路虎等国内外著名企业的合作伙伴。

在追求生产工艺进步的同时，机械工业第四设计研究院有限公司也注重环境的改善，推出了一代又一代的污染防治整体方案。

正是由于在汽车涂装行业的持续努力，基于国内技术现状及发展要求，提出了基于工艺技术改进、喷漆室废气循环利用、分子筛转轮吸附、RTO 焚烧 + 余热回收利用系统的绿色环保涂装技术。在工程试验的基础上，废气循环利用率从 50% 提高到接近 90%。为降低喷漆废气净化处理成本，提出了较好的解决办法。

具体应用项目举例：

北汽（广州）汽车有限公司自主品牌乘用车技术改造项目涂装车间工艺设备项目，设计生产节拍 30JPH（折年生产乘用车 12.8 万辆）于 2014 年 12 月通过企业竣工验收，于 2015 年 12 月通过广州市环境保护局组织的竣工环境保护验收。

罩光漆生产线前接水性色漆流平工序，设车身内部喷涂、气封、车身外部喷涂、气封、人工补漆、流平，后接烘干室等。

人工补漆段送入新鲜空气，满足人工作业卫生条件要求。车身外部喷涂及其前后气封和流平室均采用循环风系统空气，机器人喷段主要送入循环风系统空气。

标准状态下转轮分子筛吸附装置设计处理风量 83 100 m^3/h。

标准状态下浓缩再生产生 9 000 m^3/h 的高浓度含 VOCs 废气。

标准状态下 RTO 系统设计处理废气量 50 000 m^3/h，标准状态下其中含中面涂烘干室废气 41 000 m^3/h。

验收监测表明，VOCs 总去除效率大于 90%。

4.5.10.2　用户意见

鉴于该系统具有节能、环保、健康等优点，建议推广使用。

4.5.11　获奖情况

机械工业科学技术奖三等奖；

机械工业优秀设计奖三等奖。

4.5.12　联系方式

联系单位：中国汽车工业工程有限公司

联系人：徐铁

地址：天津市南开区长江道 591 号

邮政编码：300113

电话：022-87868101

E-mail：xutie@chinaaie.com.cn

4.6　热氮气活性炭再生集中脱附处理装置

4.6.1　技术名称

热氮气活性炭再生集中脱附处理装置

4.6.2　申报单位

广州市怡森环保设备有限公司

4.6.3　推荐部门

广东省环境保护产业协会

4.6.4　主要技术内容

4.6.4.1　工艺路线

流程示意图如图 4-3 所示。

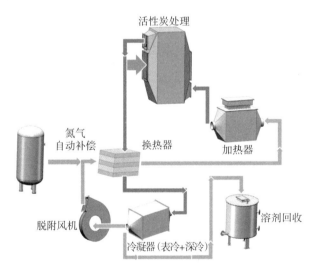

图 4-3　工艺流程

4.6.4.2　关键技术

（1）脱附冷凝

活性炭吸附饱和后，关闭吸附管路阀门，打开脱附管路阀门，氮气将脱附管路中的空气全部赶出，当氮气在管路中的纯度达到99.9%后开启加热。饱和活性炭脱附，经过换热器节约能耗，再依次经过表冷和深冷两道降温处理，有机溶剂被冷凝回收下来。表冷工序是有机废气与冷却塔中常温冷水进行热交换，深冷工序是有机废气与冷冻水进行热交换。有机废气冷却变成液态溶剂回收后，脱附管道内原有机废气空间被氮气补偿进来，维持管内压力恒定。剩余的有机废气进入换热器加热，重新进入系统内循环，准备二次冷凝。

（2）热氮气脱附

脱附循环管道为无氧或低氧密闭系统，设备开车前，关闭相对应的活性炭吸附床进气大阀门，打开吸附床出气大阀门，打开脱附管道进气、出气阀门，预先对对应床的脱附管路和活性炭吸附床进行除氧处理，将氮气充入活性炭吸附床，根据设置的含氧量仪表监控充氮达到设计值后关闭吸附床出气大阀门后进入脱附过程。然后开启循环风机，加热器同时送电升温。循环风速稳定下，调节加热器功率至活性炭吸附器入口风温达到设定温度。当脱附气体温度上升至预定温度后，溶剂浓度经连续积累后达到一定的溶剂蒸气压，脱附气体进入冷凝系统，凝结并得到回收溶剂。

4.6.5 主要技术指标

有机废气初始浓度：100 mg/m³（脱附前浓度77.2 mg/m³，脱附后浓度8～12 mg/m³）

回收率：约90%

初始有机废气风量：约1 200 000 m³/h，脱附风量：5 000 m³/h

系统压力：≤10 kPa

氧气含量：<3%

氮气脱附时间：4～5 h

设备承重：≥1 000 kg/m²

循环冷却水：32℃

压缩空气：0.4～0.6 MPa

4.6.6 主要设备及运行管理

（1）主要设备：吸附罐、制氮机组、冷凝器、换热器、风机。

（2）运行管理：2016年起开始运行，实行专业化、自动化管理，确保设备高质量、稳定可靠的运行，维修管理简单方便。

4.6.7 投资效益分析

4.6.7.1 投资费用

一次性投资费用：180 万元

4.6.7.2 运行费用

设备用电费：384 054 元 /a

4.6.7.3 效益分析

（1）直接经济净效益：更换一次活性炭的费用约为 20 万元 /a，共有 23 个吸附箱，采用本工程再生活性炭每年可节省 20×23=460 万元。其中已包含危险废物处理费。活性炭的更换周期可以延长至 2 年。

（2）投资回收年限：半年

4.6.7.4 环境效益分析

该工程投入运行后，环境得到了极大的改善，车间有机废气浓度不影响人体健康，改善了员工的工作环境；并且提高了周围区域的大气环境质量，杜绝了环境纠纷，不产生二次污染。

4.6.8 联系方式

联系单位：广州市怡森环保设备有限公司

联系人：高淑敏

地址：广州市番禺区东环街番禺大道北 555 号天安总部中心 16 号楼 1104 房

邮政编码：511402

电话：020-34699300

传真：020-34699308

E-mail：esencn@163.com

4.7 包装印刷行业减风增浓及 VOCs 蓄热氧化技术

4.7.1 技术名称

包装印刷行业减风增浓及 VOCs 蓄热氧化技术

4.7.2　申报单位

广东环葆嘉节能科技有限公司

4.7.3　推荐部门

中国印刷及设备器材工业协会

4.7.4　适用范围

适用于软包行业、涂布行业节能以及 VOCs 的治理。

4.7.5　主要技术内容

4.7.5.1　基本原理

包装印刷行业节能优化及 VOCs 废气氧化处理一体化技术（以下简称 ESO+ 技术）包含几大部分：

（1）节能型热风输出及废气预处理设备（ESO）；

（2）VOCs 氧化设备（RTO、CO）；

（3）余热回收及供热系统；

（4）整厂气流组织优化系统。

ESO 用于客户端的废气收集及增浓，其原理是采用平衡式送排风方式，使各个干燥烘箱的排风可以多级利用，在不减少烘箱干燥风量的情况下大幅减少生产设备的总体排风量，形成浓缩效果，并利用密封箱回收多余热量进行再利用，最后对废气集中排放处理，达到节能降耗环保的目的。

经 ESO 收集并浓缩后的废气通过管路系统送入 VOCs 氧化设备，VOCs 氧化设备可以为 RTO、CO 等能够有效处理 VOCs、最后达到排放标准的废气治理设备。排放风量的减少可以大幅减少 VOCs 氧化处理设备的成本。VOCs 氧化设备在处理 VOCs 的时候会放出热量，而 VOCs 氧化设备自身工作时也有一定的热量损失，当 VOCs 氧化热小于氧化设备自身热量损失时需要补充燃料，而当氧化热大于热损失时，就会有余热可供回收。废气中 VOCs 的浓度直接影响着 VOCs 氧化设备的燃料消耗和可回收的余热量。

余热回收及供热系统通过导热介质可以将 VOCs 的余热进行回收，通过系统进行再分配给 ESO 使用，同时，如果余热量充足还可以供给其他生产及生活用热（例如，冬天的供暖、中央热水等）。

气流组织优化系统采用隔板等板材将印刷车间进行分隔，使印刷机及干燥系统围成一个相对适度密封空间，将印刷车间划分为舒适区和污染区，让车间内的气流有规则和方向性流动，做到无组织排放有组织化处理，大幅降低车间新空气的纳入并增加废气携带效率，用较小的风量达到有效控制气味的目的，极大地改善了车间内的工作环境，降低工人的不适感。印刷机正常作业时，ESO 及印刷机烘箱组成了热风干燥系统，为保证干燥系统内的浓度安全，干燥系统需要对外排放干燥后的废气，因此干燥系统同时也需要补充进入新风。干燥系统通过若干地排风口吸取污染区废气进入热风干燥系统，从而使气流组织包含区域处于微负压状态。车间新空气通过印刷机下部进入到气流组织系统内的污染区，其携带污染物最终通过地排风口进入到平衡式干燥系统内。气流组织让整个气流流动变得有规则及方向性。

气流组织系统根据密封区域空间高度的实际情况，可在印刷机上方的一定距离均布有多个集风罩作为排风口的辅助装置，集风罩通过管路与平衡式干燥系统连接，通过其系统内的负压进行吸取印制品带出来的高温废气，通过新风口进入系统内循环并排放。集风罩吸取了含热量并呈上升趋势的废气，防止该气体在气流组织系统上部积聚，有效改善污染区上部高温高浓度废气存在的情况，增加了污染区和舒适区界面的封堵效果。

最后，无组织废气也随 ESO 的废气被一起送入 VOCs 氧化设备中进行废气处理。所有的设备包括 ESO、客户端、VOCs 氧化设备、供热系统等可以通过智能联动控制方式进行集中控制，实现整厂的智能控制。

4.7.5.2 技术关键

核心技术关键点包括：

（1）热风干燥系统节能优化及废气收集技术（ESO）；

（2）VOCs 氧化处理技术（RTO、CO）；

（3）余热回收供热技术；

（4）整厂气流组织优化技术。

4.7.6 典型规模

ESO 设备 + 备用热源（50 万 kcal）+RTO 废气处理设备（30 000 m^3/h）+ 余热回收及供热装置。

4.7.7　主要技术指标及条件

4.7.7.1　技术指标

（1）ESO（特定工况条件下）节能率为 50% 以上；

（2）ESO 废气排放（特定工况条件下）VOCs 标准状态下浓度为 $3\sim12$ g/m³；

（3）VOCs 去除率 $\geqslant$ 99%；

（4）车间内废气浓度水平 $\leqslant$ 50 mg/m³。

4.7.7.2　条件要求

（1）ESO 节能率（特定工况条件下）：现按 2 台 10 色印刷机为一组配备 ESO，设每台印刷机送排风排风量为 30 000 m³/h，那么总排风量为 60 000 m³/h，配备 ESO 后总排风量为 18 000 m³/h，运行时间 2 160 h/a，电价 0.7 元 /kW·h，节能率为 59.3%；

（2）ESO 废气排放浓度（特定工况条件下）：当生产是 4 个颜色以上，其中 1 个颜色为满版时，幅宽达到 0.8 m 以上时，且线速 $\geqslant$ 150 m/min，经 ESO 减风浓缩后的 VOCs 标准状态下浓度为 $3\sim12$ g/m³；

（3）VOCs 氧化设备 VOCs 去除率：VOCs 去除率 $\geqslant$ 99%；

（4）车间内废气浓度水平：经气流组织优化系统，印刷包装车间人员通道废气浓度 $\leqslant$ 50 mg/m³。

4.7.8　主要设备及运行管理

4.7.8.1　主要设备

（1）节能型热风输出及废气预处理设备（ESO）；

（2）VOCs 废气氧化处理设备（RTO、CO）；

（3）备用热源（热水锅炉）；

（4）余热回收及供热装置。

4.7.8.2　运行管理

申报单位承担 ESO+ 整体解决方案的编制、组织实施和控制，承担备用热源和 ESO 设备的改造工程，并组织和设计实现备用热源 +ESO+RTO 的联动控制。

4.7.9　投资效益分析

4.7.9.1　投资情况

总投资：300 万元，其中，设备投资：300 万元。

主体设备寿命：10 年。

4.7.9.2　环境效益分析

按 2 台 10 色印刷机做应用典型规模效益分析，每台溶剂使用总量 45 kg/h，每台排风量 30 000 m³/h，配套 ESO+ 整厂方案后效益分析：

（1）原能耗 37.23 万元 /a，配套后整厂收益 23.89 万元 /a；

（2）原废气浓度 1 500 mg/m³，配套后废气浓度 5 000 mg/m³；

（3）原总排风量为 60 000 m³/h，配套后排风量为 15 000 m³/h 以下。

4.7.10　推广情况及用户意见

4.7.10.1　推广情况

ESO+ 技术在上海灵博塑料包装有限公司正式投入使用后，在江浙、山东、福建等地有十多家共上百套设备已经陆续投入生产使用，目前运行情况良好，客户满意度很高，并完成验收。

4.7.10.2　用户意见

提高了 VOCs 废气处理量及效率，改善了车间环境，专业技术过硬，使用至今未出现任何问题，认为该技术与服务优质可靠，愿意长期达成合作协议。

4.7.11　获奖情况

（1）该技术 2018 年 4 月获得包装印刷行业 VOCs 综合治理突出贡献奖；

（2）该技术产品 2016 年 12 月被认定为广东省高新技术产品。

4.7.12　技术服务与联系方式

4.7.12.1　技术服务方式

技术咨询、技术服务。

4.7.12.2　联系方式

联系单位：广东环葆嘉节能科技有限公司

联系人：王罡

地址：广东省佛山市顺德区大良五沙顺昌路 10 号 3-1 座

邮政编码：528300

电话：18575869073

传真：0757-22299301

E-mail：wangg@verboca.com

4.7.13　主要用户名录

（1）鹤壁中洲彩印有限公司，嘉铭 10 色 ESO-A/HBZZ01。

（2）青岛华日彩印有限公司，富士 8 色 1 ESO-A/QDHR01、富士 8 色 2 ESO-A/QDHR02、富士 6 色 ESO-A/QDHR03、3 段复合机 ESO-F/QDHR01。

（3）山东亚新塑料包装有限公司，汇通 10 色（850）ESO-A/SDYX01、汇通 10 色（1250）ESO-A/SDYX02、华丰 10 色（1150）ESO-A/SDYX03。

（4）郑 州 义兴彩印有限公司，大东 8 色 ESO-A/ZZYX01、大东 9 色 ESO-A/ZZYX02、渭南 10 色 ESO-A/ZZYX03。

4.8　氮气保护的活性炭吸附浓缩催化燃烧技术

4.8.1　技术名称

氮气保护的活性炭吸附浓缩催化燃烧技术

4.8.2　申报单位

北京明泰来环保科技有限公司

4.8.3　推荐部门

中国环境保护产业协会废气净化委员会

4.8.4　适用范围

适用于印刷、喷涂、石油、化工、橡胶、家具、家电等行业中产生的中、低浓度有机废气的净化处理，可处理的有机物质种类包括苯类、酮类、酯类、醇类、醚类和烷烃类等。

4.8.5 主要技术内容

4.8.5.1 基本原理

废气中的挥发性有机物分子经过风机的作用，在活性炭的孔隙中发生物理吸附，有机物质被活性炭特有的作用力截留在其内部，吸附去除效率达80%以上，使排放废气得到有效净化，满足达标排放的要求；当活性炭吸附饱和时用热风的方式进行脱附再生，实现循环使用；被脱附出来的挥发性有机废气在催化剂的作用下，在较低的温度条件下得到彻底分解，转化为无毒无害的二氧化碳和水，同时释放出大量的热量，这些燃烧热量通过换热器得到进一步的利用。

4.8.5.2 技术关键

活性炭吸附-脱附催化燃烧主体工艺流程主要包括三部分：吸附气体流程、脱附气体流程和催化燃烧流程。

吸附气体流程：待处理的有机废气由风管引出后进入过滤器，颗粒物被过滤材料拦截，完成颗粒物的去除后进入活性炭吸附床。进入吸附床后，气体中的有机物质被活性炭吸附而附着在活性炭的表面，从而使气体得以净化，净化后的气体再通过风机排向大气。

脱附气体流程：当吸附床吸附接近饱和后，关闭吸附箱进出口吸附阀门，打开吸附箱进出口脱附阀门，启动脱附风机对该吸附床脱附。脱附气体首先经过催化床中的换热器，然后进入催化床中的预热器，在电加热器的作用下，使气体温度提高到300℃左右，再通过催化剂，有机物质在催化剂的作用下燃烧，被分解为 CO_2 和 H_2O，同时放出大量的热，使气体温度进一步提高，该高温气体再次通过换热器，与进来的冷风换热，回收一部分热量。从换热器出来的气体分为两部分：一部分直接排空；另一部分进入吸附床对活性炭进行脱附。当脱附温度过高时可通过补冷风阀进行补冷，使脱附气体温度稳定在一个合适的范围内。活性炭吸附床内设置温度检测装置，如炭层温度超过报警值，迅速通入氮气进行保护，防止活性炭燃烧。

催化燃烧控制系统：控制系统对系统中的风机、预热器、温度、电动阀门进行控制。当系统温度达到预定的催化温度时，系统自动停止预热器的加热，当温度不够时，系统又重新启动预热器，使催化温度维持在一个适当的范围；当催化床的温度过高时，开启补冷风阀，向催化床系统内补充新鲜空气，可有效地控制催化床的温度，防止催化床的温度过高。此外，脱附系统中还有阻火器，可有效地防止火焰回窜。

4.8.6 典型规模

可处理风量一般在 5 000~100 000 m^3/h。活性炭吸附箱体一般在两箱（一吸一脱）和十箱（九吸一脱）之间。

4.8.7 主要技术指标及条件

4.8.7.1 技术指标

（1）过滤箱装置

箱体为 Q235 碳钢材质，2 mm 厚，内含二级过滤器，初效过滤 G4+ 中效过滤 F7。

（2）吸附箱装置

箱体为 Q235 碳钢材质，2 mm 厚，吸附箱内含 70 mm 厚保温。

在吸附剂选定后，吸附剂用量和脱附时间根据一个吸附周期内吸附箱层的动态吸附量确定。

吸附箱的净化效率不低于 90%，同时设备出口污染物的排放浓度低于国家、地方和行业相关排放标准的要求。

吸附箱的整体压力损失满足要求。

（3）催化燃烧装置

催化燃烧装置由主箱体、换热器、加热器、催化剂等组成。

主箱体为 Q235 碳钢材质，2 mm 厚、100 mm 厚岩棉保温。

催化剂选用贵金属陶瓷催化剂，设计空速比满足要求。

催化燃烧装置的压力损失满足要求。

4.8.7.2 条件要求

适用于大风量、中低浓度的印刷、注塑、电子、仪器、家具等行业排放的挥发性有机废气。

4.8.8 主要设备及运行管理

4.8.8.1 主要设备

一个完整的废气净化系统一般由五部分组成，它们是捕集污染气体的废气收集装置、连接系统组成部分的收集管道、污染气体得以净化的净化装置、为气体流动提供动力的排风机、充分利用大气扩散稀释能力减轻污染的高排管。

4.8.8.2 运行管理

采用 PLC 控制柜对设备的运行进行自动控制。

用电设备由电控柜进行控制启停，电压 380V。操作者一次设定，便可完成全部操作过程，整机系统性能稳定、可靠。

吸附过程，由活性炭送风机实现即可。对脱附采用数字控制，主要由温度来实现整个脱附过程的阀门和加热器的自动功能。以 PLC 设定时间参数来实现脱附风机和脱附时间的控制。

4.8.9 投资效益分析

4.8.9.1 投资情况

总投资：180 万元。主体设备寿命：10 年。

4.8.9.2 环境效益分析

改造前：

净化前：废气流速 18.1 m/s、非甲烷总烃 22.6 mg/m³。

净化后：废气流速 15.6 m/s、非甲烷总烃 11.9 mg/m³。

改造后：

净化前：废气流速 4.8 m/s、非甲烷总烃 24.9 mg/m³。

净化后：废气流速 4.8 m/s、非甲烷总烃 2.11 mg/m³。

相比之下，去除率提高到 93.7%，有效地实现了减排目标。

4.8.10 推广情况及用户意见

4.8.10.1 推广情况

该技术在性能上安全稳定，采用蜂窝状活性炭，低阻低耗，吸附效率高适合大风量下使用；催化燃烧室采用陶瓷蜂窝体的贵金属催化剂，阻力小，耗电少，噪声低；燃烧废气产生的热量进行活性炭脱附再生，脱附后的气体再送燃烧室净化，不需要外加能量，运行费用低，节能效果显著；活性炭吸附床内设置有火灾自动应急氮气或喷淋系统，确保系统安全。

使用范围广，印刷、注塑、喷涂、电子、家具、化工、石油、橡胶等行业都可使用。

4.8.10.2　用户意见

建议进一步加强日常的运行维护管理，确保设备安全运行，污染物稳定达标排放。

4.8.11　联系方式

联系单位：北京明泰来环保科技有限公司

联系人：尤思晨

地址：北京市经济技术开发区东环北路甲 1 号

邮政编码：100176

电话：010-61537666

传真：010-61537666

E-mail：mingtailaihb@163.com

4.8.12　主要用户名录

北京新华印刷有限公司、艾尼克斯电子（北京）有限公司、颇尔过滤器（北京）有限公司、北京利富高塑料制品有限公司、北京大圆亚细亚汽车科技有限公司、北京盛通印刷股份有限公司、北京盛通包装印刷有限公司、鸿博昊天科技有限公司、北京伊诺尔印务有限公司、北京瑞禾彩色印刷有限公司、北京鸿基印务发展有限公司。

4.9　活性炭吸附—氮气脱附冷凝溶剂回收技术典型应用案例

4.9.1　案例名称

佛山美林数码影像材料有限公司涂布废气治理项目

4.9.2　申报单位

武汉旭日华科技发展有限公司 / 湖北省环境科学研究院

4.9.3 业主单位

佛山美林数码影像材料有限公司

4.9.4 工艺流程

生产过程废气经预处理除尘降温至 40℃以下送至吸附处理单元, 甲苯、乙酸乙酯、甲醇等被高性能活性炭纤维吸附, 吸附饱和后, 有机溶剂通过蒸汽解析, 解析出来的有机溶剂和水蒸气冷凝收集, 水层、油层分解进入分水精制单元, 得到的塔顶馏分进一步进入渗透膜脱水使产品的水分达标。

4.9.5 污染防治效果和达标情况

治理前浓度 575 mg/m³, 治理后浓度 12.7 mg/m³, 去除率 97.8%, 满足广东印刷行业挥发性有机化合物排放标准 DB 44/815—2010 的要求。

4.9.6 主要工艺运行和控制参数

脱附温度 ≤ 120℃; 蒸水塔再沸器温度 ≥ 100℃; 蒸水塔回流流量 ≤ 100 L/h; 膜脱水真空度 < –0.09 MPa; 冷冻机冷媒出口温度 ≤ –6 ~ –4℃; 精制塔再沸器压力 < 0.02 MPa。

4.9.7 能源、资源节约和综合利用情况

该技术能耗不高于 5 t 蒸汽/t 溶剂, 回收的溶剂可以直接回用, 节约了用户该部分溶剂的购买成本。

4.9.8 投资费用

设备投资费用 300 万元。

4.9.9 关键设备及设备参数

4 台 8 芯活性炭纤维吸附器, 蒸水塔直径 400 mm、高 8 m, 精制塔直径 350 mm、高 4.5 m; 渗透膜器处理量 1 t/h。

4.9.10　工程规模及项目投运时间

废气量 30 000 m³/h（3 条涂布线尾气），月溶剂用量 ≤ 110 t。2015 年 5 月投运。

4.9.11　验收 / 检测情况

2015 年 7 月由佛山唯尔塑胶制品有限公司设备部验收，验收结论：设备运行正常，回收溶剂达到回用要求。

4.9.12　联系方式

联系人：张龙

联系电话：15527758668

传真：027-83600553

电子信箱：zhanglong@xurihua.cn

4.9.13　工程地址

广东省佛山市高明区更合镇更合大道 163 号美华工业中心。

4.10　吸附浓缩 + 燃烧组合净化技术典型应用案例

4.10.1　案例名称

北汽（广州）汽车有限公司涂装车间罩光清漆湿式喷漆涂装生产线废气净化项目

4.10.2　申报单位

机械工业第四设计研究院有限公司

4.10.3　业主单位

北汽（广州）汽车有限公司

4.10.4　工艺流程

采用中面涂水性漆 + 罩光清漆的 3C2B 工艺，全自动内、外涂喷机器人和清漆循环风系统，配套余热回收设备。清漆自动喷漆段，设 7 台内喷机器人和 4 台外喷机器人，分别用于车身内、外喷涂。罩光清漆湿式喷漆生产线喷漆室废气经沸石转轮吸附处理后排放，转轮浓缩后产生的高浓度废气与烘干炉废气一起送入 RTO 进行焚烧处理净化后排放。清漆补漆段的排风经过排风机被送至循环风空调入口，经过冷热水盘管的调节，达到目标温湿度后被送至清漆机器人段实现回用。

4.10.5　污染防治效果和达标情况

沸石吸附浓缩转轮设备入口甲苯 4.51 mg/m³、二甲苯 2.28 mg/m³、VOCs 32.00 mg/m³；出口甲苯 0.43 mg/m³、二甲苯 0.28 mg/m³、VOCs 3.16 mg/m³。RTO 入口甲苯 3.23 mg/m³、二甲苯 1.54 mg/m³、VOCs 22.8 mg/m³；出口甲苯 0.16 mg/m³、二甲苯 0.01 mg/m³、VOCs 0.72 mg/m³。

4.10.6　主要工艺运行和控制参数

进入分子筛转轮吸附的原始废气温度 25℃、相对湿度 85%，用于分子筛转轮再生的热空气温度 182℃，RTO 炉膛温度 760℃，RTO 废气停留时间 1 s，余热回收装置废气入口温度 200℃，余热回收装置废气出口温度 120℃，机器人段风速 0.3 m/s。

4.10.7　能源、资源节约和综合利用情况

喷漆室气流循环空调系统，采用回风利用技术后，降低了冷冻水、天然气、纯水耗量，按 1 000 m³/h 单位送风量节约 4.08 kW·h 计算，年累计节约 162.5 万元。全自动内外喷机器人，涂料利用率由人工喷涂 45% 提高至 75%（外喷）、30% 提高至 60%（内喷），年节约涂料费用 3 840 万元，降低了稀释剂的用量和 VOCs 的产生量。喷漆废气经分子筛转轮吸附、浓缩再生后的高浓度废气与烘干炉废气混合后，一起进入 RTO 进行焚烧，产生的高温废气通过汽水换热器与车间工艺回水进行热交换，使热水温度升高 10～15℃，降低热水锅炉天然气耗量，节能效果明显。仅 RTO 后的余热回收利用一项，每小时可使热水锅炉节约燃气 131 m³，年节约燃气费用 182 万元。

4.10.8　投资费用

设备投资费用 8 500 万元（机器人、转轮、RTO、余热回收装置、空调）。

4.10.9　关键设备及设备参数

标准状态下浓缩转轮设备废气量 83 100 m^3/h，总体浓缩比 14∶1，VOCs 去除效率 ≥ 90%；

标准状态下 RTO 设备废气量 50 000 m^3/h，VOCs 去除率 ≥ 95%；标准状态下余热回收装置回收热量 1 360 000 kcal/h，标准状态下烟气流量 50 000 m^3/h。

4.10.10　工程规模及项目投运时间

标准状态下面漆喷漆室总循环风量 144 500 m^3/h，标准状态下中涂喷漆室总循环风量 59 400 m^3/h，标准状态下进入分子筛转轮吸附系统风量 83 100 m^3/h，标准状态下 RTO 系统处理风量 50 000 m^3/h，其中包括烘干室烘干废气，标准状态下余热回收装置烟气流量 50 000 m^3/h。2015 年 12 月投运。

4.10.11　验收／检测情况

2014 年 12 月 14 日，北汽（广州）汽车有限公司对该项目竣工验收合格。

2015 年 12 月 14 日，广州市环境保护局对该项目竣工环境保护验收合格。

4.10.12　联系方式

联系人：李韧

联系电话：0379-64818374，13503795238

传真：0379-64819222

电子信箱：Lr.hbs@163.com，Lr.hbs@scivic.com.cn

4.11　低浓度有机废气生物净化技术典型应用案例

4.11.1　案例名称

深圳雅昌文化（集团）有限公司 65 000 m^3/h+50 000 m^3/h 印刷厂废气生物净化工程

4.11.2　申报单位

东莞市博大环保科技有限公司

4.11.3 业主单位

雅昌文化（集团）有限公司

4.11.4 工艺流程

废气产生源→集气罩→风管→风机→风管→生物净化器净化→达标排放。

4.11.5 污染防治效果和达标情况

治理后苯、甲苯、二甲苯达到 DB 44/27—2001 大气污染物排放限值第二时段二级最高允许排放限值。

4.11.6 主要工艺运行和控制参数

废气在箱体内停留时间＜10 s，运行温度控制在 15~35℃。

4.11.7 投资费用

处理风量为 50 000 m^3/h 的生物过滤器设备费用为 80 万元，处理风量为 65 000 m^3/h 的生物过滤器设备费用为 90 万元。

4.11.8 关键设备及设备参数

处理风量为 50 000 m^3/h，生物过滤器长 × 宽 × 高为 10.0 m×5.0 m×2.0 m。处理风量为 65 000 m^3/h，生物过滤器长 × 宽 × 高为 11.0 m×6.0 m×2.0 m。

4.11.9 工程规模及项目投运时间

65 000 m^3/h 印刷有机废气生物净化，2014 年 4 月 5 日投运；50 000 m^3/h 印刷有机废气生物净化，2015 年 1 月 25 日投运。

4.11.10 验收 / 检测情况

深圳市清华环科检测技术有限公司检测验收。

4.11.11 联系方式

联系人：黎罗保

联系电话：0769-22892168，15217373353

传真：0769-22892169

电子信箱：luzijin100@yahoo.com，boda-biotech@163.com

4.11.12 工程地址

深圳市南山区深云路 19 号。

4.12 高级氧化 - 生物净化耦合处理技术典型应用案例

4.12.1 案例名称

浙江燎原药业股份有限公司生产废气及污水场（站）恶臭废气治理工程

4.12.2 申报单位

浙江工业大学

4.12.3 业主单位

浙江燎原药业股份有限公司

4.12.4 工艺流程

生产车间排出的废气中含有高浓度甲苯、四氢呋喃、氯仿等组分，采用"吸附 - 解吸"工艺和"吸收 - 精馏"工艺可回收大部分有机溶剂，剩余废气中 VOCs先经紫外光氧化处理，再与污水站含 S 恶臭废气混合，采用生物净化彻底净化，最后通过排气筒排放。

4.12.5 污染防治效果和达标情况

对卤代烃、硫化氢、甲苯、四氢呋喃等的处理效率均达到 90% 以上。

4.12.6 主要工艺运行和控制参数

紫外光氧化单元废气停留时间 15 s，生物滴滤单元废气总停留时间 30 s，循环液 pH 6.5～7.5，液气比 2.85。

4.12.7　投资费用

工程总投资 72 万元。

4.12.8　关键设备及设备参数

紫外光氧化单元：螺旋式结构的 UV 光解反应器外形尺寸为 3.0 m×0.85 m×2.3 m；生物滴滤单元：由箱体、填料床、喷淋系统、自控系统等部分组成，生物滴滤主体设备采取一体化箱体结构（包括洗涤段和生物段），整体采用玻璃钢材质，外加钢架加固，尺寸为 7.5 m×2.5 m×3.0 m 的箱体，双层叠加，单层填料层高 1.5 m。

4.12.9　工程规模及项目投运时间

7 000 m³/h 含氯含硫 VOCs 废气及恶臭气体治理，2014 年 9 月投运。

4.12.10　验收 / 检测情况

台州市环保局 2015 年 2 月验收通过。

4.12.11　联系方式

联系人：成卓韦
联系电话：0571-88320881，13958012315
传真：0571-88320881
电子信箱：zwcheng@zjut.edu.cn

4.12.12　工程地址

浙江省化学原料药基地临海园区（台州临海市杜桥川南化工园区）。

4.13 包装印刷行业节能优化及废气收集处理一体化技术典型应用案例

4.13.1 案例名称

鹤壁市中洲彩印有限公司印刷设备废气治理项目

4.13.2 申报单位

广东环葆嘉节能科技有限公司

4.13.3 业主单位

鹤壁中洲彩印有限公司

4.13.4 工艺流程

将印刷车间进行区域划分，使车间内无组织废气流入节能型热风输出及废气预处理设备（ESO）；ESO采用平衡式送排风方式，使各个干燥烘箱的排风可以多级利用，减风增浓；经ESO浓缩后的废气送入VOCs氧化设备净化处理。

4.13.5 污染防治效果和达标情况

通过ESO技术的应用，用户2台印刷机加1台复合机的排风总量由原来60 000 m³/h降为25 000 m³/h，而末端处理设备的投入成本与需处理的总排风量成正比关系，故总风量的降低意味着大大降低了末端处理设备的投入成本。经检测，用户印刷机 / 复合机配套ESO使用后VOCs排风浓度约为12 mg/m³。

4.13.6 主要工艺运行和控制参数

热风单元送风风量：2 000 m³/h、3 000 m³/h、4 500 m³/h、6 000 m³/h；热风单元送风温度：根据工艺需要可控；总排风风量：6 000 m³/h、9 000 m³/h、12 000 m³/h。

4.13.7 能源、资源节约和综合利用情况

在使用ESO减风节能技术后，热风加热部分每天（12 h非连续运行）只需消耗

天然气约 100 m³, 折合费用约 1 万元 / 月, 供热系统消耗电费 0.8 万元 / 月, 总体能耗相比改造前减少 5.2 万元 / 月。

4.13.8　投资费用

该工程前端 ESO 部分费用为 105 万元, 备用热源系统费 20 万元。

4.13.9　二次污染治理情况

无二次污染。

4.13.10　运行费用

ESO 运行费用 15.06 万元 /a, 设备折旧费 12.5 万元 /a。

4.13.11　工艺路线

将印刷车间进行区域划分, 使车间内无组织废气流入节能型热风输出及废气预处理设备（ESO）; ESO 采用平衡式送排风方式, 使各个干燥烘箱的排风可以多级利用, 减风增浓; 经 ESO 浓缩后的废气送入 VOCs 氧化设备净化处理。

4.13.12　主要技术指标

排风量减少 70% 以上, VOCs 浓度可提高 3 倍以上, 减风增浓后可直接进入氧化设备净化。

4.13.13　技术特点

提高包装印刷行业 VOCs 废气浓度, 有利于后续氧化燃烧及余热回收。

4.13.14　适用范围

包装印刷等行业 VOCs 治理。

4.13.15　案例概况

鹤壁中洲彩印有限公司位于河南省鹤壁市淇滨区, 公司主要生产食品包装等软包装, 会产生乙酸乙酯、正丙酯等 VOCs 污染。通过为用户的两台印刷机盒一台复合机分别配套 ESO 设备，也就是共 3 台 ESO 设备，降低印刷产生的 VOCs 浓缩有机废气，帮助用户降低排污费用和降低后续末端处理设备的投入成本。本项目自 2017 年 12 月开始运行。

4.14　基于活性炭吸附的浓缩－催化燃烧技术

4.14.1　技术名称

基于活性炭吸附的浓缩 - 催化燃烧技术

4.14.2　申报单位

航天凯天环保科技股份有限公司

4.14.3　推荐部门

湖南省环境保护产业协会

4.14.4　适用范围

治理喷漆、包装、印刷、机械、化工及生产过程产生的 VOCs。用于大风量、低浓度的废气工况，特别适用于间歇作业工况。

4.14.5　主要技术内容

活性炭具有多孔结构，依靠分子引力和毛细管作用吸附气体中的 VOCs，并根据吸附物沸点高低，通过热空气脱附，并联合催化燃烧技术。

当联合催化燃烧技术时，本系统可以根据生产工艺设定单床或多床。间歇性生产一般采用单床工艺（一用一备），连续生产则采用多床工艺。当气源浓度高时可直接旁通至催化燃烧室。

4.14.6　产品结构特点

操作方便：活性炭更换方便；

低能耗：催化燃烧室仅需 15 ~30 min 升温至起燃温度，耗能仅为风机功率；

安全可靠：活性炭床设备配有阻火除尘系统、自动灭火系统，催化燃烧器配有防爆泄压系统、超温报警系统；

净化效率高：采用贵金属蜂窝陶瓷催化剂，空速高；

余热可回用：余热可用于脱附气体升温，降低系统能耗；

使用寿命长：活性炭 6 000 h 以上，催化剂 8 000 h 以上。

4.14.7 主要技术指标

主要技术指标如表 4-2 所示。

表 4-2 技术指标

规格型号	KTXF-10	KTXF-10	KTXF-10	KTXF-10	KTXF-10	KTXF-10	KTXF-10
处理风量 /（m³/h）	1 000	2 000	3 000	5 000	7 000	8 000	10 000
活性炭填充量 /（kg/ 塔）	100	200	200	400	500	600	750
电机功率 /kW	2.2	5.5	7.5	15	22	30	45
设备总重量 /kg	2 300	3 000	3 500	4 000	6 500	8 500	9 600

4.14.8 主要设备及运行管理

4.14.8.1 主要设备

活性炭床、主风机、电加热器、催化燃烧炉、中效过滤器、烟囱等。

4.14.8.2 运行管理

采用 PLC 自动控制系统，也可以根据现场情况实现手动控制。活性炭床、催化燃烧室有温度与压力传感器，通过温度、压力的参数变化信号来达到自控尾气氧化与自控联锁的安全保护功能，保证装置的正常运行。

4.14.9 推广情况

目前，已在涂装、汽车喷涂等行业得到广泛应用。

4.14.10 技术服务与联系方式

4.14.10.1 技术服务方式

设计、生产、制造、安装、调试及售后服务。

4.14.10.2　联系方式

联系单位：航天凯天环保科技股份有限公司

联系人：杨柳青

地址：湖南省长沙市经开区楠竹园路 59 号

邮政编码：410129

电话：0731-83051178

4.14.11　主要用户名录

台升实业、凯嘉电脑、徐工集团、长沙比亚迪、唐山开元机械、上海科达、云南建工等。

中浓度 VOCs 治理技术

5.1 陶瓷蓄热式燃烧技术

5.1.1 技术名称

陶瓷蓄热式燃烧技术

5.1.2 申报单位

江苏三中奇铭环保设备有限公司

5.1.3 适用范围

大风量、低浓度涂装废气、化工尾气等各种有害废气处理。

5.1.4 主要技术内容

把有机废气加热到 760℃以上，废气中 VOC 氧化分解成二氧化碳和水。氧化产生的高温气体流经特制的陶瓷蓄热体，使陶瓷体升温而"蓄热"。蓄存的热量用于预热后续进入的有机废气，节省废气升温的燃料消耗。陶瓷蓄热体分为两个（含两个）以上的区（室），每个蓄热室依次经历蓄热—放热—清扫等程序，周而复始，连续工作。

5.1.5 主要技术指标

陶瓷蓄热式燃烧装置主要技术指标见表 5-1。

表 5-1　技术指标

型号	RTO-100	RTO-150	RTO-200	RTO-250	RTO-300	RTO-400
标准状态下额定净化流量 / (m³/h)	10 000	15 000	20 000	25 000	30 000	40 000
处理对象	苯、醇、醚、醛、酚、酮、酯等 VOC 废气					
入口废气浓度 / (mg/m³)	100 ~ 4 500					
净化率 /%	≥ 95					
蓄热效率 /%	≤ 95					
运行温度 /℃	≥ 760					
蓄热体型号	LML200/40 孔					
室体表面温度 /℃	≤ 50					
高温烟气滞留时间 /s	≥ 1					
燃烧器供热能力 / (×10⁴ kcal/h)	15	25	50	50	75	100
燃料耗量 / m³　启动时	6 ~ 20.5	10 ~ 30	34 ~ 58	34 ~ 58	54 ~ 88	81 ~ 118
燃料耗量 / m³　正常运行	根据废气浓度确定，当浓度在 1 500 mg/m³ 以上时，燃烧器维持小火即可					
风压损失 /Pa	≤ 3 000					

废气经处理后，符合《大气污染物综合排放标准》（GB 16297—1996）二级标准排放限值。

5.1.6　主要设备及运行管理

5.1.6.1　主要设备

由 RTO 炉体、陶瓷蓄热体、燃烧系统、电控系统、风机、冷却塔系统、喷淋塔系统、风管、烟囱等部分组成。

5.1.6.2　运行管理

采用先进的 PLC 技术，系统自动化程度高，操作维修简单。

5.1.7　投资效益分析

以扬州亚星客车股份有限公司烘干室 43 000 m³/h 废气治理工程为例。

5.1.7.1 投资情况

总投资：460 万元，其中，设备投资 460 万元；

运行费用：20 万元 /a。

5.1.7.2 环境效益分析

废气中苯、甲苯、乙苯、三甲苯等污染物经处理后显著减少，企业周边的居民生产和生活环境得到较大的改善。

5.1.8 推广情况

在油漆生产及喷漆、汽车涂装等行业推广使用该装置 22 台（套）。

5.1.9 技术服务与联系方式

5.1.9.1 技术服务方式

质保期内，到现场对设备进行免费维修，并对用户单位的技术人员和操作工介绍故障的排除方法及要点；定期进行回访，了解项目设备在使用过程中的实际情况。质保期外，提供设备故障的有偿维修。

5.1.9.2 联系方式

联系单位：江苏三中奇铭环保设备有限公司

联系人：薛丽华

地址：江苏省扬州市邗江区方巷工业集中区

邮政编码：225000

电话：0514-82985033

传真：0514-87382298

E-mail：yzszqm@126.com

5.1.10 主要用户名录

丰田工业（昆山）有限公司、扬州盛达特种车有限公司、上海高维化学有限公司、广东科龙电器股份有限公司、中国乐凯股份集团公司、南方涂装设备总厂、深圳南方中银集装箱有限公司等。

5.2 旋转式蓄热燃烧净化技术

5.2.1 技术名称

旋转式蓄热燃烧净化技术

5.2.2 申报单位

德州奥深节能环保技术有限公司

5.2.3 推荐部门

2016 年技术目录

5.2.4 适用范围

新型材料、涂布、印刷、农药中间体、石油化工等 VOCs 治理。

5.2.5 主要技术内容

5.2.5.1 基本原理

可挥发性有机化合物 VOCs 直接加热到 760℃以上的高温，在氧化室分解成 CO_2 和 H_2O。氧化后产生的高温烟气通过特制的蜂窝陶瓷蓄热体，经"蓄热—放热—清扫"过程，实现工业生产过程中 VOCs 无害化燃烧，使 VOCs 的排放达到行业排放法规要求。并可利用燃烧产生的余热发电或直接生产蒸汽、热水，达到节能和环保的目的，系统 VOCs 的脱除率大于 99%，能量回收率高于 90%。

旋转式蓄热燃烧（RRTO）VOCs 处理技术是新型蓄热氧化技术，这种技术有 8~16 个蓄热室，利用特殊的旋转切换阀门同时切换所有室的状态，实现进气、反吹、出气的同步转换；进气、出气的风量分成 3~7 等份，每次仅切换其中一份，气流振荡小，设备运转平稳可靠。系统较紧凑，占地空间较小，解决两室 RTO 系统在换向期间 VOCs 去除效率有所降低以及两室和三室 RTO 在换向时的压力波动、流动不连续问题。

5.2.5.2　技术关键

（1）考虑到处理风量与蓄热体匹配，实现 RTO 装置的适应性。

（2）蓄热体材料性能及蓄热体级配技术；通过不同容重、不同比热、不同孔数的蓄热体级配，实现蓄热室最佳蓄热性能和温度梯度，使 RTO 出口与进口温差最低可以达到 37℃，最大限度地实现蓄热焚烧，使 RTO 系统节能效果达到最优。

（3）氧化室空间及挠流的设计使有机废气在最经济的燃烧空间有足够停留时间，实现完全氧化与节能的统一。

（4）采用独特设计的回转阀；采用气幕密封；无泄漏。

（5）整套装置采用模块化设计，维护保养时避免不必要拆除，降低维护工作量和维护成本。

5.2.6　主要技术指标及条件

旋转 RTO（RRTO）技术具有结构紧凑、占地面积小、控制精度高等特点，是治理工业挥发性有机废气 VOCs 排放的发展方向。RRTO 系统主体结构为设置有蜂窝陶瓷蓄热体的蓄热室和燃烧室，一般设置 8 ～ 16 个沿圆周布置的独立蓄热室，每个蓄热室依次经历"蓄热—放热—清扫"程序。有机物废气 VOCs 热氧化产生的高温气体流经低温蓄热体时，蓄热体升温"蓄热"，并把后续进入的有机废气加热到接近热氧化温度后，进入燃烧室进行热氧化，使有机物转化成 CO_2 和 H_2O。净化后的高温气体，经过另一蓄热体，与低温蓄热体进行热交换，温度下降。自动控制系统控制驱动马达使旋转切换阀按一定速度和时序旋转，实现各个蓄热室"蓄热—放热—清扫"的循环切换。

5.2.7　主要设备及运行管理

5.2.7.1　主要设备

表 5-2　主要设备

设备名称	数量	设备代号	备注
旋转型蓄热式热氧化器	1	RRTO	
北侧温度传感器	1	NorthTemp	高限控制温度
南侧温度传感器	1	SouthTemp	燃烧控制温度
旋转阀电机	1	RTO-M3	
旋转阀旋转计数传感器	2		

续表

设备名称	数量	设备代号	备注
旋转阀旋转初始位传感器	1		
旋转阀抬升压力检测	1	LiftPressure	
废气风机	1	RTO-M1	
废气风机冷却电机	1	RTO-M4	
反吹风机	1	RTO-M2	
反吹风机冷却电机	1	RTO-M5	
燃气燃烧器	1	Burner	Eclipse（美国天时）
废气进风阀	1	WasterAirIn	
新风阀	1	NewAirIn	
集风箱温度传感器	1	JFTemp	
RTO 入口温度传感器	1	RTOInTemp	
RTO 入口压力传感器	1	RTOInPressure	
RTO 出口温度传感器	1	RTOExTemp	
RTO 出口压力传感器	1	RTOExPressure	
控制系统	1	RTO-MC	含控制面板（HMI）

5.2.7.2　运行管理

（1）含有焦油沥青烟的废气排放限值为小于 5 mg/m³。

（2）考虑到处理风量与蓄热体匹配，实现 RTO 装置处理风量 40%～110% 的弹性适应范围。

（3）蓄热体材料性能及蓄热体级配技术；通过不同容重、不同比热、不同孔数的蓄热体级配，实现蓄热室最佳蓄热性能和温度梯度，使 RTO 出口与进口温差最低可以达到 37℃，最大限度地实现蓄热焚烧，使 RTO 系统节能效果达到最优。

（4）无 NO_x 二次污染产生。

5.2.8　投资效益分析

以山东奥福环保科技股份有限公司 25 000 m³/h 工业窑炉废气蓄热式燃烧工艺处理工程为例。

5.2.8.1　投资情况

设备投资 220 万元人民币。

运行费用：系统开始运行时，使用燃气将蓄热室加热，后期热循环由废气氧化后释放的热量完成，不再添加燃气，标准状态下燃烧消耗量为 150 m³/a，费用约 525 元 /a（标准状态下天然气按 3.5 元 /m³ 计），全自动 24 h 无人值守，无须专职安排人员。

5.2.8.2 经济效益分析

当 VOC 浓度达到 4 000 mg/m³ 进入正常运行时，可以不需要任何辅助燃料，既节能又环保；如果 VOC 浓度更高，还可以进行二次余热回收利用。

5.2.8.3 环境效益分析

（1）主燃烧器采用低 NO_x 燃烧器，防止二次 NO_x 生成。

（2）微正压设计，防止有害气体逸出炉体。

（3）稳定的氧化热力场，采用陶瓷纤维棉，导热系数小，热损小。

5.2.9 推广情况及用户意见

5.2.9.1 推广情况

旋转 RTO 技术是德州奥深节能环保技术有限公司精心打造的一项工业有机废气治理品牌技术，早在 2002 年就着手开发研究蓄热式氧化技术，对该项技术的原理、关键密封技术、关键设备的功能性能进行了系统研究，形成系列化产品，目前已将旋转式蓄热氧化（催化）技术、固定床式蓄热氧化（催化）技术＋吸附浓缩组合式技术成功运用于工业有机废气治理上，并成功应用在汽车喷涂、涂布、农药中间体、石油化工等多个行业，取得了多项研究成果。

5.2.9.2 用户意见

本项目设计制造的旋转 RTO 设备，设计和安装均达到用户要求，经检测，VOCs 脱除率达到 99.1%，系统运行和维护成本低，具有较高的技术水平。

5.2.10 获奖情况

中国节能产品重点推广产品奖

5.2.11 联系方式

联系单位：德州奥深节能环保技术有限公司

联系人：倪寿才

地址：山东省德州市临邑县东部高新区花园大道

邮政编码：251500

电话：13693558598

传真：0534-4322405

E-mail：2190535592@qq.com

5.3 固定式有机废气蓄热燃烧技术

5.3.1 技术名称

固定式有机废气蓄热燃烧技术

5.3.2 申报单位

嘉园环保有限公司

5.3.3 推荐部门

中国环境保护产业协会废气净化委员会

5.3.4 适用范围

石化、有机化工、表面涂装（含汽车、集装箱、电子等）、包装、印刷等行业产生的挥发性有机废气治理。

5.3.5 主要技术内容

5.3.5.1 基本原理

蓄热式热力焚烧技术是一种治理中、高浓度有机废气的比较理想的治理技术，其工作原理为把废气加热到760℃以上，使废气中的VOCs氧化分解成CO_2和H_2O，氧化产生的高温气体流经陶瓷蓄热体，使之升温"蓄热"，并用来预热后续进入的有机废气，从而节省废气升温燃料消耗的处理技术。与直燃法和催化氧化法相比，RTO能够降低客户的运行成本。

主体结构由填装蜂窝陶瓷蓄热体的蓄热室、燃烧室和多组气动切换阀组成，为满足蓄热要求，设置两个、三个或多个蓄热室，通过不同蓄热床层底部气动阀门的切换，改变尾气进入陶瓷的方向，实现蓄热区与放热区的交替转换。PLC 控制系统控制各蓄热室单元切换阀组的开闭，实现蓄热体"蓄热—放热"的循环切换。

5.3.5.2　技术关键

（1）可靠的机械硬密封阀门，泄漏量低，寿命长，正常切换 500 万次；

（2）基于废气组成、浓度的 RTO 工艺设计；

（3）高精度 PLC 全自动化控制系统；

（4）具有自主知识产权的 RTO 防爆技术，可有效解决 RTO 爆炸隐患；

（5）多层安全防护措施，如温度保护、仪器仪表、风机故障保护、压力保护、RTO 机械安全保护和防爆保护等，安全性高。

5.3.6　主要技术指标及条件

5.3.6.1　技术指标

（1）处理风量 1 000 ~ 100 000 m^3/h；

（2）废气浓度 < 25% LEL（爆炸下限）；

（3）设备阻力 ≤ 2 000 Pa；

（4）RTO 净化率 95% 以上，高达 99%；RTO 热回用效率 ≥ 90%；

（5）PLC 全自动运行控制；

（6）适用废气种类：含漆雾、粉尘颗粒物的工业复杂 VOCs 废气包括苯、甲苯、二甲苯、醇、酮、醛、酯、醚，以及含有硫、卤族、氮元素的杂原子有机化合物。

5.3.6.2　条件要求

（1）VOCs 浓度 < 25% LEL；

（2）颗粒物含量低于 5 mg/m^3。

5.3.7　主要设备及运行管理

5.3.7.1　主要设备

预处理装置、蓄热式热力焚烧炉、阻火器、风机、PLC 电控系统、阀门等。

5.3.7.2 运行管理

本净化设施采用 PLC 全自动化控制，操作管理人员经专业培训后持证上岗。操作管理人员兼职即可。日常维护管理工作如下：①风机日常维护；②阀门仪表日常维护；③预处理过滤材料更换；④设备外观维护；⑤设备运行情况的日常巡检。

5.3.8 投资效益分析

以厦门文仪电脑材料有限公司项目为例。

5.3.8.1 投资情况

总投资：211 万元

其中，设备投资 170 万元

主体设备寿命：10 年

运行费用：

计算说明：风机（RTO 风机、送风风机、清吹风机、助燃风机）合计功率 34 kW，油泵功率 0.4 kW，有效系数 0.8，电费 0.8 元 /kW·h，柴油 7.5 元 /kg，1.5 kg/h。设备残值：15 万元，年生产 260 天，每天 24 h。

（1）电费：$34 \times 260 \times 24 \times 0.8 \times 0.8 \times 10^{-4}$=13.58 万元 /a

（2）燃料费：$1.5 \times 24 \times 260 \times 7.5 \times 10^{-4}$=7.02 万元 /a

（3）折旧费：（170–15）÷10=15.5

（4）人工费：兼职管理人员 2 名，1 万元 /a

（5）维护费：0.5 万元 /a

合计年运行费用 37.6 万元。

5.3.8.2 经济效益分析

（1）直接经济效益

该案例采用有机废气氧化产生的多余热能加热烘道用新鲜风，回用温度 70℃，考虑废气浓度适中，且热回用温度不高，设计上采用 RTO 净化后的尾气加热烘房用新鲜风。

根据一周的现场运行数据，RTO 净化尾气可满足回用要求，原烘道用新鲜风用电加热，则每小时可节省的用电量为 272 kW·h，电费按 0.8 元 /kW·h 计算，则每小时可节省的用电成本为 217.6 元。

由于安装了 RTO 净化设备及余热回用系统，系统用电功率增加了 34 kW，每小时增加的用电成本为 34×0.8=27.2 元。

从能源利用成本上计算，该公司 RTO 余热回用系统每小时可节省成本 190.4 元，折合每年可节约 118 万元支出。

（2）间接经济效益

在未安装此设备前用在处理附近居民的投诉、员工的医疗保健的人力、物力及生产受影响的损失，合计经济价值在 15 万元以上，由于治理后解决了厂群纠纷，保障了员工身心健康，恢复了正常生产秩序，因而具有至少 15 万元的间接经济效益。

（3）投资回报期

211÷（118+15.5-37.6）=2.2 年

5.3.8.3　环境效益分析

（1）尾气达标排放

处理后满足厦门市《大气污染物综合排放标准》（DB 35/325—2011）的要求。

（2）大幅削减非甲烷总烃的排放量

每年减少有机废气排放量约 600 t，在很大程度上缓解了工业区的有机废气污染，对提高空气质量起到重要作用。

（3）厂区及周边空气环境有明显改善

原先，附近的居民因有机废气散发的异味经常投诉该厂，治理后居民区闻不到异味，居民生活不再受影响。工厂员工也明显感觉厂区空气质量提高了。

5.3.9　推广情况及用户意见

5.3.9.1　推广情况

自投放市场以来，在国内已有 30 多个应用案例。

5.3.9.2　用户意见

由嘉园环保有限公司设计制造的有机废气净化装置，设计合理、控制精确、运行能耗低，余热回用经济效益好，具有良好的经济、环保、社会效益。经检测，有机废气净化率达 98% 以上。系统运行稳定、故障率低，达到了设计要求。

5.3.10　技术服务与联系方式

5.3.10.1　技术服务方式

设备免费保修一年，质保期内不定期对设备进行巡查检修；提供设备终身维修和系统软件免费升级服务；提供远程监控维保服务。

5.3.10.2 联系方式

联系单位：嘉园环保有限公司

联系人：罗福坤

地址：福建省福州市鼓楼区软件园 C 区 27 栋

邮政编码：350001

电话：13685000765

传真：0591-87382688

E-mail：luofk@gardenep.com

5.3.11 主要用户名录

表 5-3 用户名录

用户单位	处理规模 /（m³/h）
北京联宾塑胶印刷有限公司	40 000
厦门文仪电脑材料有限公司	15 000
山东汇海医药化工有限公司	10 000
紫光天化蛋氨酸有限责任公司	40 000
圣莱科特（南京）化工有限公司	5 000
山东金城医药股份有限公司	15 000
江苏建农植物保护有限公司	10 000
圣莱科特（上海）化工有限公司	8 000
上海福助工业有限公司	240 000
杭州新明包装有限公司	80 000
昆山汉鼎精密金属有限公司	150 000
上海古象化工有限公司	100 000
青岛协创电子有限公司	80 000
旭友电子材料（无锡）有限公司	150 000

5.4 蓄热催化燃烧（RCO）技术

5.4.1 技术名称

蓄热催化燃烧（RCO）技术

5.4.2 申报单位

江苏中科睿赛污染控制工程有限公司

5.4.3 推荐部门

盐城市环境保护局

5.4.4 适用范围

中高浓度 VOCs 废气治理

5.4.5 主要技术内容

5.4.5.1 基本原理

蓄热催化燃烧（RCO）技术是将蓄热燃烧系统与催化燃烧法有机结合的低能耗 VOCs 氧化净化技术。

（1）蓄热燃烧系统通常由陶瓷蓄热床、自动控制阀、燃烧室等部分组成。通过蓄热的耐高温陶瓷周期性改变气流方向将高温气体热量储存，再由燃烧器补燃，将含有 VOCs 的混合气体加热到要求的氧化净化温度，使废气及其他可燃组分在高温下氧化成为无害的二氧化碳和水。

（2）催化燃烧法处理 VOCs 的工作原理是在催化剂的作用下，使 VOCs 废气在较低的温度下彻底分解，并转换成无害的气体而得到净化的一种方法。催化剂是催化燃烧技术的关键，这种催化剂能够降低 VOCs 氧化所需要的活化能，提高反应速率，从而能够在较低温度下对废气进行处理。目前广泛用于催化燃烧法处理 VOCs 的催化剂主要为贵金属催化剂如 Pt、Pd、Ru 等和金属氧化物催化剂如 Cu、Gr、Co、Ni 等过渡族金属氧化物。在应用中催化剂通常负载在载体上参与催化反应，常用的载体主要有 Al_2O_3、TiO_2、SiO_2 等具有大比表面积的多孔材料，以便能够提高贵金属在载体表面的分散度，增加催化剂的机械强度和稳定性，从而提高催化剂的性能。

5.4.5.2 技术关键

RCO 是一种新的催化技术，RCO 系统性能优良的关键是使用专用的、浸渍在鞍状或是蜂窝状陶瓷上的贵金属或过渡金属催化剂，氧化发生在 280～400℃低温，既降低了燃料消耗，又降低了设备造价。它具有蓄热热力焚烧（RTO）技术高效回收能量的特点和催化反应的低温工作的优点，将催化剂置于蓄热材料的顶部，来使净化达到最优，其热回收率高达 95%。通常 VOCs 完全氧化（热力燃烧，RTO 技术）需要较高的温度和较长的停留时间，其温度需求一般在 800℃以上，且停留时间至少 1~2 s，而在催化剂的参与下，仅需 280~400℃和 0.1~0.2 s，很多国家和地区已经开始使用 RCO 技术取代 RCO 进行有机废气的净化处理，很多已建 RTO 设备也已经开始转变成 RCO，这样可以降低操作费用达 33%~50%。

5.4.6　典型规模

标准状态下 10 000 m³/h 风量 1 000 mg/m³ VOCs 废气浓度的 RCO 治理设备（结合吸脱附浓缩装置，标准状态下可以处理 50 000~200 000 m³/h 低浓度有机废气）。

5.4.7　主要技术指标及条件

5.4.7.1　技术指标

采用蓄热催化燃烧（RCO）技术，降低起燃温度至 200℃，利用蓄热体截留尾气热量，节约能耗 >40%。

高效复合氧化物催化剂，低温催化（T_{90} < 200℃），空速范围 10 000~40 000 h⁻¹，VOCs 净化效率 >97 %。

5.4.7.2　条件要求

标准状态下废气风量 300~50 000 m³/h（大于 50 000 m³/h 采用吸脱附 +RCO 处理），VOCs 浓度为 300~3 000 mg/m³ 的 VOCs 废气净化，不存在使催化剂中毒成分。

5.4.8　主要设备及运行管理

5.4.8.1　主要设备

RCO 催化反应器。

5.4.8.2　运行管理

启动前开启电辅热装置，催化床预热温度达到 280℃以上，启动设备净化废气，设备全自动运行，无人值守，催化剂每 3 年更换一次。

5.4.9　投资效益分析

以开普洛克（苏州）材料科技有限公司 15 000 m³/h 蓄热式有机废气催化净化工

程为例。

5.4.9.1　投资情况

总投资：108.4 万元，其中，设备投资 95 万元

主体设备寿命：20 年

运行费用：年运行费用 13.08 万元；设备使用寿命 20 年，年折旧费 3.5 万元；催化剂每 3 年更换一次，更换费用 25 万元，年平均费用 8.33 万元；设备每年总运行费 24.91 万元。

5.4.9.2　经济效益分析

整套设备运行稳定，操作简单，处理废气仅需风机能耗和启动时辅热电能消耗，设备集成余热回收系统，减少了废气处理运行成本，根据年生产情况统计，节约人力、能源及环境成本约 80 万元 /a，其中，余热综合利用形成的运行费用缩减约 20 万元 /a。

5.4.9.3　环境效益分析

目前，标准状态下废气治理净化率 ≥ 98%，以 15 000 m³/h 风量，废气 VOCs 浓度 1 000 mg/ m³，每天生产 8 h，一年生产 300 天，处理效率 98% 来计算，一年的 VOCs 排放总量为 24 t，采用 RCO 处理设备可实现 VOCs 年减排量约为 23.3 t。

5.4.10　获奖情况

"工业 VOCs 催化燃烧（RCO）装置"获高新技术产品认定证书（160901G0482N）。

5.4.11　技术服务与联系方式

5.4.11.1　技术服务方式

主要服务方式包括工业废气治理技术研发、咨询、材料生产、设备制造、工程设计及施工。

5.4.11.2　联系方式

联系单位：江苏中科睿赛污染控制工程有限公司

联系人：齐丛亮

地址：盐城环保科技城环保大道 666 号

邮政编码：224001

电话：0515-68773666/18601505052

传真：0515-68773366

E-mail：jszkrsqcl@126.com

5.4.12　主要用户名录

表 5-4　用户名录

序号	工程名称	应用行业	标准状态下废气风量 / （m³/h）	处理工艺
1	无锡某电子科技有限公司	化工废气	3 000	单体型 RCO
2	南京某零配件有限公司	表面喷涂废气	6 000	单体型 RCO
3	开普洛克（苏州）材料有限公司	电子涂布废气	15 000	二体型 RCO
4	台州德翔医化有限公司	医药化工废气	15 000	三体式 RCO
5	浙江精进药业股份有限公司	医药化工废气	15 000	三体式 RCO
6	山东沾化普润药业有限公司	医药化工废气	15 000	三体型 RCO

5.5　VOCs 旋转式蓄热氧化净化技术

5.5.1　技术名称

VOCs 旋转式蓄热氧化净化技术

5.5.2　申报单位

西安昱昌环境科技有限公司

5.5.3　推荐部门

中国印刷及设备器材工业协会

5.5.4　适用范围

旋转式蓄热氧化净化技术适用于含苯系物、酚类、醛类、酮类、醚类、酯类等有机成分的石油、化工、塑料、橡胶、制药、印刷、农药、制鞋、电力电缆生产等行业，待处理有机废气浓度在 100~20 000 ppm，标准状态下废气风量在 2 000 ~ 200 000 m^3/h。

5.5.5　主要技术内容

5.5.5.1　基本原理

旋转式 RTO，也称旋转式蓄热氧化焚烧炉，其原理是在高温下将可燃废气氧化成对应的氧化物和水，从而净化废气，并回收废气分解时所释放出来的热量，废气分解效率达到 99% 以上，热回收效率达到 95% 以上。

5.5.5.2　技术关键

废气由旋转式 RTO 主风机引入旋转气体分配室，经平均分配后进入 5 个蜂窝陶瓷蓄热室进行预热，预热后的废气进入热氧化室氧化分解，在助燃燃料的作用下或废气浓度足够的情况下，废气中所含有机物充分氧化分解，使氧化温度维持在 800℃以上，产生的高温洁净气进入另外 5 个蓄热室放热，将热量存储在陶瓷蓄热体内后经烟囱排放。吹扫风机抽取洁净气到另一蓄热室进行吹扫，将残留在蓄热体内未反应的有机物反吹到氧化室进行分解。控制系统控制驱动马达使回转阀按一定速度旋转，实现蓄热体吸附—放热的循环切换，产生多余热量用热油、热水、热风等形式回供至车间工艺用热。

5.5.6　典型规模

业主单位名称：郑州义兴彩印有限公司

工程规模：30 000 m^3/h 风量旋转式 RTO

治理对象：VOCs

治理工艺：减风浓缩 + 旋转 RTO+ 余热回收

郑州义兴彩印有限公司现有三条印刷生产线（北人 8 色机 / 幅宽 800、北人 9 色机 / 幅宽 1 250、北人 10 色机 / 幅宽 1 000），废气主要成分为乙酸乙酯、乙醇、正丙酯。标准状态下粗放排气风量每条线均在 24 000 m^3/h 以上，标准状态下最大总排废风量在 80 000 m^3/h 左右，每条线排废浓度为 800~900 mg/m^3。2017 年 6 月投入使用 1 台昱昌公司 30 000 m^3/h 旋转式 RTO，同时对印刷生产车间原来的热风系统进行了减风增浓改造，使三条印刷线的废气排放风量分别减小到 10 000 m^3/h、12 000 m^3/h、

11 000 m³/h 以下，缩减为原来风量的 40% 左右，废气浓度也增到 2.7 g/m³ 左右，此浓度能够满足 RTO 自运行，并且多余热量通过余热回收系统可提供给印刷设备。

5.5.7　主要技术指标及条件

5.5.7.1　技术指标

（1）标准状态下处理风量：2 000 ~200 000 m³/h；

（2）热效率：≥ 95%；

（3）VOCs 处理效率：≥ 99%（以郑州义兴彩印有限公司 30 000 m³/h 风量旋转式 RTO 为例。印刷工序 VOCs 处理前浓度为 2.7 g/m³，处理后为 26.9 mg/m³）；

（4）保护级别：IP65。

5.5.7.2　条件要求

①高温滞留时间：≥ 1.0 s；②燃烧室温度：750 ~950℃；③炉体表面温度：≤环境温度 +30℃，燃烧器附近略高；④系统电源：380 V、3 相、50 Hz；⑤压缩空气：压力 0.6 ~0.8 MPa、流量 2 m³/h；⑥燃料类型：天然气、轻质柴油、废溶剂等。

5.5.8　主要设备及运行管理

5.5.8.1　主要设备

旋转式蓄热焚烧装置核心结构由燃烧室、蓄热室及气体分配室和旋转阀组成。RTO 炉体上部燃烧室装有天然气燃烧机，废气在燃烧室内完成进一步升温并氧化；RTO 炉体中间部分为蓄热室，蓄热室由蜂窝状的蓄热陶瓷砖垒砌而成，使用隔板将圆柱状的蓄热室分为 12 个扇面，各个扇面形成独立气体通道；RTO 炉体下部为气体分配室和旋转阀，气体分配室为圆锥体，通过隔板将其分为 12 个气体通道并作为定子保持不动，分配室的 12 个气体通道与蓄热室的 12 个扇面连接；而旋转阀为气体分配室提供处理前废气、吹扫气体、处理后废气。气体分配室的 12 个区交替工作在进气状态、吹扫状态、排气状态和静止状态；12 个蓄热扇面交替工作在放热状态、吹扫状态、蓄热状态和静止状态，一个周期内每个区在 4 个工作状态下的工作时间比为 5：1：5：1。由于各个状态始终处于连续的切换状态，因此车间排废管道的压力波动只有 ±25 Pa。

5.5.8.2 运行管理

（1）燃料消耗低。该旋转式蓄热氧化焚烧炉（RTO）配备减风增浓系统，废气量、废气浓度保持稳定。当排废浓度达到 $1.5 \sim 2 \ g/m^3$ 时，RTO 即可维持自运行状态，不再需要额外消耗燃料；

（2）尾气热损失少。该旋转式蓄热氧化焚烧炉（RTO）配备余热回收系统，处理前后的气体温度相差很小，实现多余热量的回收利用，并给热风装置提供热源；

（3）炉体热损失少。该旋转式蓄热氧化焚烧炉（RTO）配备保温层，炉体仅高出环境温度 $5 \sim 10℃$，有效减少散热损失。

5.5.9 投资效益分析

5.5.9.1 投资情况

总投资：350 万元，其中，设备投资：300 万元。

主体设备寿命：20 年。

5.5.9.2 环境效益分析

以郑州义兴彩印有限公司 30 000 m^3/h 风量旋转式 RTO 为例。目前，车间印刷废气收集效率达到 95% 以上，印刷工序 VOCs 由处理前 $2.7 \ g/m^3$，经过处理后 $26.9 \ mg/m^3$，处理效率在 99% 以上，根据该公司的废气产生量，每年可以减排 600 多 t VOCs。

5.5.10 技术成果鉴定与鉴定意见

5.5.10.1 组织鉴定单位

中国印刷及设备器材工业协会

5.5.10.2 鉴定时间

2018 年 4 月 11 日

5.5.10.3 鉴定意见

RTO 技术的创新应用具有突出贡献。

5.5.11　推广情况及用户意见

5.5.11.1　推广情况

目前，旋转式 RTO 国内销售总量为 68 台。其中，软包装行业 38 台，涂布行业 26 台，壁纸印刷行业 2 台，化工行业 1 台，涂装行业 1 台，现已交付正常使用 15 台，已发货待安装 2 台，正在安装调试 21 台，其余均在陆续投产中。产品覆盖北京、上海、广东、江苏、浙江等 15 个省份和地区。多家使用 RTO 后，经第三方检测，VOCs 处理 ≤ 30 mg/m³，处理效率达 99% 以上，RTO 废气燃烧产生的热量除了自己本身运转，提供给生产设备干燥使用，富余的还可以供车间空调使用。

5.5.11.2　用户意见

对产品满意，可实现 VOCs 废气的彻底分解，气体排放完全达标。同时，可实现整体节能降耗、减排增效的目的。

5.5.12　获奖情况

2017 年 12 月 6 日，荣获光电显示材料 2017 年度行业影响力新锐奖，颁发单位薄膜新材网；2017 年 12 月 7 日，荣获创新设备榜样奖，颁发单位为中国环境科学学会；2018 年 4 月 11 日，荣获 RTO 技术创新应用突出贡献奖，颁发单位为中国印刷及设备器材工业协会；2018 年 5 月 20 日，荣获技术创新示范企业，颁发单位为中国石油和石化工程研究会。

5.5.13　技术服务与联系方式

5.5.13.1　技术服务方式

技术指导、现场调试、故障维修、技术改进、设备更新等。

5.5.13.2　联系方式

联系单位：西安昱昌环境科技有限公司

联系人：潘博

地址：陕西省西安市长安区航天基地运维大厦 1101

邮政编码：710100

电话：029-89689287

传真：029-89689287

E-mail: 763080762@qq.com

5.5.14　主要用户名录

（1）广东奇妙包装有限公司标准状态下 30 000 m³ 风量旋转式 RTO。现状：处理排放废气达标，实现免费供热；

（2）河南省卫华包装有限公司标准状态下 40 000 m³ 风量旋转式 RTO。现状：处理排放废气达标，实现免费供热。

5.6　安全型蓄热式 VOCs 焚烧装置

5.6.1　技术名称

安全型蓄热式 VOCs 焚烧装置

5.6.2　申报单位

上海安居乐环保科技股份有限公司

5.6.3　推荐部门

中国煤炭加工利用协会

5.6.4　适用范围

适用于石油及化工（如塑料、橡胶、合成纤维、有机化工）；油漆生产及喷漆；印刷车间（包括印铁、印纸、印塑料）；实验室；电子元件及电线生产车间；煤化工；农药及染料；医药；显像管、胶片、磁带等场所的有机废气、异味、粉尘、烟雾污染的净化处理。适用于浓度在 100~20 000 ppm 的中、低浓度大风量有机废气。

5.6.5　主要技术内容

5.6.5.1　基本原理

GRTO- 安全型蓄热式热氧化炉，其原理是将 VOCs 废气加热到有机物自燃点以上，废气中的有机物在高温下发生氧化反应，使废气中的碳氢化合物被氧化成 CO_2 和 H_2O。氧化产生的高温气体流经特制的陶瓷蓄热体，使陶瓷体升温蓄热，蓄热室回收废气分解时所释放出来的热量，此蓄热用于预热后续进入的有机废气，热交换效率达到 95% 以上，从而节省废气升温的燃料消耗。每个蓄热室依次经历蓄热—放热—清扫等程序，周而复始，连续工作。

根据 NFPA 规定，首次开机时先对 GRTO 进行吹扫，置换至少 6 倍 GRTO 体积的新鲜空气，将残留在 GRTO 管道和炉膛内的有机物清理干净，避免点火时引爆。废气经过入口 LEL 在线监测，浓度在爆炸下限的 25% 以下时，含挥发性有机物的废气进入蓄热床预热，废气被蓄热陶瓷逐渐加热后进入氧化室氧化分解，最终烟气排出 GRTO 系统。阀门通过切换，交替运行，有效去除废气。

当 VOCs 浓度过高时，先经过缓冲罐、布袋除尘器预处理、沸石吸附等一系列的安全措施后，将 VOCs 降低到爆炸下限的 25% 以下的安全范围后，再引入 RTO 燃烧后达标排放。GRTO 主体结构由缓冲罐、粉尘/漆雾过滤器、沸石吸附、阻火器、燃烧室、蓄热室、切换阀和安全控制系统等组成。每个蓄热室依次经历蓄热—放热—清扫等程序，周而复始，连续工作。

首次 GRTO 开机时，先对 GRTO 进行吹扫，置换至少 6 倍 GRTO 体积的新鲜空气，将残留在 GRTO 管道和炉膛内的有机物清理干净，避免点火时引爆。

当尾气浓度过高，超过爆炸下限的 25% 时，在 GRTO 的前端设置了缓冲罐和稀释风机。通过缓冲罐新风稀释，延缓停留时间，给应急旁通的阀门切换及各种安全联锁反应提供足够的反应时间，避免安全控制系统来不及反应或安全控制系统的反应时间不足而导致爆炸的危险。

在 GRTO 的前端，根据工况，有针对性地设计了布袋除尘器、涡流洗涤塔、初、中、高效过滤器。有效去除废气中夹带的少量粉尘、漆雾，适用于固体颗粒物、油雾、漆渣含量较高的场所，避免了 GRTO 蓄热陶瓷床因粉尘、油雾堵塞而导致的安全问题。

双控双报警，实现自动化和智能化。在 VOCs 进口浓度的监测方面，采用进口知名品牌 LEL 可燃气体检测仪。同时，为了防止一台 LEL 测量有偏差，GRTO 采用两套 LEL 联合监控，配备了蓝牙、浓度波动传感器、温度传感器、压力传感器等检测手段。为防止 LEL 在检测过程中有溶剂冷凝析出影响测量精度，检测器自带加热器对检测物料升温防止液态析出。GRTO 入口空气和氢气通过压力调整装置控制。稳定的温度和压力控制系统使整个测量过程具有高可靠性和高精度性。

独创的"冗余"安全控制系统。设立了两套完全独立的安全控制系统，当一套出现故障了，另外一套可以立即启用，完全不受影响。从"冗余"的理论以及实际运行情况来看，因控制系统故障而出现的安全问题为零。

自主研发制造的双保险泄漏率 A 级标准提升阀避免了因阀门泄漏而导致的回火、爆炸等安全问题。

5.6.5.2 技术关键

（1）专利零泄漏提升阀技术：蓄热氧化法的有机物净化效率理论上可超过 99.5%，但是由于气流换向阀门切换频率高（3 min/ 次），切换时间频繁，无法使用软密封材料保证气密性，现有使用的切换阀门多为硬性密封阀门，无法保证蓄热氧化炉的真正的零泄漏，安居乐 GRTO 所使用的零泄漏提升阀为线性硬密封结构，使用寿命可达 100 万次，阀板与阀座之间采用密封气隔离，确保蓄热氧化炉常年达到真正的零泄漏，是 GRTO 高处理效率的支撑基础。

（2）环境保护部 2013 年第 31 号文件《挥发性有机物（VOCs）污染防治技术政策》要求在煤炭加工与转化行业，鼓励采用先进的清洁技术、实现煤炭高效、清洁转化，并重点识别、排查工艺装置和管线中 VOCs 泄漏的易发位置，制定预防 VOCs 泄漏和处置紧急事件的措施；当采用吸附回收（浓缩）、催化燃烧、热力燃烧等方法进行末端治理时，应编制本单位事故火灾、爆炸等应急救援预案，配备应急救援人员和器材，并展开应急演练。

（3）蓄热式热力氧化处理设备为制程废气末端排放处理设备，当环保设备紧急停机或者检修时，有机废气排放无法经过蓄热氧化炉 GRTO 处理，依最新的环保政策要求，GRTO 在紧急处理排放时需要经过处理后再排放，既符合国家环保政策，又不影响企业正常经营。应急通道采用了沸石吸附材料，废气经过吸附处理后排放，可满足应急排放的环保要求。

（4）在煤化工、精细化工、医药行业，有机废气浓度较高，波动较大，对设备的工况运行要求较高，GRTO 通过控制 VOCs 浓度、氧气含量调节，确保蓄热式热力氧化炉在可控范围内运行，并且有多种调整系统使 GRTO 运行稳定：

1）GRTO 入口使用高浓度废气稀释塔，并用 25%LEL 监测仪在线监测，当废气浓度高于 25%LEL 时，使用新风比例调节输入，将低可燃物的浓度，并在稀释后的废气再次监测 25%LEL，以验证有机废气可导入 GRTO 内。

2）当废气浓度高于 25%LEL 时，有机废气可以通过关断阀门（0.5 s 切换速度）切换至旁通处理设备，避免直排并达标排放。

（5）在 GRTO 的前端，根据粉尘量高且具有黏性的特点，有针对性地设计了布袋除尘器和初、中、高效过滤器。有效去除废气中夹带的黏性粉尘，避免了粉尘进入到 GRTO 蓄热陶瓷床，因黏性粉尘堵塞蓄热陶瓷局部温升较快而导致的安全问题。

（6）针对尾气气体浓度波动性大、瞬间浓度值较高，同时粉尘含量较高、具有黏性等问题，GRTO 在前端设置了缓冲罐和稀释风机。当尾气浓度过高，超过爆炸下限 25% 时，通过缓冲罐新风稀释，延缓停留时间，给应急旁通的阀门切换提供足够的反应时间，避免安全控制系统来不及反应或安全控制系统的反应时间不足而导致爆炸的危险。

（7）红外线测量监控炉体温度。目前，国内 GRTO 炉体内的蓄热陶瓷床在温度监测方面，普遍采用的是 4 支热电偶测量温度。热电偶测量温度面不够广，测量点比较小。如果有的时候气体工况变化，浓度过高，蓄热陶瓷局部温升过快，而热电偶不能充分保证灵敏、精确、整体测量温度，温升过快从而导致了安全问题。GRTO 除热电偶之外，还创造性地采用了远程红外线监控整个炉体温度，面广、反应速度快而且不留死角，从而有效地避免了炉体内蓄热陶瓷局部温升过快而导致的安全问题。

（8）双控双报警，实现自动化和智能化。为了防止一台 LEL 测量有偏差，安居乐 GRTO 采用两套 LEL 联合监控，并配备了浓度波动传感器、温度传感器、压力传感器等检测手段。为防止 LEL 在检测过程中有溶剂冷凝析出影响测量精度，检测器自带加热器对检测物料升温防止液态析出。GRTO 入口空气和氢气通过压力调整装置控制。稳定的温度和压力控制系统使整个测量过程具有高可靠性和高精度性。

（9）独创的冗余安全控制系统。设立了两套独立的安全控制系统，当一套出现故障了，另外一套可以立即启用，完全不受影响。从冗余的理论以及实际运行情况来看，控制系统出现问题的概率为零。工艺成熟，运行稳定，操作便捷，可靠性高，装置使用寿命长。

5.6.6　典型规模

标准状态下 1 000 ~ 200 000 m³/h。

5.6.7　主要技术指标及条件

5.6.7.1　技术指标

针对 10 000 m³/h 苯乙烯废气，废气浓度 1 000 ~ 2 000 mg/m³，经过 GRTO 设备

处理之后，废气浓度达到 0.22 mg/m³，处理效率达到 99.97 %。

5.6.7.2　条件要求

① VOC 去除率：≥ 99%（三室 RTO）；②陶瓷利用率：67%（三室 RTO）③氧化温度：760 ~ 900℃；④停留时间：1.0 ~3.0 s；⑤提升阀切换时间：1 s。

5.6.8　主要设备及运行管理

5.6.8.1　主要设备

前端缓冲罐；粉尘 / 漆雾过滤器；LEL 可燃气体检测仪；进气风机；入口隔离阀；提升阀；蓄热陶瓷；RTO 氧化炉；吹扫风机；热回收接口；混合箱；烟囱；旁通阀门；应急吸附装置。

5.6.8.2　运行管理

（1）公司将在现场成立项目部，建立、健全各项管理机构，理顺内部关系，做到职责明确，政令畅通。

（2）公司将在本项目工地建立全新的管理运作模式，根据公司的质保体系安装设备。

（3）建立和完善短小精悍、简洁干练的运作体系，调动项目部各部门、人员的积极性，做到责任、压力、利益到位。

（4）项目经理将直接与项目施工队签订目标承包合同，明确施工工期、质量目标、安全责任、奖罚等规定。进行月度考核与周考核，直接与项目施工队经济利益挂钩。

（5）公司将选派参加过同类工程有丰富施工经验的工程技术人员和熟练工人参加本工程的管理和施工。

（6）对本工程的施工管理、质量管理、经营管理、信息管理、资料管理全方位的控制。

5.6.9　投资效益分析

5.6.9.1　投资情况

总投资：550 万元，其中，设备投资：550 万元。

主体设备寿命：10 年。

5.6.9.2　环境效益分析

每年减少 VOCs 排放量 180 kg/h × 7 200 h/a=96 t

5.6.10　技术成果鉴定与鉴定意见

5.6.10.1　组织鉴定单位

环境保护部科技发展中心

5.6.10.2　鉴定时间

2018 年 5 月 18 日

5.6.10.3　鉴定意见

2018 年 5 月 18 日，生态环境部科技发展中心在北京组织召开了上海安居乐环保科技股份有限公司研发的 "GRTO 安全型蓄热式焚烧炉 VOCs 尾气处理系统" 技术评估会议。与会专家听取了研发单位的汇报，审阅了相关技术资料。经质询和讨论，形成如下意见：①提供的资料齐全、内容翔实，符合评估要求。②该设备在以下几方面具有创新性：1）通过强化缓冲罐的调节作用和设置树脂 / 沸石应急旁路吸脱附设施，综合采用 LEL 浓度监测、高温限制装置、阻火器和泄爆口等措施，提高了在浓度波动条件下系统运行的安全性和整体净化性能。2）自主研发了高性能提升阀，采用金属硬密封和密封面气封技术，可防止回火；设立多套余安全控制系统，安全性能进步得到提升。3）采用实时在线技术监测浓度波动和设备运行情况，可在中控室配置数据波动显示电仪图，实现数据云联网和安全预警。4）采用热电偶和红外线测量双重技术监控炉体温度，有效地避免炉体内蓄热陶瓷局部温升过快而导致的安全问题。③该设备的系统集成度与自动化水平高，具有安全性好、运行稳定、可靠、高效等特点，工业有机废气（VOCs）去除效果满足相应的排放标准，可适用于石油化工、煤化工、农药、精细化工等行业 VOCs 废气处理。该成果为 VOCs 废气治理提供了一种安全高效的工艺设备，安全和 VOCs 净化效果达到国际领先水平，社会效益和环境效益显著。

5.6.11　推广情况及用户意见

5.6.11.1　推广情况

GRTO（安全型蓄热式热力氧化炉）可适应大风量、中低浓度，且浓度波动变化大、粉尘含量、漆渣、油雾较多的 VOCs 处理需求。安全规范完整，安全设计严谨，措施扎实，在安全上可较好地避免发生爆炸的危险。符合严格的《环境保护法》《大气污染防治法》《挥发性有机物（VOCs）污染防治技术政策》等环保法律法规安全要求，同时，GRTO 泄漏率 A 级标准提升阀门能满足将来更严格的环保排放要求。

该设备具有安全可靠，净化处理效率高，一次性投入成本低，运行维护成本低，性价比高，回报率高，无二次污染等优点。较好的热能回收功能，具有符合节能降耗的要求，推广应用领域有石油化工、煤化工、精细化工、涂装喷漆、电子厂、半导体行业、印刷包装、食品厂冶金、金属加工、陶瓷、汽车和纺织行业及能源环保工程等多种行业，市场前景广泛，适于大范围推广。

5.6.11.2　用户意见

上海安居乐环保科技股份有限公司承接公司一套 RTO 废气处理系统交钥匙工程。该公司将安全、质量融入在设计、制造、安装、调试和售后服务等各个实践环节中，并以认真细致负责的态度出色地完成了该工程，RTO 系统运行稳定且排放废气满足严苛地方和行业标准。

5.6.12　技术服务与联系方式

5.6.12.1　技术服务方式

EPC

5.6.12.2　联系方式

联系单位：上海安居乐环保科技股份有限公司

联系人：郑承煜

地址：上海市奉贤区青伟路 188 号

邮政编码：201414

电话：13761267018

传真：021-68682712

E-mail：anjule1588@anjule.com

5.6.13　主要用户名录

雅玛哈（天津）（日企、印刷）、上好佳（中国）有限公司（上海、印刷）、江苏铁锚玻璃股份有限公司、艾蒂复合材料（上海）有限公司、东丽先端材料研究开发（中国）有限公司、湖南雪天精细化工股份有限公司、山东京博石油化工有限公司、艾蒂复合材料（上海）有限公司、富士康科技集团（烟台）、烟台白马包装有限公司、上海克莱德贝尔格曼机械有限公司、东海橡塑（广州）有限公司、汤阴永新化学有限责任公司、格林美股份有限公司、富士康科技集团、中国航天科工集团、中国平煤神马能源化工集团有限责任公司等数十家企业。

5.7　广东华润涂料有限公司 VOCs 综合整治工程

5.7.1　技术名称

广东华润涂料有限公司 VOCs 综合整治工程

5.7.2　申报单位

广东华润涂料有限公司

5.7.3　主要技术内容

5.7.3.1　工艺路线

再生热氧化分解器（Regenerative Thermal Oxidizer，RTO），又称蓄热式焚烧器，其基本原理是在高温下（≥ 760℃）将有机废气氧化生成 CO_2 和 H_2O，从而净化废气，并回收分解时所释出的热量，以达到环保节能的双重目的，是一种用于处理中高浓度挥发性有机废气的节能型环保装置。

RTO 主体结构由燃烧室、陶瓷填料床和切换阀等组成。该装置中的蓄热式陶瓷填充床换热器可使热能得到最大限度的回收，热回收率大于95%，处理 VOC 不用或使用很少的燃料。若处理低浓度废气，可选装浓缩装置，以降低燃烧消耗。

RTO 处理技术适用于高浓度有机废气、涂装废气、恶臭废气等废气净化处理；适用于废气成分经常发生变化或废气中含有使催化剂中毒或活性衰退的成分（如水银、锡、锌等的金属蒸气和磷、磷化物、砷等，容易使催化剂失去活性；含卤素和大量的水蒸气的情形），含有卤素碳氢化合物及其他具腐蚀性的有机气体。废气治理设施工艺主要有：活性炭吸附法和 RTO 蓄热焚烧法。

工艺废气处理方案：工艺废气经收集，带粉尘的废气先经过除尘系统处理后，与无粉废气混合送至再末端治理系统。高浓度废气直接送进 RTO 装置；低浓度废气经沸石转轮吸附后洁净气体直接排放，浓缩气体经脱附送至 RTO 装置；再汇合活性炭脱附来的高浓度废气，在 RTO 装置中发生氧化反应，将有机物转化为二氧化碳与水，达标的气体通过排气筒排放。

环境换风废气处理方案：环境换风的废气经收集后，统一送至末端吸附脱附浓缩系统，吸附后的洁净气在设备顶部直接排放，经浓缩脱附下来的高浓度有机废气送至燃烧系统。

5.7.3.2　关键技术

引进沸石转轮废气吸附处理设备以及蓄热式热力焚化炉设备（简称 RTO）处理 VOCs，沸石转轮装置将中浓度的有机废气处理为浓缩气体，降低后端终处理设备的成本，且可大大减少电力能耗。RTO 可使废气中的 VOCs 氧化分解成为无害的 CO_2 和 H_2O，氧化时的高温气体的热量可节省处理时的燃料消耗。

5.7.4　典型规模

本项目包括涂料车间、树脂车间及树脂储罐、溶剂储罐与原材料罐区共五个区域的 VOCs 废气收集系统改造以及 VOCs 废气末端治理装置两大部分。

收集系统工艺废气风量共计 89 050 m^3/h，环境换风废气风量共计 295 024 m^3/h。

末端治理装置包括处理工艺废气的"沸石转轮 +RTO 装置"与处理环境换风废气的"活性炭处理装置"。沸石转轮 +RTO 装置，沸石转轮设计规模为 60 000 m^3/h，RTO 设计规模为 40 000 m^3/h，共计工艺废气处理规模为 100 000 m^3/h。

活性炭处理装置，共 6 座吸附塔，运行状态为 5 座吸附 1 座脱附，单台设备吸附处理能力为 60 000 m^3/h，共计环境换风废气处理规模为 300 000 m^3/h。

工艺废气经收集，带粉尘的废气先经过除尘系统处理后，与无粉废气混合送至再末端治理系统。高浓度废气直接送进 RTO 装置；低浓度废气经沸石转轮吸附后洁净气体直接排放，浓缩气体经脱附送至 RTO 装置；再汇合活性炭脱附来的高浓度废气，在 RTO 装置中发生氧化反应，将有机物转化为二氧化碳与水，达标的气体通过排气筒排放。

5.7.5　主要技术指标

本废气治理工程项目不设置分析化验室。日常分析可采用便携式有机废气分析仪监测或根据标准进行取样分析。参考《佛山市 2014 年重点挥发性有机化合物排放企业大气综合整治方案》要求，废气经净化处理后排放满足限值要求。

5.7.5.1　监测项目表（排气筒 VOCs 排放限值）

（1）污染物苯的最高允许排放浓度为 1 mg/m³，最高允许排放速率为 0.4 kg/h。

（2）污染物甲苯与二甲苯最高允许排放浓度为 20 mg/m³，最高允许排放速率为 1.0 kg/h。

（3）污染物总 VOCs 最高允许排放浓度为 30 mg/m³，最高允许排放速率为 2.9 kg/h。

5.7.5.2　监测项目表（无组织排放监控点浓度排放限值）

（1）污染物苯的无组织排放监控点浓度排放限值为 0.1 mg/m³。

（2）污染物甲苯的无组织排放监控点浓度排放限值为 0.6 mg/m³。

（3）污染物二甲苯的无组织排放监控点浓度排放限值为 0.2 mg/m³。

（4）污染物总 VOCs 无组织排放监控点浓度排放限值为 2.0 mg/m³。

5.7.6　投资效益分析

5.7.6.1　经济效益分析

①投资费用 30 100 000 元
②运行费用 8 450 000 元

5.7.6.2　环境效益分析

本工程为环保项目，VOCs 废气经处理系统后，经排气筒排出的气体应符合广东省《家具制造行业挥发性有机化合物排放标准》（DB 44/814—2010）规定的排放要求。本项目全部建设于工厂内部，占地面积仅 550 m²，运行过程中无新增"三废"排放，对周边生态环境不构成显著性影响，更换的沸石转轮、活性炭与蓄热陶瓷填料可委托专业的公司进行固废处理。

5.7.7　联系方式

联系单位：广东华润涂料有限公司
联系人：杨峰
地址：佛山市顺德高新技术开发区科技产业园

邮政编码：528306

电话：13360348751

传真：0757-29990868

E-mail：feng.yang@valspar.com

5.8 固定式有机废气蓄热燃烧技术典型应用案例

5.8.1 案例名称

厦门文仪电脑材料有限公司 15 000 m³/h VOCs 废气治理工程

5.8.2 申报单位

嘉园环保有限公司

5.8.3 业主单位

厦门文仪电脑材料有限公司

5.8.4 工艺流程

（1）预处理：根据大气污染物技术导则及相关设计规范规定，输送可燃气体的管路上需设置阻火器，用来阻止易燃气体火焰蔓延。

（2）蓄热氧化：经预处理后的有机废气进入 RTO 高温氧化分解，净化后的尾气部分经烟囱外排，部分尾气经换热器与烘房用新鲜风换热后经烟囱外排。

5.8.5 污染防治效果和达标情况

乙酸乙酯进口浓度 1 520 mg/m³，出口浓度 9.76 mg/m³，去除率达 99.4%；挥发性有机物进口浓度 1 910 mg/m³，出口浓度 18.2 mg/m³，去除率达 99%。达到《厦门市大气污染物排放标准》（DB 35/323—2011）（非甲烷总烃 ≤ 100 mg/m³，乙酸乙酯 100 mg/m³）的要求。

5.8.6 主要工艺运行和控制参数

运行温度 780～860℃，切换周期 90 s，停留时间 >1 s，RTO 进气浓度＜ 4 000 mg/m³，净化率≥ 98%，蓄热体热回用率≥ 95%，净化尾气温度≤ 180℃，颗粒物浓度＜ 5 mg/m³，RTO 设备阻力≤ 2 000 Pa。

5.8.7 能源、资源节约和综合利用情况

采用有机废气氧化产生的多余热能加热烘道用新鲜风，回用温度 70℃，考虑废气浓度适中，且热回用温度不高，设计上采用 RTO 净化后的尾气加热烘房用新鲜风。根据现场运行数据，RTO 净化尾气可满足回用要求，原烘道用新鲜风用电加热，可省用电量为 272 kW·h/h。由于安装了 RTO 净化设备及余热回用系统，系统用电功率增加了 34 kW。

5.8.8 投资费用

工程基础设施建设费用（4.5 m 高钢构平台）18 万元，直接设备投资 170 万元，其他（运输、安装、调试、设计、税收管理等费用）41 万元。

5.8.9 关键设备及设备参数

RTO 处理风量 15 000 m³/h，最大处理风量 18 000 m³/h，设备尺寸 8 500 mm × 4 500 mm × 5 500 mm，重量 42 t，辅助加热系统 50 万 kcal/h。

5.8.10 工程规模及项目投运时间

15 000 m³/h VOCs 治理，2015 年 6 月投运。

5.8.11 验收 / 检测情况

2015 年 10 月由厦门文仪电脑材料有限公司组织验收，验收通过。

5.8.12 联系方式

联系人：罗福坤

联系电话：13685000765

传真：0591-87382688

电子信箱：luofk@gardenep.com

5.8.13 工程地址

厦门市同安工业集中区湖里园 70# 厂房

5.9 旋转式蓄热燃烧净化技术典型应用案例

5.9.1 案例名称

东风柳州汽车有限公司 15 000 m³/h VOCs 治理工程

5.9.2 申报单位

扬州市恒通环保科技有限公司

5.9.3 业主单位

东风柳州汽车有限公司

5.9.4 工艺流程

将生产过程中产生的 VOCs 进行集中收集进入混合箱混合，混合后进入除尘除湿箱除尘除湿，然后由引风机送入燃烧室高温氧化成 CO_2 和 H_2O 达标排放。

5.9.5 污染防治效果和达标情况

VOCs 废气经处理达到《大气污染物综合排放标准》（GB 16297—1996）和《恶臭污染物排放标准》（GB 14554—1993）要求，净化效率＞98%。

5.9.6 主要工艺运行和控制参数

废气除尘过滤效率 99%，炉膛温度 760～850℃，陶瓷换热效率≥ 95%，废气进口 LEL25% 以下。

5.9.7 能源、资源节约和综合利用情况

有机废气加热升温至 760～800℃，使废气中的 VOCs 成分氧化分解为 CO_2 和 H_2O，氧化后的高温气体热量被陶瓷蓄热体"贮存"起来用于预热新进入的有机废气，可节省燃料，降低成本。

5.9.8 投资费用

总投资 190 万元，其中设备 180 万元，基础设施 10 万元。

5.9.9 关键设备及设备参数

蓄热式燃烧净化装置处理量 15 000 m^3/h，净化效率 98%；除尘过滤系统 15 000 m^3/h，除尘效率 99%。

5.9.10 工程规模及项目投运时间

15 000 m^3/h VOCs 治理，2015 年 12 月投运。

5.9.11 验收 / 检测情况

东风柳州汽车有限公司根据广西华强环境监测有限公司的监测报告和技术协议要求进行验收。

5.9.12 联系方式

联系人：刘宝
联系电话：13901448516，0514-84756666
传真：0514-84755666
电子信箱：yzht@yzht.net

5.9.13 工程地址

东风柳州汽车有限公司商用车基地涂装车间

5.10　蓄热催化燃烧（RCO）技术典型应用案例

5.10.1　案例名称

开普洛克（苏州）材料科技有限公司 15 000 m³/h 蓄热式有机废气催化净化工程

5.10.2　申报单位

江苏中科睿赛污染控制工程有限公司

5.10.3　业主单位

开普洛克（苏州）材料科技有限公司

5.10.4　工艺流程

废气先经过滤去除颗粒物后引入阻火器。然后废气经过 A 室蓄热床换热，达到催化起燃温度，然后进入 A 室催化床，在催化剂的作用下进行催化氧化。经氧化后的废气再进入 B 室蓄热床，进行热交换，将氧化产生的大部分热量储存下来，当一定时间后通过阀门切换，改变废气进入 A、B 两室顺序，充分利用蓄热床截留的余热预热进气温度，达到节能的目的。

5.10.5　污染防治效果和达标情况

废气为乙酸丁酯、二甲苯、丙酮、丁酮的混合物，乙酸乙酯占比 90%，少量二甲苯，其他为丙酮和丁酮，混合气体挥发量 < 2.5 kg/min。废气中乙酸乙酯浓度 < 2 000 mg/m³，二甲苯浓度 < 600 mg/m³。经处理后乙酸乙酯浓度 5.28 mg/m³，VOCs 浓度 < 5 mg/m³，治理后达到《大气污染物综合排放标准》（GB 16297—1996）相关要求。

5.10.6　主要工艺运行和控制参数

催化剂空速 15 000 h⁻¹，实际运行空速 12 500 h⁻¹，在不高于 235℃的条件下乙酸乙酯转化率达到 99%，设备运行温度 ≥ 280℃。

5.10.7　能源、资源节约和综合利用情况

设备的运行温度为 280～600℃，蓄热换热效率高达 85%～90%，有机物浓度在 1 000 mg/m³ 以上可无耗运行，实际浓度为 2 000 mg/m³，除设备冷机启动时需要加热 2 h，运行时不需要补充加热，运行能耗低。

5.10.8　投资费用

基础平台 2.5 万元，设备雨棚 8.5 万元，车间到设备风管 2.4 万元，设备费用 95 万元，合计 108.4 万元。

5.10.9　关键设备及设备参数

关键设备为催化反应器、爆破片、风机。设备参数如下：催化反应器中的催化剂采用堇青石蜂窝瓷体作为第一载体，γ-Al_2O_3 和稀土材料为第二载体，以过渡金属氧化物以及微量 Pd、Pt、Rh 等为主要活性组分；爆破片采用不锈钢爆破片，工作温度 ≤ 120℃，爆破压力 10 kPa；风机采用后倾式高温离心风机，风机保温厚度 100 mm，耐温 180℃。风量 18 000 m³/h，全压 2 500 Pa，电机 30 kW。

5.10.10　工程规模及项目投运时间

15 000 m³/h VOCs 催化净化工程，2015 年 12 月投运。

5.10.11　验收/检测情况

2016 年 2 月 24 日验收达标。

5.10.12　联系方式

联系人：齐丛亮

联系电话：0515-68773666，18601505052

传真：0515-68773366

电子信箱：jszkrsqcl@126.com

5.10.13　工程地址

江苏省苏州市吴江工业区五方路 187 号

5.11 含氮VOCs废气催化氧化+选择性催化还原净化技术典型应用案例

5.11.1 案例名称

中国石油抚顺石化公司腈纶化工厂丙烯腈装置 50 000 m³/h 尾气治理项目

5.11.2 申报单位

上海东化环境工程有限公司

5.11.3 业主单位

中国石油天然气股份有限公司抚顺石化分公司

5.11.4 工艺流程

从丙烯腈装置吸收塔顶部排出的丙烯腈尾气首先经分离罐分离游离水后进入本系统，然后与燃烧所需的空气混合，经尾气换热器加热后再经电加热器进入 CO 反应器，在 CO 反应器中进行催化氧化反应，将有害的挥发性有机物转化为 CO_2 和 H_2O。从 CO 反应器出来的净化气体进入蒸汽过热器、余热锅炉回收部分热量后进入 SCR 反应器，尾气中的 NO_x 在 SCR 催化剂作用下与补加的氨进行选择性催化还原反应，将尾气中的 NO_x 还原成 N_2 和水，净化尾气经换热器回收热量后排入烟囱。

5.11.5 污染防治效果和达标情况

含氮 VOCs 净化效率可达 95% 以上，NO_x 净化效率可达 80% 以上。

5.11.6 主要工艺运行和控制参数

CO 反应器入口温度 260~290℃，SCR 反应器入出口温度 360~390℃，氨气加入量 15~20 kg/h。

5.11.7 能源、资源节约和综合利用情况

整个处理系统无须补充燃料，催化燃烧所需的氧气来自空气风机输送的补充空

气，催化反应过程中产生的不同等级的余热均利用不同方式进行回收。催化氧化反应生成的 600℃高温烟气通过蒸汽过热器、余热锅炉回收烟气中的热能，副产 0.8 MPa（G）、230℃的过热蒸汽 6~8 t/h。催化还原反应后的净化尾气用于加热反应前的吸收塔尾气，整个系统不需外界热量输入。

5.11.8　投资费用

工程总投资 7 189.76 万元。

5.11.9　关键设备及设备参数

尾气换热器型式：焊接板式换热器；余热锅炉型式：卧式上置汽包式；CO 反应器型式：固定床矩形截面反应器；SCR 反应器型式：固定床矩形截面反应器。

5.11.10　工程规模及项目投运时间

9.2 万 t 丙烯腈装置 50 000 m³/h 丙烯腈尾气催化氧化处理系统，2014 年 12 月投运。

5.11.11　验收 / 检测情况

由抚顺石化腈纶化工厂丙烯腈车间和抚顺市环保局验收合格。

5.11.12　联系方式

联系人：王立国
联系电话：13917277712
传真：021-50937865
电子信箱：wangliguo@shdonghua.com

5.12　旋转式蓄热燃烧 VOCs 净化技术典型应用案例

5.12.1　案例名称

郑州义兴彩印有限公司印刷车间 30 000 m³/h 有机废气治理项目

5.12.2　申报单位

西安昱昌环境科技有限公司

5.12.3　业主单位

郑州义兴彩印有限公司

5.12.4　工艺流程

废气由旋转式 RTO 主风机引入旋转气体分配室，经平均分配后进入 5 个蓄热室进行预热，预热后的废气进入热氧化室氧化分解，在助燃燃料的作用下或废气浓度足够的情况下，废气中所含有机物充分氧化分解，使氧化温度维持在 800 ℃以上，产生的高温洁净气进入另外 5 个蓄热室放热，将热量存储在陶瓷蓄热体内后经烟囱排放。通过吹扫风机抽取部分洁净气到另一蓄热室进行吹扫，将残留在蓄热体内未反应的有机物反吹到氧化室进行分解。多余热量经由换热阀、换热器、水泵循环向车间生产设备供热。

5.12.5　污染防治效果和达标情况

经河南宜测科技有限公司进行第三方检测，RTO 废气排气筒进口平均浓度为 2.7 g/m³，废气排气筒总排出口浓度为 26.9 mg/m³，符合《大气污染物综合排放标准》(GB 16297—1996)、《郑州市 2016 年度重点行业挥发性有机物治理 327 方案》和《工业企业挥发性有机物排放控制标准》(DB 12/524—2014) 的要求。

目前车间印刷废气收集效率达到 95% 以上，印刷工序处理前 VOCs 浓度为 2.7 g/m³，经过处理后降至 26.9 mg/m³，处理效率达 99% 以上。

5.12.6　主要工艺运行和控制参数

设计处理风量 30 000 m³，处理负荷范围 30%~100%，热效率 ≥ 95%，VOCs 处理效率 ≥ 99%，高温滞留时间 ≥ 1.0 s，燃烧室温度 750~950 ℃，余热回收 60 万 kcal。

5.12.7　能源、资源节约和综合利用情况

每天节约电费约 6 124 元。每年可以减排 600 多 t VOCs。

5.12.8 投资费用

选用一台 30 000 m³/h 旋转式 RTO，投资约 300 万元。

5.12.9 二次污染治理情况

无二次污染。

5.12.10 运行费用

双班 24 h 生产，每天平均用气 150~300 m³，525~1 050 元/d。运营总成本：844~1 369 元/d。

5.12.11 工艺路线

含 VOCs 气体经旋转阀分配至蓄热室，经蓄热材料预热后进入燃烧室，通过燃烧器将气体加热至 800℃以上氧化分解 VOCs，燃烧后气体通过旋转阀引导至入口的相反侧蓄热室，将热量释放至蓄热材料中，冷却后从出口排出。

5.12.12 技术特点

采用旋转阀，阀门数减少，占地面积小、能耗较低。

5.12.13 适用范围

包装印刷、涂装、化工、电子等行业的中高浓度 VOCs 治理。

5.12.14 案例概况

郑州义兴彩印有限公司成立于 2004 年 11 月，位于河南省新郑市，是专业生产各种 PE、增强 PE、高低压白袋彩袋、内衬袋、手提袋和各种复合彩印包装袋及卷材的企业。

郑州义兴彩印有限公司现有三条印刷生产线（北人 8 色机/幅宽 800、北人 9 色机/幅宽 1 250、北人 10 色机/幅宽 1 000），废气主要成分为乙酸乙酯、乙醇、正丙酯。过去粗放排气风量每条线都在 24 000 m³/h 以上，最大总排废风量在 80 000 m³/h 左右，每条线排废气浓度为 800~900 mg/m³。2017 年 6 月投入使用 1 台昱昌公司 30 000 m³/h 旋转式 RTO，同时对印刷生产车间原来的热风系统进行了减风增浓改造，使三条印刷线的废气排放风量分别减小到 10 000 m³/h、12 000 m³/h、11 000 m³/h 以下，缩减为原来风量的 40% 左右，废气浓度为 2.7 g/m³ 左右，此浓度能够满足 RTO 自运行，并且有多余热量通过热水换热余热回收系统提供给印刷设备。

5.13 VOCs 催化燃烧技术

5.13.1 技术名称

VOCs 催化燃烧技术

5.13.2 申报单位

航天凯天环保科技股份有限公司

5.13.3 推荐部门

湖南省环境保护产业协会

5.13.4 适用范围

用于有机溶剂的净化处理。适用于电线、电缆、漆包线、机械、机电、化工、仪表、汽车、自行车、摩托车、发动机、家用电器等行业的有机废气净化；适用于烘烤、表面喷涂、油墨印刷、皮鞋黏胶等工序产生的有机废气。

5.13.5 主要技术内容

利用贵金属催化剂降低化学反应活化能，使 VOCs 在 200 ~ 400℃发生催化氧化反应，生成 CO_2 和 H_2O 等。

5.13.6 产品结构特点

操作方便：设备工作时，实现自动控制；

低能耗：设备启动，仅需 15 ~ 30 min 升温至起燃温度，耗能仅为风机功率，浓度较低时自动补偿；

安全可靠：设备配有阻火除尘系统、防爆泄压系统、超温报警系统及先进自控系统；

阻力小、净化效率高：采用贵金属蜂窝陶瓷催化剂，空速高；

余热可回用：余热可返回利用，提高进气温度，降低系统能耗；

占地面积小：仅为同类产品占地面积的 70% ~ 80%；

使用寿命长：催化剂一般使用寿命为 8 000 h。

5.13.7 主要技术指标

主要技术指标见表 5-5。

表 5-5 主要技术指标

产品型号		KTCO-300	KTCO-400	KTCO-500	KTCO-800	KTCO-1200	KTCO-2000
处理废气量 / （m³/h）		3 000	4 000	5 000	8 000	12 000	20 000
废气浓度范围		200 ~ 10 000 mg/m³（混合废气 25%）爆炸下限					
处理废气类型		苯、酮、醇、醛、酚、烷类等有机混合气体					
预热温度		200 ~ 300℃					
净化效率		≥ 97% ~ 100%					
启动总功率		72	84	96	159	240	336
风机	风量 / （m³/h）	6 984	6 454	7 857	12 000	18 000	25 000
	全压 / （mmH₂O）	188	230	238	200	230	230
	功率 /kW	7.5	11	11	15	18.5	22

5.13.8 主要设备及运行管理

5.13.8.1 主要设备

主风机、电加热器、催化燃烧炉、中效过滤器、烟囱等。

5.13.8.2 运行管理

采用 PLC 自动控制系统，也可以根据现场情况实现手动控制。催化反应器的关键点温度和压力加以实时监测，通过温度、压力的参数变化信号来达到自控尾气氧化与自控联锁的安全保护功能，保证装置的正常运行。

5.13.9 推广情况

目前，已在涂装、汽车喷涂等行业得到广泛应用。

5.13.10　技术服务与联系方式

5.13.10.1　技术服务方式

设计、生产、制造、安装、调试及售后服务。

5.13.10.2　联系方式

联系单位：航天凯天环保科技股份有限公司

联系人：杨柳青

地址：湖南省长沙市经开区楠竹园路 59 号

邮政编码：410129

电话：0731-83051178

5.13.11　主要用户名录

台升实业、凯嘉电脑、徐工集团等。

高浓度 VOCs 治理技术

6.1 油品储运过程油气膜分离 - 吸附回收技术

6.1.1 技术名称

油品储运过程油气膜分离 - 吸附回收技术

6.1.2 申报单位

大连欧科膜技术工程有限公司

6.1.3 推荐部门

废气净化委员会

6.1.4 适用范围

适用于石化行业油气回收。具体包括但不限于：①油品装卸车 / 船过程中油气回收；②码头油气回收；③油品和化学品储罐呼吸气回收；④间隙生产工艺排放气回收。

6.1.5 主要技术内容

采用增压原理可以有效地提高后续分离单元的分离效率；采用逐级分离的原理，提高分离效率，降低整体的分离成本，优化各自的分离过程。如采用压缩吸收工艺可以通过吸收溶解回收 60%~80% 的 VOCs；余下的 VOCs 通过膜分离可以回收其中的 95%～99%；最后膜出口的 VOCs 浓度为 1%，可以通过真空解析的变压吸附再回收 99%，从而达到总体 99.9% 以上的回收率和满足最后的排放标准。

其中采用的 VOCs 优先透过性的高分子分离膜，在一定的压差推动下，可以把 VOCs（如油气、苯、二甲苯等）从惰性气体（如氮气、甲烷、空气、氢气、氩气等）物理分离出来的技术，是对前期的压缩吸收工艺和后续的真空吸附工艺优化的关键。

（1）技术关键

采用高选择分离性和化学耐受性的新型膜分离材料，以及防爆型设计的高效膜分离器，分离效率更高，操作更加安全；

（2）采用压缩—吸收—膜—吸附组合工艺技术，充分发挥各单元操作的优势特点，提高了分离效率，实现可达标排放；同时工艺的优化和单元设备的选型，使成套设备本质安全，无论原料气是否处于爆炸范围，在设备操作过程中，都处于爆炸的上限或者下限，在防爆论证的膜分离器内部跨过爆炸极限；

（3）采用缓冲气柜平衡高峰与低谷的气量，可适用于大规模、间歇性、不稳定的 VOCs 回收。

6.1.6 典型规模

4 600 m³/h。

6.1.7 主要技术指标及条件

6.1.7.1 技术指标

VOCs 回收率可达 99.9% 以上，非甲烷总烃 < 120 mg/m³，满足《石油化学工业污染排放标准》（GB 3571—2015）或者《石油炼制工业污染排放标准》（GB 3570—2015）的要求。

6.1.7.2 条件要求

①进气范围：气量 0～50 000 m³/h，浓度：0～饱和；

②气柜的操作压力：0.5～1.5 mbarG；

③系统的操作弹性：适应排放全气量范围；

④湿式压缩机：入口压力 0.96 barA，出口压力 2.0～4.0 barG；

⑤真空度：100～150 mbarA；

⑥标准状态下膜出口的非甲烷烃浓度：$5 \sim 15 \, g/m^3$；

⑦标准状态下真空吸附装置出口的非甲烷烃浓度：小于 $120 \, mg/m^3$；

⑧防爆等级 Exe dII BT4。

6.1.8 主要设备及运行管理

6.1.8.1 主要设备

（1）缓冲气柜

缓冲气柜用来收集待处理的 VOCs 废气。它的使用主要针对大规模、间歇性、不稳定的 VOCs 废气，可平衡高峰与低谷的气量和浓度。大幅度地降低设备投资，并实现系统稳定、连续操作，降低运行成本和减少维护管理等。

（2）湿式压缩机

进入处理装置中的混合气，经喷液式螺杆压缩机增压至操作压力，压缩机使用回收的吸收液作为工作液，在压缩室内形成非接触的液体密封，可消除气体压缩产生的热量。

（3）吸收塔

VOCs 的回收是在吸收塔中完成的，利用罐区内的液体 VOCs 作为吸收塔的吸收剂。气态的油气等 VOCs 在塔内由下向上流经填料层与自上而下喷淋的液态吸收剂对流接触，吸收剂会将大部分 VOCs 吸收，变成液体返回储罐。剩下的气体 VOCs 则以较低的浓度从塔顶流出后进入膜分离器。

（4）膜分离器

膜分离器由 POMS/PAN 平板膜组装而成，使用时由真空泵或压缩机提供膜两侧的压差作为气体渗透的动力，有选择性地将混合气体分为两股，一股含有少量烃类的截留气体和另一股为富集烃类的渗透气体。叠片式膜组件，防静电、安全结构设计。

（5）真空泵

采用液环式真空泵，为膜分离过程提供更高分离的推动力，提高了分离效率，同时为 PSA 解析过程中使用。

（6）真空吸附单元

经膜分离净化后的气体，进入真空吸附单元进行精化处理，保证排放气中的各种有机物含量均达到排放标准。由两个吸附床组成，每个吸附床装填有专用吸附剂。两个吸附床按照设定的程序自动交替工作，保证系统连续运行。

6.1.8.2 运行管理

系统运行自动控制，可无人值守。控制系统由现场仪表、动力控制柜、仪表控制柜、工控机组成。现场电机、仪表、接线箱防爆等级不低于 Exe dII BT4；现场仪表防护等级不低于 IP65、电机防护等级不低于 IP55。

操作人员在控制室通过 CRT/ 键盘对工艺流程、参数和设备运行情况进行监控管理。设置自动和手动两种控制模式：自动系统可按预先设定的参数自动启动、操作和停机，各设备之间的运行、联锁和控制无须人员干预；手动系统可以当现场某个部件需要及时开 / 关操作时，由操作人员通过 CRT/ 键盘进行控制。

6.1.9 投资效益分析

以中石油四川石化有限公司 4 600 m³/h 装车及洗槽油气回收工程为例。

6.1.9.1 投资情况

（1）总投资：2 480 万元人民币。

（2）主体设备寿命：压缩机、真空泵等设计寿命 20 年；膜组件、吸附剂使用寿命 10 年（正常操作条件下）。

（3）运行费用：年运行能耗（按 2 000 h，1 kW·h 电 0.8 元计）56 万元；年耗材（包括膜更换费用等）20 万元；人工费用（全自动、无人职守）0 万元，合计 76 万元 /a。

6.1.9.2 经济效益分析

根据汽油年装车量为 79.62×10^4 t/a 和 0.2% 的损耗，按照 99% 的回收率，每年可以回收的汽油量大约为 1 576 t；苯和二甲苯的年装车量 92.39×10^4 t/a 和 0.1% 的损耗，按照 99% 回收率，每年苯和二甲苯大约为 915 t。以此按市场价估算，年可创造经济效益 1 800 多万元。

6.1.9.3 环境效益分析

每年减排汽油 1 576 t，芳烃 915 t，折合 CO_2 减排量 7 600 t。按照国家大气污染物排放控制指标，相当于净化空气近 900 亿 m³，极大地减轻了 VOCs 排放对大气环境造成的污染，改善区域环境，控制 $PM_{2.5}$，减轻雾霾，提高居民生活质量，环境效益明显。

6.1.10　推广情况及用户意见

6.1.10.1　推广情况

目前，已在石化行业的储运、罐区等建立近 30 套设备，主要用户为中石油、中石化企业。

6.1.10.2　用户意见

技术指标达到设计要求，验收合格。经多年运行，性能保持稳定、可靠。

6.1.11　技术服务与联系方式

6.1.11.1　技术服务方式

系统设计、制造、检验检测、包装运输、技术文件交底、现场技术服务（包括安装、调试、开车培训，维修指导等）及技术咨询服务、故障处理答疑等。

6.1.11.2　联系方式

联系单位：大连欧科膜技术工程有限公司

联系人：栗广勇

地址：辽宁省大连高新技术产业园区龙头分园庆龙街 17 号

邮政编码：116041

电话：0411-62274566

传真：0411-62274600

E-mail：gyli@eurofilm.com.cn

6.1.12　主要用户名录

表 6-1　用户名录

序号	客户	标准状态下规模 /（m³/h）	时间	地点
1	中石油哈尔滨炼油厂	0~1 400	2006.05	黑龙江哈尔滨
2	中石油天津大港油库	500	2008.06	天津大港
3	中石油华北石化公司炼油厂	1 200	2008.08	河北任丘
4	中石油独山子石化公司	200	2009.10	新疆独山子
5	中石油大厂油库	600	2009.10	北京大厂
6	中石油吉林石化公司染料厂	200	2010.03	吉林省吉林市

序号	客户	标准状态下规模/（m³/h）	时间	地点
7	中石油四川石化公司	0~4 600	2010.10	四川彭州
8	中石油宁夏石化公司	750/500 各 1 套	2011.04	宁夏银川
9	中石油香坊油库	400	2012.04	黑龙江哈尔滨
10	中石油青海销售公司	200/2 套	2014.10	青海
11	中石油河南销售公司	300/400 各 1 套	2015.03	河南
12	中石化催化剂公司	500	2015.05	北京

6.2 油品储运过程油气活性炭吸附回收技术典型应用案例

6.2.1 案例名称

中石化北京燕山石化分公司储运一厂油气回收工程

6.2.2 申报单位

海湾环境科技（北京）股份有限公司

6.2.3 业主单位

中国石油化工股份有限公司北京燕山分公司

6.2.4 工艺流程

装载过程产生的油气（VOCs 浓度 300~700 g/m³）进入炭吸附油气回收系统后，首先进入两个吸附罐中的一个。吸附罐内装填油气回收用活性炭吸附剂，油气中的碳氢化合物被活性炭吸附，经吸附处理后的气体（VOCs 浓度 < 10 g/m³）排放到大气中。活性炭吸附的工作周期为 15~20 min，吸附饱和后通过阀门切换两个活性炭罐。吸附饱和的活性炭罐进入真空再生状态，使用干式无油螺杆真空泵抽真空，解吸真空度达到 95~96 kPa。从活性炭上解吸的油气被真空泵送入后端的正压填料吸收塔用成品油吸收，高浓度油气被汽油吸收，使用后的汽油吸收剂被泵送回储罐。

6.2.5 污染防治效果和达标情况

入口油气浓度范围 300~700 g/m³，出口油气浓度＜ 10 g/m³。

6.2.6 主要工艺运行和控制参数

吸收剂（入口）温度 32℃，吸收剂返回温度 35℃，VOCs 排放水平＜ 10 g/m³，真空泵 C301 油位中线，油气冷却剂温度 45℃，真空泵冷却剂温度 35℃，护套冷却剂流量 5~10 GPM，相对真空度 95 kPa，炭床温度 45℃，真空泵出口温度 80℃。

6.2.7 能源、资源节约和综合利用情况

每年可回收汽油 1 000~2 000 t，减少装载过程中 VOCs 排放 1 000~2 000 t。

6.2.8 投资费用

设备投资 410 万元，基础设施投资 350 万元。

6.2.9 关键设备及设备参数

真空泵 1 000 m³/h、5 kW；吸附塔 Φ600×7 000 H；吸收塔 Φ2 200×6 000 H；来回油泵 40 m³/h，扬程 25 m。

6.2.10 工程规模及项目投运时间

800 m³/h 油气回收，2014 年 11 月投运。

6.2.11 验收／检测情况

2014 年 10 月验收检测油气排放浓度为 8.9 g/m³，优于北京市地标。

6.2.12 联系方式

联系人：刘国强

联系电话：13716716361

电子信箱：Guoqiang.liu@bayeco.cn

6.2.13　工程地址

中石化北京燕山石化分公司储运一厂。

6.3　油品储运过程油气膜分离－吸附回收技术典型应用案例

6.3.1　案例名称

中国石油四川石化有限责任公司 4 600 m³/h 装车及洗槽油气膜－吸附组合回收工程

6.3.2　申报单位

大连欧科膜技术工程有限公司

6.3.3　业主单位

中国石油四川石化有限责任公司

6.3.4　工艺流程

气柜—压缩—吸收—膜—真空吸附组合工艺。

6.3.5　污染防治效果和达标情况

VOCs 回收率 99.5%，满足《大气污染物综合排放标准》（GB 16297—1996）的相关要求，其中非甲烷总烃 ≤ 120 mg/m³、苯 ≤ 12 mg/m³、甲苯 ≤ 40 mg/m³、二甲苯 ≤ 70 mg/m³，可达到《石油化学工业污染物排放标准》（GB 31571—2015）或《石油炼制工业污染物排放标准》（GB 31570—2015）的相关要求。

6.3.6　主要工艺运行和控制参数

标准状态下处理规模 0～4 600 m³/h，油气进气浓度 5%～45%，操作压力 2.0～2.4 barG，真空度 150 mbarA，标准状态下膜出口的非甲烷总烃浓度 5～15 g/m³，标准状态下真空吸附装置出口非甲烷总烃浓度 120 mg/m^3，防爆等级 Exe dII BT4。

6.3.7　能源、资源节约和综合利用情况

根据汽油年装车量为 79.62×10^4 t/a 和 0.2% 的损耗，按照 99% 的回收率，每年可回收汽油约 1 576 t；苯和二甲苯的年装车量为 92.39×10^4 t/a 和 0.1% 的损耗，按照 99% 的回收率，每年可回收苯和二甲苯约为 915 t。

6.3.8　投资费用

2 480 万元。

6.3.9　关键设备及设备参数

收集气柜体积 5 000 m^3，材料特殊橡胶，工作压力 0.5 ~ 1.5 mbarG；湿式压缩机流量 1 425 m^3/h，入口压力 960 mbarA，出口压力 3 500 mbarA，功率 200 kW；液环式真空泵：标准状态下流量 760 m^3/h，入口压力 150 mbarA，出口压力 1 010 mbarA，功率 150 kW；叠片式膜组件尺寸 φ310×750 mm，膜面积 200 m^2，设计压力 4.0 barG，防静电、安全结构设计。

6.3.10　工程规模及项目投运时间

4 600 m^3/h 装车及洗槽油气回收，2013 年 8 月投运。

6.3.11　验收／检测情况

2014 年 4 月由业主验收合格。

6.3.12　联系方式

联系人：栗广勇

联系电话：13804266151

传真：0411-62274600

电子信箱：gyli@eurofilm.com.cn

6.3.13　工程地址

四川省彭州市。

6.4 防水卷材行业沥青废气吸收法处理技术典型应用案例

6.4.1 案例名称

上海东方雨虹防水技术有限责任公司 30 000 m³/h 防水卷材车间沥青废气处理工程

6.4.2 申报单位

科创扬州环境工程科技有限公司

6.4.3 业主单位

上海东方雨虹防水技术有限责任公司

6.4.4 工艺流程

先利用油性吸收剂吸收沥青废气中的 VOCs 组分，吸收富集后返回生产工艺，作为生产辅助材料。吸收净化后的低浓度 VOCs 废气再通过高压静电除雾和活性炭吸附组合技术处理。

6.4.5 污染防治效果和达标情况

沥青废气治理后各项指标满足《防水卷材行业大气污染物排放标准》（DB 11/1055—2013）相关要求。

6.4.6 主要工艺运行和控制参数

油喷淋塔中吸收油的气液比为 1∶1，静电工作电压为 12 kV 和 6 kV。

6.4.7 能源、资源节约和综合利用情况

回收废油约 7 t/月。

6.4.8　投资费用

该工程基础建设为安装地坪，费用约为 3 万元；环保设备总投资费用约为 150 万元。

6.4.9　关键设备及设备参数

油喷淋吸收塔：过滤风速＜ 2 m/s，循环油量 2 t；静电净化机：过滤风速 ＜ 1 m/s，静电净化模块 96 组。

6.4.10　工程规模及项目投运时间

30 000 m³/h 防水卷材车间沥青废气处理，2014 年 6 月投运。

6.4.11　验收 / 检测情况

经第三方检测满足《防水卷材行业大气污染物排放标准》（DB 11/1055—2013） 相关要求。

6.4.12　联系方式

联系人：裴登明
联系电话：13805157292
传真：025-52122913
电子信箱：Njkc998@126.com

6.4.13　工程地址

上海市金山大道 5158 号。

6.5　基于冷凝－吸附联合工艺的油气回收技术典型 应用案例

6.5.1　案例名称

佛山市顺德区中油龙桥燃料有限公司 600 m³/h 油气回收装置

6.5.2　申报单位

广东申菱环境系统股份有限公司

6.5.3　业主单位

佛山市顺德区中油龙桥燃料有限公司

6.5.4　工艺流程

冷凝模块采用压缩机机械制冷，将油气温度分级降低使不同组分分级冷凝为液态，经充分冷凝后低浓度尾气经预冷器换热后输送至吸附模块。吸附模块中两个吸附罐交替进行吸附—脱附—吹扫过程，经吸附处理的尾气达标排放，脱附油气送回冷凝模块处理。冷凝液进入回收储罐。

6.5.5　污染防治效果和达标情况

油气回收处理效率为99.2%，符合国家标准≥95%；汽油尾气排放浓度为4.28 g/m³，符合国家标准≤25 g/m³。

6.5.6　主要工艺运行和控制参数

采用冷凝＋吸附回收工艺，其中制冷系统排热采用风冷形式，以适应装置使用场合占地小以及无循环水等特征。

设备参数如下：

回收介质：汽油及其他化工品（考虑苯类、酚类的适用性）。介质设计流量600 m³/h，尾气浓度≤25 g/m³，油气进机组浓度750 g/m³，油气驱动方式靠自压进入冷凝吸附一体化机组，油气管道及蒸发器设计压力1.0 MPa，油气回收冷凝系统进气温度＜40℃。

6.5.7　能源、资源节约和综合利用情况

年回收汽油量240 t。

6.5.8　投资费用

投资费用120万元。

6.5.9 二次污染治理情况

无二次污染。

6.5.10 运行费用

年运行费用 24 万元。

6.5.11 工艺路线

冷凝模块采用压缩机机械制冷，将油气温度分级降低使不同组分分级冷凝为液态，经充分冷凝后低浓度尾气经预冷器换热后输送至吸附模块。吸附模块中两个吸附罐交替进行吸附—脱附—吹扫过程，经吸附处理的尾气达标排放，脱附油气送回冷凝模块处理。冷凝液进入回收储罐。

6.5.12 主要技术指标

处理油气流量 < 1 000 m^3/h，油气回收率可达 99% 以上。油气回收冷凝系统进气温度 < 40℃。

6.5.13 技术特点

将冷凝法和吸附法两种油气回收工艺有机结合，降低设备成本，减少现场占地面积。

6.5.14 适用范围

油气 VOCs 回收。

6.5.15 案例概况

佛山市顺德区中油龙桥燃料有限公司经营汽柴油、重油、燃料油等产品，拥有完整、科学的质量管理体系，年汽油发油量约 30 万 t，主要问题是装车时油气挥发污染。

安装了一台 600 m^3/h 的油气回收装置，2016 年 4 月交货并开始投入使用，目前已成功运行两年，机组性能稳定，运行状况良好，不仅解决了装车时油气挥发污染问题，油气回收重新利用又获得了可观的经济效益。

VOCs 检 / 监测技术

7.1 挥发性有机物在线监测系统技术

7.1.1 技术名称

挥发性有机物在线监测系统技术

7.1.2 申报单位

中绿环保科技股份有限公司

7.1.3 推荐部门

山西省环保产业协会

7.1.4 适用范围

炼油、石化、化工、印刷、喷涂、制鞋、橡胶塑料制品、化纤、人造板制造等。

7.1.5 主要技术内容

7.1.5.1 基本原理

用氢火焰离子化检测器（FID）气相色谱法分析总烃和甲烷的含量，两者之差为 NMHC 的含量。在规定的条件下所测得的 NMHC 是与气相色谱氢火焰离子化检测器有明显响应的除甲烷外碳氢化合物总量，以碳计。本方法符合 HJ/T 38—1999

气相色谱法对固定污染源排气中非甲烷总烃的测定。

样气由采样泵提供大于 20 kPa 的正压输送到气相色谱仪进样阀，并经六通阀送入定量环，根据污染源气体浓度及色谱分析条件，可更改适应现场不同环境条件的定量要求，以满足测量需求。样品经定量环定量后由六通阀切换在载气的推动下进入汽化室，并送入色谱柱进行分离，由氢火焰离子化检测器 FID 离子化得到电信号，并经过信号处理由色谱工作站进行定量及定性分析。系统完整采样及分析周期小于 25 min，并可实现色谱仪自动或手动标定。系统示意图如图 7-1。

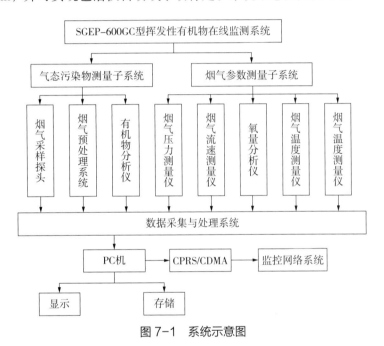

图 7-1　系统示意图

7.1.5.2　技术关键

（1）全程高温伴热采样，高精度过滤。200℃加热温度采样探杆，200℃加热高温采样器，高温 FID 检测，样品损失小，测量更准确。

（2）预处理系统采用多重脱尘装置，高精度过滤，为分析仪提供高纯度驱动气和载气防止长期吹扫带来的管路污染，延长设备运行寿命。

（3）单次循环响应时间小于 60 s，保证监测实时性、准确性，监测数据精度高。

（4）系统运行稳定，断电开机后，系统自动循环运行，仪表上电自动点火，安全可靠，维护量低。

（5）FID 检测器火焰熄灭后自动关闭氢气，气路控制完全采用 EPC 控制，能实现全自动化调节流量保证系统安全。

（6）系统对大气污染源的 NMHC 进行实时监控，能够实现对污染物的自动采样、检测分析、数据传输和共享的自动化、智能化管理，质谱检测数据自动分析处理，结果直接输出，并传送至分析平台。

7.1.6　典型规模

一套挥发性有机物在线监测系统，一般配备专用分析小屋或者仪表间内，备有空调、换气扇等。

7.1.7　主要技术指标及条件

7.1.7.1　技术指标

技术指标见表 7-1。

表 7-1　技术指标

仪器分析周期	NMHC 分析仪 ≤ 120 s　VOCs 组分分析仪 ≤ 40 min
仪器检出限	NMHC 分析仪 ≤ 0.05 mg/m³　VOCs 组分分析仪 ≤ 0.05 mg/m³
定性测量重复性	NMHC 分析仪 ≤ 3%（丙烷）　VOCs 组分分析仪 ≤ 3%（苯）
定量测量重复性	NMHC 分析仪 ≤ 3%（丙烷）　VOCs 组分分析仪 ≤ 3%（苯）
线性误差	±10%F.S.
24h 稳定性	±3%F.S.
环境温度变化的影响	±5%F.S.
进样流量变化的影响	±4%F.S.
供电电压变化的影响	±4%F.S.
振动的影响	±4%F.S.
干扰成分的影响	0.8 mg/m³
响应因子	0.9 ~ 1.2
平行性	≤ 5%

7.1.7.2　条件要求

烟道气温度：< 300℃

烟道气压力：±10 000 Pa

环境温度：5 ~ 45℃

环境湿度：＜ 90%RH

电源：AC220V±10%　50 Hz

7.1.8　主要设备及运行管理

7.1.8.1　主要设备

挥发性有机物（VOCs）在线监测系统如图 7-2 所示。

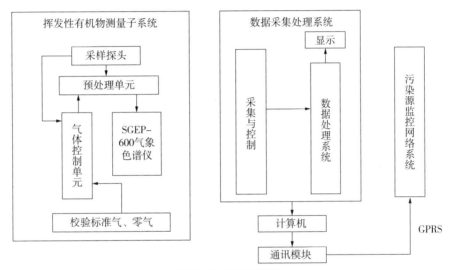

图 7-2　系统示意图

7.1.8.2　运行管理

挥发性有机物在线监测系统监测数据是工业生产中参与联锁控制的重要生产参数，日常巡检和维护保养是十分重要的工作，可以预防仪表故障，保证正常生产，延长仪表使用寿命。

定期检查包括日常巡检、一个月检查和三个月检查。

（1）日常巡检

日常巡检的周期为 7 天，内容包括：

①检查甲烷总烃、流速、压力、温度等读数。

②若工控机有报警（故障、超标、超限等），检查报警产生原因。

③工控机报警：根据显示数字的颜色判断"故障""超限""超量"等。

④对所有通气管和管接头检查，发现接头不严漏气，应及时处理。

⑤检查采样探头温度、排水情况、气源压力、样气流量等，当读数不正常时，

检查原因。

⑥经常对预处理部分精细过滤器和硅胶干燥剂过滤器进行检查，发现精细过滤器有水贮存立即排水。硅胶干燥剂污染变色立即更换，否则容易污染气相色谱仪。

（2）一个月检查

一个月检查规定了每隔一个月应该检查的项目。

①检查空气吹扫系统滤芯。

②检查氢空氮一体机干燥剂，气路硅胶干燥剂，分子筛。

③检查等离子水余量。

④检查卡套接头是否有松动，必要时进行紧固。

（3）三个月检查

三个月检查规定了每隔三个月应该检查的项目。

①检查标气压力和使用期限。

②检查采样探头过滤器及其管路的积灰和凝水情况。

③检查气源泵工作性能。

④检查采样泵是否完好，有故障时应立即更换。

⑤清扫仪器，特别是气源柜、工控机风扇及系统中的各电路板。

7.1.9 投资效益分析

7.1.9.1 投资情况

总投资 55 万元；其中，设备投资 35 万元；主体设备寿命 8 年；运行费用 10 万 /a。

7.1.9.2 经济效益分析

（1）有利于排放的企业对挥发性有机物处理系统效率进行考核，可降低企业的运行成本。

（2）对于排污企业的治理系统出现故障时，通过数据异常、设备报警等方式及时向企业及环保主管部门进行反馈，避免造成不必要的经济损失，同时降低污染物排放的概率，减少污染后再治理的成本投入。

（3）通过后期的运营维护，可降低设备的故障率，延长设备的使用寿命，为企业节约购买设备的资金。

7.1.9.3　环境效益分析

通过挥发性有机物在线监测系统的应用，对炼油、石化、化工、印刷、喷涂、制鞋、橡胶塑料制品、化纤、人造板制造等行业产生的挥发性有机物排放量进行监测，为挥发性有机物排污收费提供依据，对挥发性有机物的全面综合治理提供数据支持，对环境保护发挥出积极的作用。

仪器的广泛应用还将极大提升监管部门对大气污染监测效率和科学水平，为政府决策和机构进行环境评价提供可靠依据。

7.1.10　推广情况及用户意见

7.1.10.1　推广情况

公司研发的挥发性有机物在线监测系统已在山东、山西、江苏、江西、浙江等地安装 20 余套。

7.1.10.2　用户意见

该技术的应用企业对应用效果反馈良好，运用该技术的仪器设备运行可靠，准确度高，故障率低，运行情况良好。

7.1.11　技术服务与联系方式

7.1.11.1　技术服务方式

设备出售及运营维护

7.1.11.2　联系方式

联系单位：中绿环保科技股份团有限公司

联系人：闫兴钰

地址：山西省太原市高新区中心街山西环保科技园

邮政编码：030032

电话：0351-7998011

传真：0351-7998020

E-mail：zlhb@vip.163.com

7.1.12　主要用户名录

表 7-2　用户名录

序号	单位名称	工程类型	套数	安装时间
1	江苏常隆农化有限公司	挥发性有机物在线监测系统	1	2016 年 3 月
2	响水中山生物科技有限公司	挥发性有机物在线监测系统	3	2017 年 3 月
3	江苏中染化工有限公司	挥发性有机物在线监测系统	5	2017 年 3 月
4	连云港市新诚化工有限公司	挥发性有机物在线监测系统	1	2016 年 3 月
5	山东六丰机械工业有限公司	挥发性有机物在线监测系统	3	2017 年 4 月
6	山东齐鲁制药有限公司	挥发性有机物在线监测系统	8	2016 年 11 月
7	山西竞斯利化工有限公司	挥发性有机物在线监测系统	2	2016 年 5 月
8	宁波爱思开合成橡胶有限公司	挥发性有机物在线监测系统	5	2017 年 5 月